T0253926

Komplexe Integration

Alexander O. Gogolin

Komplexe Integration

Herausgegeben von Ellen G. Tsitsishvili
und Andreas Komnik

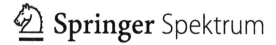 Springer Spektrum

Alexander O. Gogolin
Department of Mathematics
Imperial College London
London, Großbritannien

Herausgeber

Andreas Komnik
Institut für Theoretische Physik
Universität Heidelberg
Heidelberg, Deutschland

Elena G. Tsitsishvili
Institute for Cybernetics
Tbilisi Technical University
Tbilisi, Georgien

ISBN 978-3-642-41746-7   ISBN 978-3-642-41747-4 (eBook)
DOI 10.1007/978-3-642-41747-4

Die Deutsche Nationalbibliothek verzeichnet diese Publikation in der Deutschen Nationalbibliografie;
detaillierte bibliografische Daten sind im Internet über http://dnb.d-nb.de abrufbar.

Springer Spektrum

Planung und Lektorat: Dr. Vera Spillner, Martina Mechler
Redaktion: Dr. Bärbel Häcker

Gedruckt auf säurefreiem und chlorfrei gebleichtem Papier.

Springer Spektrum ist eine Marke von Springer DE. Springer DE ist Teil der Fachverlagsgruppe Springer
Science+Business Media
www.springer-spektrum.de

Vorwort

Dies ist eine Zusammenfassung verschiedener Vorlesungen in angewandter Mathematik und mathematischer Physik, die ich in den letzten 20 Jahren am Department of Mathematics, Imperial College London gehalten habe. Meiner Meinung nach werden sehr viele und auf den ersten Blick sehr verschiedene Aspekte beider Teilgebiete der Mathematik auf eine wunderschöne Weise von der komplexen Integration vereint. Während es heutzutage an exzellenten Lehrbüchern nicht mangelt, hoffe ich dennoch, dass meine Lehrerfahrungen, die Themenauswahl und deren Zusammenhänge nicht nur für Studenten, sondern auch für Fachleute von Interesse sein werden.

Es wird vorausgesetzt, dass der Leser in einem gewissen Umfang Kenntnisse der klassischen Analysis mitbringt. Insbesondere werden Konzepte wie Folgen, ihre Grenzwerte und Konvergenz sowie elementare Integrationstechniken und Reihenentwicklungen vorausgesetzt. Kenntnisse über spezielle Funktionen werden nicht vorausgesetzt, alles notwendige Wissen wird nach Bedarf eingeführt.

Alexander O. Gogolin

Vorwort

Die Funktionentheorie ist eines der schönsten und mächtigsten Gebiete der Mathematik. Einige der spektakulärsten Beispiele sind scheinbar hoffnungslos komplizierte Integrale, die sehr elegant ausgerechnet werden können, nachdem man sie zu Wegintegralen umgeformt hat. Auch viele Differential- und Integralgleichungen können mit ähnlichen Techniken mühelos gelöst werden. Der Autor setzte diese Methoden meisterhaft in seiner Forschung ein und dieses Buch beabsichtigt, seine Erfahrung zusammenzufassen.

Nach dem plötzlichen tragischen Ableben von Alexander in April 2011 waren wir mit der Fertigstellung des Manuskripts konfrontiert. Die bereits vorhandenen Abschnitte waren in einem sehr prägnanten und klaren Stil verfasst, und wir haben uns zum Ziel gesetzt, es auch so fortzuführen.

Dies ist eine Zusammenfassung von Vorlesungen mit einem besonderen Schwerpunkt auf den angewandten Aspekten. Aus diesem Grund wurden nur sehr wenige rigorose Beweise präsentiert. Den Lesern, die sich mehr für die Details und rein mathematische Hintergründe interessieren, empfehlen wir eine gleichzeitige Lektüre der klassischen Kurse wie z. B. [6, 14, 17]. Wann immer es möglich war, haben wir auf Spezialliteratur verwiesen. Wir hoffen außerdem, dass die große Zahl von Beispielen und Übungsaufgaben, deren detaillierteren Lösungen ein ganzes Kapitel gewidmet ist, dem Leser helfen werden, seine Kenntnisse der Funktionentheorie deutlich zu erweitern.

Für die Hilfe und ständige Unterstützung möchten wir uns bei O. V. Gogolin and S. Gogolina bedanken.

E. G. Tsitsishvili und A. Komnik

Inhaltsverzeichnis

Kapitel 1
Grundlagen

1.1 Definitionen

1.1.1 Komplexe Zahlen

Eine komplexe Zahl ist definiert durch

$$z = x + iy \, ,$$

wobei $i^2 = -1$ und x, y reelle Zahlen sind. $x = \operatorname{Re} z$ und $y = \operatorname{Im} z$ werden jeweils Real- und Imaginärteil von z genannt. Die komplex konjugierte Zahl wird auf folgende Weise definiert:

$$\bar{z} = x - iy \, .$$

Die komplexen Zahlen erlauben eine sehr praktische Polarkoordinatendarstellung:

$$z = re^{i\theta} \, .$$

Dabei ist r der Betrag von z, $r = |z|$ oder der Abstand zwischen dem Punkt z und dem Koordinatenursprung (s. das sogenannte Argand-Diagramm, Abb. 1.1 links), und $\theta = \arg z$ ist das *Argument* von z oder der Polarwinkel. Es ist eine Konvention, θ von der positiven reellen Achse im Gegenuhrzeigersinn zu messen, sodass $-\pi < \theta \leq \pi$. Diese Definition des Arguments werden wir ab jetzt die Standarddefinition nennen.[1] Um die Relation zwischen der Darstellung in kartesischen Koordinaten und der Polarkoordinatendarstellung herzustellen, benutzt man die *Euler'sche Formel*:

$$e^{i\theta} = \cos\theta + i\sin\theta \, .$$

---

[1] Eine Alternative dazu wäre z. B. die Konvention $0 < \theta \leq 2\pi$. Diese werden wir jedoch sehr selten benutzen.

A.O. Gogolin, *Komplexe Integration*, DOI 10.1007/978-3-642-41747-4_1, © Springer-Verlag Berlin Heidelberg 2014

Abb. 1.1 *Links:* Das Argand-Diagramm. *Rechts:* Schematische Darstellung verschiedener Wege zur Berechnung der Ableitung am Punkt z

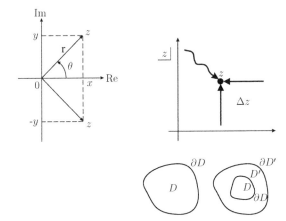

Abb. 1.2 *Links:* Ein einfaches Gebiet D mit seiner Grenze ∂D. *Rechts:* Die Grenze des Gebiets D' besteht aus ∂D und $\partial D'$

Der entscheidende Vorteil der komplexen Zahlen gegenüber den reellen begründet sich aus der Tatsache, dass bezüglich aller algebraischer Operationen die Menge der komplexen Zahlen geschlossen ist. Nicht weniger wichtig ist auch die Redundanzfreiheit, ähnlich der der Eichtheorien.

1.1.2 Schlüsselkonzept: Analytizität

Zunächst soll eine Ableitung $f'(z)$ von $f(z)$ definiert werden. Eine Funktion $f(z)$ ist differenzierbar am Punkt z, wenn der Grenzwert

$$f'(z) = \lim_{\Delta z \to 0} \frac{f(z + \Delta z) - f(z)}{\Delta z}$$

existiert und unabhängig vom Weg ist, entlang dessen der Grenzwert $\Delta z \to 0$ gebildet wird, s. Abb. 1.1 rechts.

Wenn die Funktion $f(z)$ an allen Punkten eines Gebiets D differenzierbar ist, dann ist sie dort *analytisch*. Das Konzept eines Gebiets oder einer Teilmenge der komplexen Ebene $\mathbb{C}$ ist hier sehr wichtig: Später werden wir sehen, dass es keine nicht-trivialen Funktionen gibt, die auf der ganzen komplexen Ebene analytisch sind. Die Grenze eines Gebiets, gekennzeichnet durch ∂D, ist eine geschlossene Kurve oder eine Ansammlung solcher, s. Abb. 1.2.

Wir möchten darauf hinweisen, dass eine formale und detaillierte Diskussion der Eigenschaften von verschiedenen Teilmengen des komplexen Kontinuums sehr schnell sehr kompliziert werden kann. Da wir uns in dieser Abhandlung auf die angewandten Aspekte der Theorie einschränken möchten, werden wir nicht auf diese Details eingehen. Stattdessen werden wir uns in den meisten Fällen von unserer geometrischen Intuition leiten lassen. Zum Beispiel werden wir die Behauptungen der Art ‚eine glatte geschlossene Kurve teilt die ganze komplexe Ebene in zwei verschiedene Bereiche: das Kurveninnere und den Rest' als offensichtlich betrachten.

Cauchy-Riemann-Gleichungen. Eine der wichtigsten Folgerungen der Analytizität sind die sogenannten Cauchy-Riemann-Gleichungen. Sei

$$f(z) = u(x, y) + i v(x, y),$$

was gleichbedeutend mit $u = \operatorname{Re} f$ and $v = \operatorname{Im} f$ ist. Dann gelten folgende Gleichungen:

$$\frac{\partial u}{\partial x} = \frac{\partial v}{\partial y}, \quad \frac{\partial u}{\partial y} = -\frac{\partial v}{\partial x}.$$

Sie lassen sich auf folgende Weise herleiten. Wenn wir den Grenzfall $\Delta z = \Delta x + i \Delta y \to 0$,waagerecht' auswerten, d. h. wir setzen $\Delta y = 0$ zuerst und berechnen anschließend $\Delta x \to 0$, Abb. 1.1, dann erhalten wir aus der Definition der Ableitung

$$f'(z) = \lim_{\Delta x \to 0} \frac{u(x + \Delta x, y) + i v(x + \Delta x, y) - u(x, y) - i v(x, y)}{\Delta x} = \frac{\partial u}{\partial x} + i \frac{\partial v}{\partial x}.$$

Andererseits, wenn wir das Ganze ,senkrecht' berechnen, erhalten wir stattdessen

$$f'(z) = \lim_{\Delta y \to 0} \frac{u(x, y + \Delta y) + i v(x, y + \Delta y) - u(x, y) - i v(x, y)}{i \Delta y} = \frac{\partial v}{\partial y} - i \frac{\partial u}{\partial y}.$$

Aufgrund der Analytizität von $f(z)$ müssen beide Ableitungen übereinstimmen, deswegen gelten die Cauchy-Riemann-Gleichungen. Die Umkehrung ist ebenfalls leicht zu zeigen: Wenn u und v in einem Gebiet D den Cauchy-Riemann-Gleichungen genügen, dann ist die Funktion $u + i v$ analytisch in D.

1.1.3 Konturintegrale

Wir gehen davon aus, dass der Leser mit den grundlegenden Eigenschaften von Integralen

$$\int_a^b f(x) dx,$$

auf der reellen Achse vertraut ist. Die wichtigsten davon sind z. B. das Verhalten bezüglich des Austauschs der Integrationsgrenzen,

$$\int_a^b f(x) dx = -\int_b^a f(x) dx,$$

und die Regel für die partielle Integration,

$$\int_a^b g(x) dh(x) = g(x) h(x) \Big|_a^b - \int_a^b h(x) dg(x).$$

Abb. 1.3 *Links:* ein offener Weg γ zwischen zwei Punkten a und b. *Rechts:* eine geschlossene Kontur für den Fall $a = b$

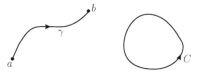

Nun möchten wir diese Konzepte auf Weg- bzw. Konturintegrale auf der komplexen Ebene verallgemeinern und definieren sie als

$$\int_\gamma f(z)dz \ ,$$

wobei γ eine hinreichend glatte Kurve ist, die am Punkt a anfängt und am Punkt b endet. Sowohl a als auch b sind jetzt beliebige Punkte in $\mathbb{C}$. Unter Umständen gilt $a = b$, dann ist der Weg (Kontur) geschlossen. In diesem Fall wird für γ die Notation C benutzt, s. Abb. 1.3.

Für die Auswertung der Integrale ist eine geeignete *Parametrisierung* $x(t) + iy(t) = z(t) \in \gamma$ sehr wichtig. Der reelle Parameter t nimmt die Werte $t_0 \le t \le t_1$ an, sodass $z(t_0) = a$ und $z(t_1) = b$ gilt. Mithilfe dieser Parametrisierung wird unser Konturintegral zu einem uns bereits bekannten Integral entlang eines Intervalls auf der reellen Achse,

$$\int_\gamma f(z)dz = \int_{t_0}^{t_1} f(z(t))\frac{dz}{dt}dt \ .$$

Dies entspricht vier verschiedenen konventionellen Integralen: $\int u\dot{x}dt$, $\int u\dot{y}dt$, $\int v\dot{x}dt$, und $\int v\dot{y}dt$.

Wenn zum Beispiel γ ein Teil der reellen Achse ist, dann gilt offensichtlich

$$\int_\gamma f(z)dz = \int f(x)dx$$

mit den ensprechenden Integrationsgrenzen. Falls dagegen γ einen Teil der imaginären Achse bildet, dann gilt

$$\int_\gamma f(z)dz = \int f(iy)i\,dy \ .$$

Ein interessantes Beispiel ist das Integral entlang eines Kreises C_R mit dem Radius R und dem Ursprung am Punkt $z = a$, s. Abb. 1.4. Eine geeignete Parametrisierung ist in diesem Fall gegeben durch

$$z|_{\text{Kreis}} = a + Re^{i\theta} \ . \tag{1.1}$$

Abb. 1.4 Eine kreisförmige Kontur C_R mit dem Radius R und dem Ursprung am Punkt a

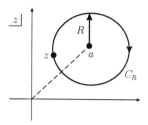

Dabei sind a und R fest, und θ bewegt sich im Intervall $[-\pi, \pi]$, sodass $dz = iRe^{i\theta}d\theta$. Dann erhalten wir

$$\int_{C_R} f(z)dz = \int_{-\pi}^{\pi} f\left(a + Re^{i\theta}\right) iRe^{i\theta}d\theta \ .$$

Diese Art von Integralen werden wir später mehrmals benutzen.

1.2 Der Cauchy'sche Integralsatz

1.2.1 Formulierung und Beweis

Es sei C eine glatte geschlossene Kontur und $f(z)$ eine Funktion, die sowohl auf C selbst als auch überall in seinem Inneren analytisch ist. Dann gilt:

$$\int_{C} f(z)dz = 0 \ . \tag{1.2}$$

Dies ist die Grundaussage des *Cauchy'schen Integralsatzes*.

Es ist bemerkenswert, wie viele verschiedene Resultate der angewandten Mathematik direkt aus dieser elegant formulierten Aussage über die Null folgen. Es existieren sehr viele verschiedene Wege, um diesen Satz zu beweisen. Der naheliegende Grund für solche Vielfalt ist wahrscheinlich der Umstand, dass diese Aussage nahezu offensichtlich ist. Und tatsächlich, da $f(z)$ analytisch ist, sollte es höchstwahrscheinlich auch eine Stammfunktion $F(z)$ geben, sodass $F'(z) = f(z)$. Wird dann die Kontur C vollständig durchgelaufen, nimmt $F(z)$ genau den gleichen Wert wieder an. Daraus folgt, dass das Integral verschwinden muss. Der Cauchy'sche Integralsatz ist jedoch viel zu wichtig, um sich auf solche ungenauen Aussagen und Annahmen zu verlassen. Aus diesem Grund versuchen wir nun, ihn rigoros zu beweisen.

Zunächst definieren wir ein folgendes Objekt [18],

$$G(\lambda) = \lambda \int_{C} f(\lambda z)dz \ ,$$

Abb. 1.5 Zwei verschiedene
Wege γ und γ' zwischen den
Punkten a und b bilden eine
geschlossene Kontur

wobei λ eine reelle Zahl aus dem Intervall $[0, 1]$ ist. Aufgrund der Konstruktion gilt $G(0) = 0$. Der Integralsatz ist dann gleichbedeutend mit $G(1) = 0$. Um festzustellen, wie die beiden Grenzfälle ineinander übergehen, berechnen wir die Ableitung nach λ,

$$\frac{dG}{d\lambda} = \int_C f(\lambda z)dz + \lambda \int_C zf'(\lambda z)dz = \int_C f(\lambda z)dz + \int_C z\, df(\lambda z) \,.$$

Man beachte, dass die Ableitung innerhalb des Integrals aufgrund der Annahmen des Satzes existiert: $f(z)$ ist eine analytische Funktion im Inneren von C. Mithilfe einer geeigneten Parametrisierung lässt sich auch relativ einfach eine Vorschrift für die partielle Integration herleiten:

$$\int_\gamma g(z)\,dh(z) = g(z)\,h(z)\Big|_a^b - \int_\gamma h(z)\,dg(z) \,,$$

die wir nun auch einsetzen möchten. Damit folgt

$$\frac{dG}{d\lambda} = \int_C f(\lambda z)dz + z\, f(\lambda z)\Big|_a^a - \int_C f(\lambda z)dz = 0$$

für alle λ (a ist ein beliebiger Punkt auf C). Deswegen ist $G(\lambda)$ eine λ-unabhängige Konstante. Da $G(0) = 0$, folgt daraus, dass $G(\lambda) = 0$ im Allgemeinen und $G(1) = 0$ im Besonderen ist. Damit ist der Satz bewiesen.

1.2.2 Konturdeformationen

Eine unmittelbare und sehr wichtige Folgerung aus dem Cauchy'schen Integralsatz ist die folgende Behauptung: Der Wert eines Konturintegrals bleibt unverändert bei beliebigen Veränderungen (Deformationen) der Kontur innerhalb des Gebiets, in dem der Integrand analytisch ist.

Betrachten wir zwei Konturen γ und γ', von denen die eine als eine Deformation der anderen verstanden werden kann, s. Abb. 1.5. Dann erhalten wir für die

Wegintegrale

$$\int_{\gamma} f(z)dz - \int_{\gamma'} f(z)dz = \int_{\gamma_{ab}+\gamma'_{ba}} f(z)dz = 0 \,.$$

Das zweite Integral kann als eine Integration rückwärts entlang von γ' aufgefasst werden,

$$-\int_{\gamma'_{ab}} f(z)dz = \int_{\gamma'_{ba}} f(z)dz \,.$$

Auf diese Weise entsteht eine geschlossene Kontur $\gamma_{ab} + \gamma'_{ba} = C$. Wenn nun $f(z)$ überall als analytisch angenommen wird, folgt daraus, dass aufgrund des Cauchy'schen Integralsatzes das Integral entlang von C verschwindet. Man beachte jedoch, dass die Endpunkte nicht so einfach verschoben werden dürfen.

1.2.3   Cauchy'sche Integralformel

Eine andere wichtige Folgerung aus dem Cauchy'schen Integralsatz ist die folgende: Wie vorher nehme man an, $f(z)$ sei analytisch auf C und in seinem Inneren. Dann gilt:

$$\frac{1}{2\pi i} \int_{C} \frac{f(z)dz}{z-a} = \begin{cases} 0\,, & a \text{ außerhalb von } C\,, \\ f(a)\,, & a \text{ im Inneren von } C\,. \end{cases} \tag{1.3}$$

Der Beweis dieses Resultats ist nicht schwierig. Für a außerhalb von C ist $f(z)/(z-a)$ offensichtlich genauso wie $f(z)$ selbst analytisch, und daher verschwindet das Integral entlang von C. Um zu sehen, dass die zweite Zeile von (1.3) gilt, deformieren wir zunächst C zu einem Kreis mit dem Mittelpunkt an a und einem Radius ρ, s. Abb. 1.6. Da $f(z)/(z-a)$ lediglich am Punkt $z = a$ nichtanalytisch ist, dürfen wir ρ beliebig klein machen, $\rho \to 0$. Mit der geeigneten Parametrisierung (1.1), im vorliegenden Fall gegeben durch $z = a + \rho e^{i\theta}$, erhalten wir für das entsprechende Integral

$$\frac{1}{2\pi i} \lim_{\rho \to 0} \int_{-\pi}^{\pi} \frac{f(a + \rho e^{i\theta})i\rho e^{i\theta}d\theta}{\rho e^{i\theta}} = f(a) \,.$$

Damit haben wir die *Cauchy'sche Integralformel* (1.3) bewiesen. Im obigen Integral ist $f(z)/(z-a)$ offensichtlich nicht analytisch im Inneren von C und ist singulär am Punkt $z = a$. Diese Art von Singularität wird *einfacher Pol* genannt.

Abb. 1.6 Zum Beweis der
Cauchy'schen Integralformel
(1.3)

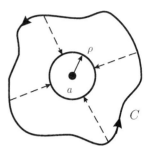

Die nächste Frage könnte lauten: Was passiert, wenn a auf der Kontur C selbst
liegt, lässt sich dann das Integral aus (1.3) immer noch auswerten? Das ist eine
wichtige und interessante Frage, auf die wir in den nächsten Kapiteln detaillierter
eingehen möchten.

Die Cauchy'sche Integralformel kann benutzt werden, um analytische Funktionen zu definieren. Interessanterweise muss C dann nicht unbedingt geschlossen
sein. Es sei $f(z)$ eine stetige Funktion auf einer beliebigen Kontur γ, sodass $z \in \gamma$.[2]
Man definiere eine Funktion $F(\xi)$, die auf der ganzen komplexen Ebene existiert,
mithilfe der Vorschrift:

$$F(\xi) = \frac{1}{2\pi i} \int_\gamma \frac{dz}{z - \xi}\, f(z)\,. \tag{1.4}$$

Die Stetigkeit von $f(z)$ garantiert nicht nur die Konvergenz dieses Integrals, sondern auch dessen Ableitungen $F^{(n)}(\xi)$,

$$F^{(n)}(\xi) = \frac{n!}{2\pi i} \int_\gamma \frac{dz}{(z - \xi)^{n+1}}\, f(z)\,, \quad n = 1, 2, \ldots$$

für alle ξ außerhalb von γ. Daraus schließen wir, dass mit Ausnahme von $\xi \in \gamma$
$F(\xi)$ überall analytisch ist. Falls ξ sehr nah an die Punkte der Kurve γ kommt, wird
das Integral singulär. Diese Situation werden wir später im Abschn. 1.3.3 sowie im
Abschn. 3.3.2 eingehender diskutieren.

Ein weiterer nicht-trivialer Fall liegt vor, wenn sich die Endpunkte von γ im Unendlichen befinden. In dieser Situation kann die Kontur als geschlossen betrachtet
werden. Insbesondere kann γ mit der reellen Achse übereinstimmen. Dann definiert
das Integral

$$F(\xi) = \frac{1}{2\pi i} \int_{-\infty}^{+\infty} \frac{dx}{x - \xi}\, f(x)$$

eine Funktion, die sowohl in der oberen als auch in der unteren Halbebene analytisch ist, jedoch nicht auf der reellen Achse selbst. Beim Übergang zwischen den

---

[2] Diese Stetigkeitsforderung kann man abschwächen.

Halbebenen ist dann $F(\xi)$ nicht stetig. Diese Situation werden wir ebenfalls im Abschn. 3.3.2 eingehender diskutieren.

1.2.4   Taylor- und Laurent-Entwicklungen

Um die aus der Analysis bekannte Taylor-Entwicklung herzuleiten, möchten wir uns wieder auf die Funktion $f(z)$ konzentrieren, die sowohl im Inneren einer geschlossenen Kontur C als auch auf C selbst analytisch ist. Wir nehmen außerdem an, dass a und $a+h$ zwei Punkte im Inneren von C sind. Versucht man die Funktion $f(a+h)$ um den Punkt a herum in Potenzen von h zu entwickeln, so erhält man:

$$f(a+h) = \frac{1}{2\pi i} \int_C \frac{f(z)dz}{z-a-h} = \frac{1}{2\pi i} \int_C \frac{f(z)dz}{z-a} \frac{1}{1-h/(z-a)}.$$

Im nächsten Schritt benutzen wir die geometrische Reihe, um den Integrand zu entwickeln,

$$\frac{1}{1-h/(z-a)} = \sum_{n=0}^{\infty} \frac{h^n}{(z-a)^n} .$$

Damit erhalten wir die *Taylor-Entwicklung*:

$$f(a+h) = \sum_{n=0}^{\infty} a_n h^n , \tag{1.5}$$

wobei die Koeffizienten a_n gegeben sind durch

$$a_n = \frac{1}{2\pi i} \int_C \frac{f(z)dz}{(z-a)^{n+1}} . \tag{1.6}$$

Wir möchten darauf hinweisen, dass eine weitere Entwicklung von $f(z)$ um den Punkt a herum mit einer anschließenden Anwendung der Cauchy'schen Integralformel die übliche Definition der Taylor-Koeffizienten $a_n = f^{(n)}(a)/n!$ liefert [$f^{(n)}(a)$ bezeichnet die n-te Ableitung]. Der Grund dafür ist die Tatsache, dass zu den resultierenden Integralen außer den einfachen Polen keine weiteren Singularitäten höherer Ordnung beitragen. Dies werden wir in Kürze explizit zeigen.

Wenn $f(z)$ nicht analytisch am Punkt a ist, sondern eine Singularität aufweist (verschiedene Arten davon werden wir demnächst diskutieren), dann gilt die Taylor-Entwicklung natürlich nicht mehr. Es ist jedoch in vielen Fällen möglich, eine sogenannte *Laurent-Entwicklung* aufzustellen, die in einem Ring um den Punkt a konvergiert.

Abb. 1.7 Eine Potenzreihen-
entwicklung in einem nicht
einfach zusammenhängen-
den Gebiet (**a**) kann mithilfe
der Cauchy'schen Formel
für einfach zusammenhän-
gende Gebiete konstruiert
werden (**b**)

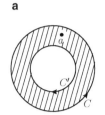
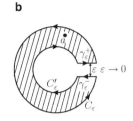

Um die Laurent-Entwicklung herzuleiten, benötigen wir eine Verallgemeinerung
des Cauchy'schen Integralsatzes und der Formel auf nicht einfach zusammenhän-
gende Gebiete.[3] Es wird ausreichen, wenn wir es für ringförmige Gebiete machen.
Wir nehmen daher an, $f(z)$ sei analytisch zwischen zwei geschlossenen Konturen C und C', s. Abb. 1.7a, aber nicht unbedingt im Inneren von C'. Im nächsten
Schritt führen wir die beiden Konturen zu einer zusammen, indem wir eine kleine
,Brücke' $\gamma_\epsilon^\pm$ zwischen C_ϵ and C'_ϵ einfügen, wie auf Abb. 1.7b gezeigt. Aufgrund
des Cauchy'schen Integralsatzes (1.2) gilt dann

$$\int\limits_{C_\epsilon} f(z)dz + \int\limits_{C'_\epsilon} f(z)dz + \sum_\pm \int\limits_{\gamma_\epsilon^\pm} f(z)dz = 0 \, .$$

Im Grenzfall $\epsilon \to 0^+$ wird Abb. 1.7b zu Abb. 1.7a. Die Beiträge von γ_ϵ^+ und
γ_ϵ^- heben einander auf. Unter Berücksichtigung der Tatsache, dass sich die Integrationsrichtung entlang der Kontur C' umkehrt, erhalten wir dann die gesuchte
Verallgemeinerung des Cauchy'schen Integralsatzes in der folgenden Form:

$$\int\limits_C f(z)dz - \int\limits_{C'} f(z)dz = 0 \, .$$

Mithilfe der im Wesentlichen gleichen Beweisführung können wir dann auch die
neue Cauchy'sche Integralformel:

$$f(a) = \int\limits_C \frac{f(z)dz}{z-a} - \int\limits_{C'} \frac{f(z)dz}{z-a} \tag{1.7}$$

beweisen. Hier ist $z = a$ ein Punkt zwischen beiden Konturen.

Nun wählen wir einen Punkt a im Inneren von C' [da ist $f(z)$ nicht unbedingt
analytisch], sodass $a + h$ zwischen C' und C liegt, s. Abb. 1.8. Für den letzteren
Punkt gilt dann die Cauchy'sche Integralformel (1.7) (diese gilt offensichtlich nicht
für den Punkt a),

$$f(a + h) = \int\limits_C \frac{f(z)dz}{z-a-h} - \int\limits_{C'} \frac{f(z)dz}{z-a-h} \, .$$

---

[3] Ein Gebiet ist einfach zusammenhängend, wenn dort jede geschlossene Kurve ,zusammenzieh-
bar' ist.

Abb. 1.8 Die Laurent-Entwicklung ist konvergent im Gebiet zwischen den Kreisen C und C'

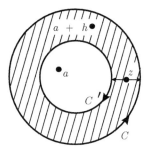

Für $z \in C$ (z im Inneren von C) kann man eine folgende Taylor-Entwicklung einsetzen

$$\frac{1}{z-a-h} = \frac{1}{z-a}\frac{1}{1-h/(z-a)} = \frac{1}{z-a}\sum_{n=0}^{\infty}\frac{h^n}{(z-a)^n} \,,$$

während für z im Inneren von C' gilt:

$$\frac{1}{z-a-h} = -\frac{1}{h}\frac{1}{1-(z-a)/h} = -\frac{1}{h}\sum_{n=0}^{\infty}\frac{(z-a)^n}{h^n} = \frac{1}{z-a}\sum_{n=-\infty}^{-1}\frac{h^n}{(z-a)^n} \,.$$

Dies alles eingesetzt in die Integralformel liefert die Laurent-Entwicklung

$$f(a+h) = \sum_{n=-\infty}^{\infty} a_n h^n \,,$$

mit den Koeffizienten

$$a_n = \frac{1}{2\pi i}\int_C \frac{f(z)dz}{(z-a)^{n+1}} \,. \tag{1.8}$$

Formal gesehen haben sie die gleiche Gestalt wie die Koeffizienten der Taylor-Entwicklung (1.6).[4]

Beispiel 1.1 Wir möchten nun die Funktion $f(z) = 1/[z(1-z)]$ in eine Laurent-Reihe im Ring $\delta < |z| < 1$ mit einem endlichen $\delta < 1$ entwickeln. Die Koeffizienten finden sich mithilfe von (1.8),

$$a_n = \frac{1}{2\pi i}\int_C dz\, \frac{1}{z^{n+1}}\frac{1}{z(1-z)} \,.$$

---

[4] Offensichtlich ist die Funktion $f(z)/(z-a)^{n+1}$ für negative n analytisch zwischen C' und C, sodass für diese Terme die Kontur C' auf die Kontur C deformiert ist. Die Annahme, dass die Funktion $f(z)$ analytisch zwischen C und C' ist, bedeutet für die Laurent-Entwicklung, dass die Terme mit positiven Potenzen von h einen Konvergenzkreis (um a herum) haben, der außerhalb von C liegt.

Auf der anderen Seite konvergieren die Terme mit negativen Potenzen von h außerhalb eines Kreises, der selbst im Inneren von C' liegt. Ein intuitives Bild für die Laurent-Entwicklung ist, dass sie eine Aufspaltung der Funktion von $f(z)$ in zwei Beiträge darstellt, einen der analytisch außerhalb von C' ist, und einem anderen, der analytisch im Inneren von C ist.

Da $|z| < 1$ dürfen wir die Taylor-Entwicklung von $1/(1-z)$ bedenkenlos benutzen. Wir wählen nun einen Kreis mit Radius $\delta < \epsilon < 1$ mit dem Ursprung am Punkt $z = 0$ als C. Die Punkte darauf können durch den Winkel $0 < \phi < 2\pi$ mithilfe der Relation $z = \epsilon e^{i\phi}$ parametrisiert werden. Dann erhalten wir:

$$a_n = \frac{1}{2\pi} \sum_{k=0}^{\infty} \epsilon^{k-n-1} \int\limits_0^{2\pi} d\phi \, e^{i(k-n-1)\phi} \ .$$

Dieses Integral ist offensichtlich endlich und ist gleich 2π nur für $n = k - 1$. Deswegen fängt die Entwicklung mit dem Term $n = -1$ an. Es stellt sich weiterhin heraus, dass alle Koeffizienten gleich und gegeben sind durch $a_{-1} = a_0 = a_1 = \cdots = 1$. Diese Reihe könnte man auch durch eine explizite Entwicklung in Potenzen von z gewinnen,

$$f(z) = \frac{1}{z(1-z)} = \frac{1}{z}\left(1 + z + z^2 + \dots\right) = \frac{1}{z} + 1 + z + z^2 + \dots \ .$$

Beispiel 1.2 Als eine kompliziertere Anwendung versuchen wir nun

$$f(z) = e^{\zeta(z-1/z)/2} = \sum_{n=-\infty}^{\infty} J_n(\zeta) \, z^n \tag{1.9}$$

um den Punkt $z = 0$ zu entwickeln. Laut der allgemeinen Vorschrift sind die Koeffizienten gegeben durch

$$J_n(\zeta) = \frac{1}{2\pi i} \int\limits_C dz \, \frac{e^{\zeta(z-1/z)/2}}{z^{n+1}} \ , \tag{1.10}$$

wobei dieses Mal C ein Kreis mit einem beliebig großen Radius ist. Wir setzen $z = e^{i\phi}$ und erhalten

$$J_n(\zeta) = \frac{1}{2\pi} \int\limits_{-\pi}^{\pi} d\phi \, e^{i\phi} \, e^{-i\phi(n+1)+i\zeta\sin\phi} = \frac{1}{\pi} \int\limits_0^{\pi} d\phi \, \cos(n\phi - \zeta\sin\phi) \ . \tag{1.11}$$

Im letzten Schritt haben wir das Integral in zwei Teile umgeschrieben und eine Transformation $\phi \to -\phi$ vorgenommen. Nach der Substitution $z \to 2z/\zeta$ in (1.10) erhalten wir dann:

$$J_n(\zeta) = \frac{1}{2\pi i} \left(\frac{\zeta}{2}\right)^n \int\limits_C dz \, \frac{e^{z-\zeta^2/4z}}{z^{n+1}} = \frac{1}{2\pi i} \sum_{k=0}^{\infty} \frac{(-1)^k}{k!} \left(\frac{\zeta}{2}\right)^{n+2k} \int\limits_C dz \, z^{-(n+k+1)} \, e^z \ .$$

Dieses Integral ist gleich $2\pi i/[(n + k)!]$, was mithilfe einer wiederholten partiellen Integration auf dem Einheitskreis gezeigt werden kann. Das Ergebnis für die

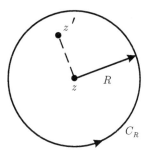

Abb. 1.9 Zum Beweis des Liouville-Satzes, s. Abschn. 1.2.5

Koeffizienten der Reihe ist dann:

$$J_n(\zeta) = \sum_{k=0}^{\infty} \frac{(-1)^k \, \zeta^{n+2k}}{2^{n+2k} \, k! \, (n+k)!} \, . \tag{1.12}$$

$J_n(\zeta)$ wird *Bessel-Funktion der ersten Gattung* genannt und (1.10) ist ihre Konturintegraldarstellung.

1.2.5 Satz von Liouville

Dieser Satz ist essentiell für das Lösen von Integralgleichungen, die wir in späteren Kapiteln näher diskutieren möchten. Er folgt direkt aus der Cauchy'schen Integralformel und der Taylor-Entwicklung. Der klassische Satz von Liouville besagt, dass eine Funktion $f(z)$ eine Konstante ist, wenn sie analytisch bei allen endlichen z und überall auf $\mathbb{C}$ beschränkt ist.

Die Beweisidee ist vergleichsweise einfach. Wenn man zwei verschiedene Punkte z und z' betrachtet, die im Inneren eines Kreises C_R mit dem Radius R liegen (s. Abb. 1.9), dann gilt aufgrund der Cauchy'schen Integralformel

$$f(z) = \frac{1}{2\pi i} \int_{C_R} \frac{f(\xi)d\xi}{\xi - z} \, .$$

Das Gleiche gilt für $f(z')$. Nun berechnen wir $f(z) - f(z')$ im Grenzfall $R \to \infty$, während die Differenz $z - z'$ festgehalten wird. Es gilt die folgende Abschätzung:

$$|f(z) - f(z')| = \frac{1}{2\pi} \left| \int_{C_R} \frac{f(\xi)d\xi}{\xi - z} - \int_{C_R} \frac{f(\xi)d\xi}{\xi - z'} \right|$$

$$= \frac{1}{2\pi} \left| \int_{C_R} \frac{(z - z')f(\xi)d\xi}{(\xi - z)(\xi - z')} \right| = O\left(\frac{1}{R}\right).$$

Die Differenz verschwindet also bei $R \to \infty$ und somit $f(z) = f(z')$ für alle endlichen z und z'.

Später werden wir eine Verallgemeinerung dieser Aussage auf die Funktionen benötigen, die bei $z \to \infty$ anwachsen, aber nicht schneller als algebraisch. Das heißt, dass es eine positive Konstante A sowie eine natürliche Zahl N gibt, sodass

$$|f(z)| < A|z|^N .$$

Sind alle anderen Annahmen des Liouville'schen Satzes erfüllt, so ist $f(z)$ ein Polynom N-ten Grades. Um zu sehen, dass diese Aussage stimmt, reicht es aus zu verstehen, dass unter der Voraussetzung, dass $f(z)$ analytisch für alle z ist, sie ebenfalls überall in eine Taylor-Reihe entwickelt werden kann. Insbesondere gilt das für $z = 0$, wo $f(z) = \sum_{n=0}^{\infty} a_n z^n$. Die einzige Funktion, die der Bedingung für das algebraische Wachstum genügt, ist dann eine, deren Taylor-Reihe mit dem Term N-ter Ordnung abbricht, d. h. $f(z) = \sum_{n=0}^{N} a_n z^n$. Dies ist offensichtlich nichts anderes als ein Polynom N-ten Grades.

1.2.6 Isolierte Singularitäten und Residuen

Sei $f(z)$ eine Funktion, die in jedem Punkt der unmittelbaren Umgebung von $z = a$ analytisch ist, außer in $z = a$ selbst. Unter diesen Umständen nennt man $z = a$ eine *isolierte Singularität* von $f(z)$. Ein typisches Beispiel für eine solche Funktion ist

$$e^{1/z} = \sum_{n=0}^{\infty} \frac{1}{n!z^n} = \sum_{n=-\infty}^{0} \frac{z^n}{(-n)!} .$$

Diese Laurent-Reihe konvergiert überall außerhalb eines Kreises mit einem beliebig kleinen Radius, hat jedoch unendlich viele divergierende Potenzen von $1/z$ bei $z \to 0$. In anderen Worten kann man keine ‚führende Ordnung' der Divergenz nahe Null identifizieren. In diesem Fall handelt es sich um eine *wesentliche Singularität*.

Diese interessanten Eigenschaften legen eine folgende Klassifizierung von singulären Punkten nahe: Wenn die Laurent-Reihe von $f(z)$ bei einem endlichen negativen $-N$ abbricht, d. h. wenn

$$f(z) = \frac{a_{-N}}{(z-a)^N} + \frac{a_{-N+1}}{(z-a)^{N-1}} + \ldots + \frac{a_{-1}}{z-a} + \varphi(z) , \qquad (1.13)$$

wobei $\varphi(z)$ eine in der unmittelbaren Umgebung vom Punkt a analytische Funktion ist, dann handelt es sich bei $z = a$ um ein *Pol N-ter Ordnung*. Pole erster Ordnung werden auch *einfache Pole* genannt.

Nun können wir uns die folgende Frage stellen: Nehmen wir an, dass um einen einfachen Pol $z = a$ eine geschlossene Kontur C gelegt wird, die in positiver Richtung orientiert ist.[5] Was ist der Wert des entsprechenden Konturintegrals

---

[5] Zur Erinnerung: Die positive Umlaufrichtung ist die, bei der das umrandete Gebiet ‚links' bleibt.

$\int_C f(z)dz$? Offensichtlich gilt $\int_C \varphi(z)dz = 0$ aufgrund des Cauchy'schen Integralsatzes. Als Nächstes betrachten wir die singulären Terme der Entwicklung. Wie vorher können wir C zu einem kleinen Kreis mit dem Radius ρ um $z = a$ herum deformieren (s. Abb. 1.6). Dies führt zu:

$$\int_{C_\rho} \frac{dz}{(z-a)^r}\bigg|_{z=a+\rho e^{i\theta}} = \int_0^{2\pi} \frac{i\rho e^{i\theta}d\theta}{\rho^r e^{ir\theta}} = i\rho^{1-r} \int_0^{2\pi} e^{i(1-r)\theta}d\theta = \rho^{1-r}\left[\frac{e^{i(1-r)\theta}}{1-r}\right]\bigg|_0^{2\pi}.$$

Das Integral $\int_C f(z)dz$ verschwindet also für alle $r \neq 1$ wegen der Winkelintegration (die entsprechende Stammfunktion ist offensichtlich periodisch in θ). Andererseits erhalten wir für $r = 1$

$$\int_{C_\rho} \frac{dz}{z-a} = i\int_0^{2\pi} d\theta = 2\pi i ,$$

weswegen die Antwort auf die oben gestellte Frage lautet:

$$\int_C f(z)dz = 2\pi i\, a_{-1}.$$

Der Koeffizient a_{-1} wird *Residuum* der Funktion $f(z)$ am Pol $z = a$ genannt,

$$a_{-1} = \operatorname{Res} f(z)|_a .$$

Wenn die Funktion $f(z)$ im Inneren von C weitere Pole hat, tragen deren Residuen zum Integral auf additive Weise bei. Diese Feststellung legt eine folgende Verallgemeinerung nahe: Wenn die Funktion $f(z)$ im Inneren einer geschlossenen Kontur an allen Punkten außer auf einer endlichen Menge von Polen $\{a_p\}$ analytisch ist, ist das Integral entlang von C durch die Summe der jeweiligen Residuen gegeben:

$$\oint_C f(z)dz = 2\pi i \sum_p \operatorname{Res} f(z)|_{a_p} . \tag{1.14}$$

Dieses Resultat wird üblicherweise *Residuensatz* genannt. Dadurch jedoch, dass er eine mehr oder weniger direkte Folgerung des Cauchy'schen Integralsatzes ist, werden wir ihn auch als den verallgemeinerten Cauchy'schen Integralsatz oder einfach als Cauchy'schen Satz bezeichnen.

Nun widmen wir uns den restlichen Termen der Entwicklung (1.13). Es ist sehr wichtig zu verstehen, dass während das Integral von z. B. $f(z) = 1/(z-a)^2$ um $z = a$ herum verschwindet, das Integral über $f(z) = g(z)/(z-a)^2$ im Allgemeinen endlich ist. Eine entsprechende Rechnung sieht folgendermaßen aus:

$$\int_C \frac{g(z)dz}{(z-a)^2} = \int_C \frac{dz}{(z-a)^2}[g(a) + (z-a)g'(a) + O((z-a)^2)] = 2\pi i\, g'(a) .$$

Für den allgemeineren Fall der N-ten Potenz, für $f(z) = g(z)/(z-a)^N$, generiert der Term $g^{[N-1]}(a)/(N-1)!$ der Taylor-Entwicklung von $g(z)$ einen einfachen Pol. Deswegen gilt für die entsprechenden Residuen die folgende Formel:

$$\operatorname{Res} f(z)|_a = \frac{1}{(N-1)!} \frac{d^{N-1}}{d^{N-1}z}[(z-a)^N f(z)]|_{z=a} \ .$$

In vielen Rechnungen ist diese Relation sehr viel bequemer als eine ensprechende direkte Laurent-Entwicklung.

Eine typische Klasse von Integralen, die sich sehr effizient mithilfe des Residuensatzes ausrechnen lassen, sind die sogenannten Integrale über Perioden. Im allgemeinen Fall haben sie die folgende Gestalt:

$$I = \int_0^{2\pi} R(\cos\theta, \sin\theta)d\theta \ , \tag{1.15}$$

wobei R eine beliebige rationale Funktion (d. h. ein Quotient zweier Polynome) ihrer Argumente ist. Durch die Substitution $z = e^{i\theta}$ ‚mutiert‘ die Integration entlang eines Intervalls auf der reellen Achse zu einer Konturintegration entlang eines Einheitskreises. Wir erhalten

$$d\theta = \frac{dz}{iz} \ , \quad \cos\theta = \frac{1}{2}\left(z + \frac{1}{z}\right) \ , \quad \sin\theta = \frac{1}{2i}\left(z - \frac{1}{z}\right) \ ,$$

weswegen

$$I = \int_{|z|=1} R(z) \frac{dz}{iz} = 2\pi \sum_p \operatorname{Res}\left[\frac{R(z)}{z}\right]\bigg|_{z_p,\,|z_p|<1} \ .$$

Nun möchten wir in ein paar Beispielen den Einsatz des Residuensatzes verdeutlichen.

Beispiel 1.3

$$\int_0^{2\pi} \cos\theta d\theta = \frac{1}{2i} \int_{|z|=1}\left(1 + \frac{1}{z^2}\right)dz = 0 \ .$$

In diesem speziellen Fall verschwindet das Integral, weil der Integrand keine einfachen Pole besitzt.

Beispiel 1.4

$$\int_0^{2\pi} \sin^2\theta d\theta = \frac{1}{4i} \int_{|z|=1}\left(-z - \frac{1}{z^3} + \frac{2}{z}\right)dz = \pi \ .$$

Abb. 1.10 Zur Berechnung des Integrals entlang der reellen Achse mithilfe der geeigneten Kontur C'

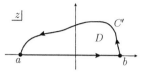

Dieses Ergebnis würde man erwarten. Integriert man nämlich über eine ganze Zahl von Perioden, so kann man die Substitutionen $\cos^2 \theta \to 1/2$ sowie $\sin^2 \theta \to 1/2$ vornehmen.

Beispiel 1.5

$$\int_0^{2\pi} \frac{d\theta}{1 - 2p \cos \theta + p^2} = \frac{1}{i} \int_{|z|=1} \frac{dz}{z - p(z^2 + 1) + p^2 z}$$

$$= \frac{1}{i} \int_{|z|=1} \frac{dz}{(z - p)(1 - pz)} = \frac{2\pi}{1 - p^2} ,$$

wobei $0 < p < 1$ ein reeller Parameter ist.

Mithilfe des Residuensatzes lassen sich erstaunlich viele konventionelle Integrale entlang der reellen Achse berechnen. Im allgemeinen Fall haben diese Integrale die folgende Form:

$$I = \int_a^b g(x)dx .$$

Die Rechnung besteht aus mehreren Schritten.

(i) Man konstruiere das Gebiet D, indem man eine geeignete Kontur C' findet, die die Punkte b und a in der komplexen Ebene miteinander verbindet, s. Abb. 1.10.

(ii) Man identifiziere die Hilfsfunktion $f(z)$, die bis auf eine beschränkte Menge von Polen analytisch in D ist und welche für $z = x$ auf eine möglichst einfache Weise mit $g(x)$ in Verbindung gebracht werden kann, z. B. durch die Forderung $\operatorname{Re} f(x) = g(x)$.

(iii) Man benutze den Cauchy'schen Integralsatz und erhalte:

$$\int_a^b f(x)dx + \int_{C'} f(z)dz = 2\pi i \sum \operatorname{Res} f(z)\Big|_{\text{in } D} .$$

(iv) Wenn das Integral $\int_{C'} f(z)dz$ mit anderen Methoden berechnet werden kann oder als Funktion des Ausgangsintegrals I ausgedrückt werden kann, dann ist das Problem gelöst.

Abb. 1.11 Die Integrationskontur im Beispiel 1.6: Für
positive p wird die Kontur
in der oberen Halbebene geschlossen (**a**), für negative p
in der unteren Halbebene (**b**)

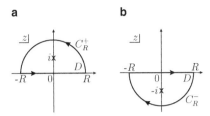

Beispiel 1.6 Eine sehr weit verbreitete Anwendung des Residuensatzes ist die Fourier-Transformation des Lorentzians,

$$I(p) = \int_{-\infty}^{\infty} \frac{e^{ipx} dx}{x^2 + 1} \, , \tag{1.16}$$

wobei p ein reeller Parameter ist. Es ist naheliegend, als Hilfsfunktion $f(z) = e^{ipz}/(z^2+1)$ zu wählen. Zunächst möchten wir die Integration entlang der x-Achse
auf das Intervall $[-R, R]$ beschränken (den Grenzfall $R \to \infty$ berechnen wir spä-
ter). Einen geschlossenen Weg C konstruieren wir, indem wir nun die Endpunkte
dieses Intervalls mit einem Bogen mit dem Radius R entweder in der oberen (C_R^+)
oder in der unteren (C_R^-) Halbebene schließen, s. Abb. 1.11. Die Pole des Integranden liegen bei $z = \pm i$. Aufgrund des Cauchy'schen Satzes erhalten wir dann

$$\int_{-R}^{R} + \int_{C_R^+} = (2\pi i)\frac{e^{-p}}{2i} = \pi e^{-p} \, ,$$

oder alternativ

$$\int_{-R}^{R} + \int_{C_R^-} = (-2\pi i)\frac{e^{p}}{(-2i)} = \pi e^{p} \, ,$$

je nachdem, ob wir die Kontur in der oberen oder unteren Halbebene schließen. Es
sei angemerkt, dass im letzteren Integral das negative Vorzeichen des Residuums
durch das negative Vorzeichen der Winkelintegration (das Gebiet D in der unteren
Halbebene wird im Uhrzeigersinn umrandet) aufgehoben wird. Außerdem haben
wir die Notation $\int_C$ für $\int_C f(z)dz$ benutzt. Diese Konvention wird noch sehr oft
in späteren Rechnungen eingesetzt. Nun berechnen wir den Grenzfall $R \to \infty$.
Offensichtlich gilt

$$\lim_{R\to\infty} \int_{-R}^{R} = I(p) \, .$$

Andererseits haben wir $|e^{ipz}| = e^{-p\,\mathrm{Im}\,z}$. Wenn also $p > 0$, dann fällt der Integrand
in der oberen Halbebene exponentiell ab, divergiert jedoch in der unteren Halbebe-
ne. Daraus folgt, dass man in dieser Situation die Kontur in der oberen Halbebene

schließen soll. Also benutzen wir C_R^+. Da $\lim_{R \to \infty} \int_{C_R^+} = 0$, erhalten wir sofort $I(p) = \pi e^{-p}$. Ähnlich verfährt man im Fall $p < 0$. Hier soll C_R^- benutzt werden. Da ebenfalls $\lim_{R \to \infty} \int_{C_R^-} = 0$, erhalten wir für das Integral $I(p) = \pi e^p$. Zusammenfassend erhalten wir also

$$I(p) = \pi e^{-|p|} \,.$$

Es ist sehr hilfreich, dieses Ergebnis mit elementaren Mitteln zu verifizieren:

$$\frac{1}{2\pi} \int_{-\infty}^{\infty} e^{-ipx} I(p) dp = \frac{1}{2} \int_0^{\infty} e^{-ipx-p} dp + \frac{1}{2} \int_{-\infty}^0 e^{-ipx+p} dp$$

$$= \frac{1}{2} \frac{1}{1+ix} + \frac{1}{2} \frac{1}{1-ix} = \frac{1}{x^2+1} \,.$$

Lemma von Jordan. Die Konstruktion einer geschlossenen Kontur, die wir gerade gemacht haben, kann beim Auswerten von sehr vielen Integralen vom Typ (1.16) benutzt werden. Sie kann rigoros bewiesen werden und ist unter dem Namen ‚*Lemma von Jordan*' bekannt. Üblicherweise wird es benutzt, um zu zeigen, dass das Integral entlang von C_R verschwindet. Damit ist das Integral entlang der x-Achse gleich der Summe der Residuen. Die Aussage wird auf folgende Weise formuliert. Sei $f(z)$ mit Ausnahme von beschränkter Menge von isolierten Punkten eine analytische Funktion in der oberen Halbebene $\text{Im} z \geq 0$. Sei C_R ein Halbkreisbogen mit dem Radius R, der ebenfalls in der oberen Halbebene liegt. Wenn es für alle z auf C_R eine Konstante μ_R gibt, sodass $|f(z)| \leq \mu_R$ und $\mu_R \to 0$ für $R \to \infty$, dann gilt für $a > 0$

$$\lim_{R \to \infty} \int_{C_R} e^{iaz} f(z) dz = 0 \,. \tag{1.17}$$

Um diese Aussage zu beweisen, setzen wir $z = Re^{i\theta}$ und benutzen die naheliegende Ungeichheit $\sin \theta \geq 2\theta/\pi$ mit $0 \leq \theta \leq \pi/2$. Dann erhalten wir

$$\left| \int_{C_R} e^{iaz} f(z) dz \right| \leq \mu_R R \int_0^{\pi} e^{-aR\sin(\theta)} d\theta \leq \mu_R \frac{\pi}{a} (1 - e^{-aR}) \to 0 \,, \text{ bei } R \to \infty \,.$$

Wenn $a < 0$ und $f(z)$ die Voraussetzungen des Lemmas in der unteren Halbebene $\text{Im} z \leq 0$ erfüllt, dann gilt die Formel (1.17) ebenfalls, jedoch muss der Halbkreisbogen in der unteren Halbebene liegen. Ähnliche Aussagen gelten für $a = \pm i\alpha$ ($\alpha > 0$) wenn die C_R–Integration in der rechten ($\text{Re} z \geq 0$) oder linken ($\text{Re} z \leq 0$) Halbebene durchgeführt wird.

Das Lemma von Jordan ist die Grundlage für eine sehr große Zahl verschiedener Integrationsmethoden, die auf einer geschickten Wahl von Integrationskonturen basieren. Sehr oft (und insbesondere in der physikalischen Literatur) werden sie als *Residuenformeln* bezeichnet.

Beispiel 1.7 Man berechne das folgende Integral:

$$I(a) = \int_{-\infty}^{\infty} \frac{e^{ax} dx}{e^x + 1} \,,$$

Abb. 1.12 Schematische
Darstellung der Kontur für
die Berechnung des Integrals
in Beispiel 1.7

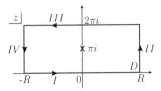

wobei a eine reelle Zahl aus dem Intervall $a \in (0, 1)$ ist (sonst ist das Integral
natürlich divergent).

Hier möchten wir die Periodizitätseigenschaften der komplexen Exponentialfunktion ausnutzen. Die beste Wahl der Hilfsfunktion ist offensichtlich $f(z) =
e^{az}/(e^z + 1)$. Als eine mögliche Kontur nehmen wir den Rand eines rechtecki-
gen Gebiets D, wie auf Abb. 1.12 gezeigt. Die Pole finden sich aus der Gleichung
$e^z = -1$ und sind gegeben durch $z = \pi i + 2\pi i n$ (n ist eine ganze Zahl). Nur
einer davon liegt in D und zwar bei $z = \pi i$. Um das Residuum auszurechnen,
machen wir eine Laurent-Entwicklung von $f(z)$. Man setze $z = \pi i + \delta$, dann
$e^z = e^{\pi i + \delta} = -e^{\delta} = -1 - \delta + O(\delta^2)$ und man erhält

$$f(\pi i + \delta) = \frac{e^{\pi a i}[1 + O(\delta)]}{-\delta} = \frac{-e^{\pi a i}}{\delta} + O(\delta^0) \, .$$

Das Residuum ist also gegeben durch $-e^{\pi a i}$. Aus dem Cauchy'schen Satz folgt
dann

$$\int_{I} + \int_{II} + \int_{III} + \int_{IV} = -2\pi i e^{\pi a i} \, .$$

Nun berechnen wir den Grenzfall $R \to \infty$, offensichtlich gilt

$$\lim_{R \to \infty} \int_{I} = I(a) \, ,$$

und deswegen

$$\lim_{R \to \infty} \int_{III} = \int_{+\infty}^{-\infty} dx \, \frac{e^{a(x+2\pi i)}}{e^{x+2\pi i} + 1} = -e^{2\pi a i} I(a) \, .$$

Auf den Teilstücken II and IV haben wir $z = \mp R + i y$ mit $0 < y < 2\pi$. Deswegen
können die entsprechenden Integrale bei $R \to +\infty$ wie folgt abgeschätzt werden,

$$\int_{II} = O(e^{(a-1)R}) \, , \quad \int_{IV} = O(e^{-aR}) \, ,$$

d. h. beide Integrale verschwinden solange $0 < a < 1$. Also erhalten wir

$$I(a) - e^{2\pi a i} I(a) = -2\pi i e^{\pi a i} \, ,$$

was sofort zum Ergebnis führt:

$$I(a) = \frac{2\pi i e^{\pi a i}}{e^{2\pi a i} - 1} = \frac{2\pi i}{e^{\pi a i} - e^{-\pi a i}} = \frac{\pi}{\sin(\pi a)} \, .$$

1.3 Konturintegration von analytischen Zweigen

1.3.1 Funktionen mit Verzweigungspunkten

Das einfachste Beispiel einer mehrdeutigen Funktion ist die Quadratwurzel $f(z) = z^{1/2}$. Selbst auf der positiven reellen Halbachse kann man zwei verschiedene Werte dem gleichen Argumenten z zuordnen: $\pm |z|^{1/2}$. Diese Mehrdeutigkeit hat die Nichtanalytizität der Funktion $z^{1/2}$ zur Folge. Man kann jedoch versuchen, sich nur auf eine der oben angegebenen Optionen zu konzentrieren und die Funktion so neu zu definieren, dass sie z. B. bei $z = 1$ einen bestimmten Wert annimmt, etwa so $(z = 1)^{1/2} = 1$. Um den Wert der Funktion bei $z = -1$ zu ermitteln, können wir die beiden Punkte durch Halbkreisbogen in der oberen bzw. unteren Halbebene verbinden, sodass entlang beider Pfade die Funktion analytisch und eindeutig bleibt. Wir werden jedoch sofort feststellen, dass die Funktion auf den beiden Pfaden am Punkt $z = -1$ zwei verschiedene Werte annimmt, nämlich $\pm i$, und somit wieder mehrdeutig wird. Ein möglicher Ausweg wäre es, die negative reelle Halbachse inklusive Koordinatenursprung aus der komplexen Ebene herauszunehmen oder $\mathbb{C}$ entlang dieser Halbachse ‚durchzuschneiden‘. Dann könnte man sie nicht überqueren, und die zwei verschiedenen Werte wären unproblematisch. Der Koordinatenursprung ist der Punkt, an dem die beiden Optionen $\pm |z|^{1/2}$ beliebig nah aneinander kommen, er wird daher *Verzweigungspunkt* genannt.[6] Nachdem $\mathbb{C}$ geschnitten ist, haben wir immer noch zwei verschiedene Optionen, die Quadratwurzel eindeutig zu definieren. Diese beiden Möglichkeiten entsprechen den beiden *analytischen Zweigen* dieser Funktion. Die Punkte $-1 \pm i\delta$ liegen auf der oberen/unteren Schnittkante. Die Prozedur, die eine Verbindung zwischen den beiden Werten herstellt, nennt sich *analytische Fortsetzung*. Mithilfe eines ähnlichen Vorgangs kann man auch die analytischen Zweige von komplizierteren Funktionen wie z. B. $f(z) = z^a$, $a \neq n$, $n \in \mathbb{Z}$ identifizieren.

Eine weitere sehr interessante mehrdeutige Funktion ist der komplexe Logarithmus. Er hat unendlich viele analytische Zweige. Die Identifizierungsprozedur ist hier sehr ähnlich, und man erhält verschiedene Zweige, die sich voneinander um jeweils ein Vielfaches von $i2\pi$ unterscheiden.

In vielen Fällen ist es sinnvoll, die komplexe Ebene entlang von Abschnitten endlicher Länge zu schneiden. Ein typisches Beispiel dafür ist die Funktion $1/\sqrt{z^2 - 1}$. Auf $\mathbb{C}$ mit einem Schnitt entlang von $-1 < \operatorname{Re} z < 1$ erlaubt sie die Extraktion von analytischen Zweigen. Solche Situationen werden wir im Abschn. 1.3.4 näher diskutieren.

Integrale über mehrwertige Funktionen sind in der Regel komplizierter. Andererseits erlaubt gerade die Mehrdeutigkeit die Anwendung von einigen Kniffen, die die

---

[6] Wir möchten darauf hinweisen, dass es nicht zwingend ist, den Schnitt unbedingt entlang der negativen reellen Achse zu machen. Es reicht aus, $\mathbb{C}$ entlang einer beliebigen Kurve zu schneiden, die den Verzweigungspunkt mit dem Unendlichen verbindet, solange das dabei entstehende Gebiet einfach zusammenhängend ist.

Abb. 1.13 Schematische
Darstellung der Kontur für
die Berechnung der Integrale
aus Abschn. 1.3.2

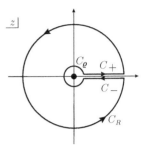

Rechnungen erheblich vereinfachen. Selbst in den Situationen mit den endlich langen Schnitten, wenn das Integrationsgebiet nicht einfach zusammenhängend wird, können viele Integrale sehr effizient ausgewertet werden.

1.3.2 Integrale der Form $\int_0^\infty x^{a-1} Q(x) dx$

In diesem Abschnitt nehmen wir an, dass $Q(x)$ eine rationale Funktion von x ist, ohne Pole auf der positiven reellen Halbachse. Außerdem setzen wir voraus, dass $x^a Q(x) \to 0$ wenn $x \to 0$ oder $x \to \infty$, d. h. das Integral konvergiert.

Wir schneiden die komplexe Ebene entlang der positiven reellen Halbachse. Als Hilfsfunktion benutzen wir

$$f(z) = (-z)^{a-1} Q(z)$$

und integrieren entlang von C, s. Abb. 1.13, welches aus vier Teilpfaden, C_ρ, C_R, und $C_\pm$, besteht. Der Cauchy'sche Satz besagt:

$$\int_C = 2\pi i \sum_p \operatorname{Res} f(z)\Big|_{z_p} ,$$

wobei über alle Residuen von $f(z)$ summiert wird, die im Inneren von C liegen. Es ist relativ leicht festzustellen (durch einfaches Abzählen der vorkommenden Potenzen von ρ und R), dass unter den gleichen Bedingungen, die die Konvergenz gewährleisten, auch Folgendes gilt:

$$\lim_{\rho \to 0} \int_{C_\rho} = \lim_{R \to \infty} \int_{C_R} = 0 .$$

Um die Beiträge von $C_\pm$ zu finden, setzen wir $-z = -x \mp i\delta = xe^{\mp i\pi}$ und berechnen den Grenzwert

$$f_+(x) = \lim_{\delta \to 0^+} f(x + i\delta) = e^{-i\pi(a-1)} x^{a-1} Q(x)$$

auf der oberen Schnittkante. Auf der unteren Schnittkante gilt dann entsprechend

$$f_-(x) = \lim_{\delta \to 0^+} f(x - i\delta) = e^{i\pi(a-1)} x^{a-1} Q(x) .$$

Berücksichtigt man die Tatsache, dass entlang von C_- in entgegengesetzter Richtung integriert wird, so erhält man

$$\int_C = [e^{-i\pi(a-1)} - e^{i\pi(a-1)}] \int_0^\infty x^{a-1} Q(x) dx .$$

Dies führt dann zur folgenden allgemeinen Formel:

$$\int_0^\infty x^{a-1} Q(x) dx = \frac{\pi}{\sin(\pi a)} \sum_p \text{Res} f(z)\Big|_{z_p} . \tag{1.18}$$

Beispiel 1.8 Man berechne das Integral

$$I(a) = \int_0^\infty \frac{x^{a-1} dx}{x + 1} .$$

Damit es konvergent ist, müssen wir den reellen Parameter a auf das Intervall $(0, 1)$ beschränken. Als Hilfsfunktion kann $f(z) = (-z)^{a-1}/(z + 1)$ gewählt werden. Sie hat einen einfachen Pol bei $z = -1$ mit dem Residuum $a_{-1} = (+1)^{a-1} = 1$. Deswegen führt die Anwendung der Formel (1.18) zum folgenden Ergebnis:

$$I(a) = \frac{\pi}{\sin(\pi a)} . \tag{1.19}$$

Es erscheint sinnvoll, dieses Integral auch auf einem anderen Weg auszurechnen. Wenn das Argument von z im Intervall $0 < \theta < 2\pi$ gewählt wird, können wir eine andere Hilfsfunktion definieren, nämlich $f(z) = z^{a-1}/(z + 1)$. Nach dem Cauchy'schen Satz haben wir dann

$$\sum_\pm \int_{C_\pm} = 2\pi i \, \text{Res} f(z)|_{z=-1} = 2\pi i (-1)^{a-1} = 2\pi i e^{i\pi(a-1)} ,$$

wobei wir $-1 = e^{i\pi}$ benutzt haben. Andererseits gelten auf den Teilpfaden $C_\pm$ folgende Relationen:

$$\frac{z^{a-1}}{z + 1}\Big|_{z=x+i\delta} = \frac{x^{a-1}}{x + 1} \quad \Rightarrow \int_{C_+} = I(a)$$

sowie

$$\frac{z^{a-1}}{z+1}\bigg|_{z=x-i\delta} = \frac{e^{2\pi i(a-1)}x^{a-1}}{x+1} \quad \Rightarrow \quad \int_{C_-} = -e^{2\pi ai}\, I(a)\,,$$

was dann auf das gleiche Ergebnis (1.19) führt. Hier haben wir explizit die Relation zwischen den Funktionswerten $z_\pm$ auf der oberen/unteren Schnittkante ($C_\pm$) ausgenutzt, sie lautet

$$z_-^{a-1} = z_+^{a-1}\, e^{2\pi(a-1)i}\,. \tag{1.20}$$

1.3.3 Hauptwertintegrale

Nun möchten wir ein leicht abgeändertes Integral

$$I(a) = \int_0^\infty \frac{x^{a-1}dx}{x-1}$$

anschauen. Diesmal hat die Funktion $Q(x)$ einen Pol auf der positiven reellen Halbachse. Dieses Integral ist offensichtlich singulär, da divergent. Allerdings ist diese Singularität schwach – logarithmisch und hat verschiedene Vorzeichen auf den entgegengesetzten Seiten der Singularität. Diese Tatsache erlaubt es, das Integral so umzudefinieren, dass es konvergent wird. Eine ähnliche Prozedur lässt sich dann auf eine Klasse von verwandten Integralen übertragen.

Diese erweiterte Definition heißt *Hauptwertintegral* und ist auf folgende Weise definiert,[7]

$$P\int_a^b \frac{f(x')dx'}{x'-x} = \lim_{\epsilon \to 0^+} \left[\int_a^{x-\epsilon} \frac{f(x')dx'}{x'-x} + \int_{x+\epsilon}^b \frac{f(x')dx'}{x'-x} \right]\,, \tag{1.21}$$

wobei die Funktion $f(x)$ als differenzierbar im Abschnitt $[a,b]$ angenommen wird (wir werden präzisere Voraussetzungen im nächsten Kapitel formulieren). Wir möchten die Diskussion mit dem allereinfachsten Hauptwertintegral beginnen, nämlich

$$P\int_{-1}^1 \frac{dx'}{x'-x} = \int_{-1}^{x-\epsilon} \frac{dx'}{x'-x} + \int_{x+\epsilon}^1 \frac{dx'}{x'-x} = \ln|x'-x|\big|_{-1}^{x-\epsilon} + \ln|x'-x|\big|_{x+\epsilon}^1$$

$$= \ln\epsilon - \ln(1+x) + \ln(1-x) - \ln\epsilon = \ln\left(\frac{1-x}{1+x}\right)\,.$$

---

[7] P steht für *principal value*.

Abb. 1.14 Schematische
Darstellung der Kontur für
die Berechnung der Integrale
aus Abschn. 1.3.3

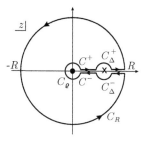

Wir möchten betonen, dass es sehr wichtig ist, dass sich die Integrationsvariable
an die Singularität von beiden Seiten gleich ‚schnell' nähert (gleiches ϵ von beiden
Seiten). Der Einsatz von zwei verschiedenen $\epsilon_{1,2}$,

$$\int\limits_{-1}^{x-\epsilon_1} \frac{dx'}{x'-x} + \int\limits_{x+\epsilon_2}^{1} \frac{dx'}{x'-x} = \ln\left(\frac{1-x}{1+x}\right) + \ln\left(\frac{\epsilon_1}{\epsilon_2}\right)$$

führt offensichtlich zu einem komplett anderen Ergebnis. Es kann endlich oder un-
endlich sein, je nachdem, wie sich der Quotient ϵ_1/ϵ_2 im Grenzfall $\epsilon_{1,2} \to 0$ verhält.
Aus diesem Grund verlangen wir ab jetzt, dass $\epsilon_1 = \epsilon_2$.

Diese einfache Rechnung demonstriert, dass das Hauptwertintegral existiert und
für eine beliebige Funktion $f(x)$ eindeutig ist. Um es zu verdeutlichen, berechnen
wir

$$\mathrm{P}\int\limits_a^b \frac{f(x')dx'}{x'-x} = \mathrm{P}\int\limits_a^b \frac{f(x') - f(x) + f(x)}{x'-x}dx'$$

$$= f(x)\ln\left(\frac{b-x}{x-a}\right) + \int\limits_a^b \frac{f(x') - f(x)}{x'-x}dx'.$$

Hier schreiben wir kein Symbol P vor dem zweiten Integral, da es nicht mehr singulär ist. In der Tat, aus der Differenzierbarkeit folgt $f(x') - f(x) = f'(x)(x' -
x) + O((x'-x)^2)$, sodass der Pol aufgehoben wird.

Beispiel 1.9 Als Beispiel berechnen wir das Integral, mit dem wir angefangen haben,

$$I(a) = \mathrm{P}\int\limits_0^\infty \frac{x^{a-1}dx}{x-1}$$

für $0 < a < 1$, nun im Sinne seines Hauptwerts. Eine geeignete Kontur ist auf
Abb. 1.14 gezeigt. Da wir der Standarddefinition des Argumenten folgen möchten,
benutzen wir $f(z) = (-z)^{a-1}/(z-1)$ als Hilfsfunktion.

Es ist leicht zu zeigen, dass unter den oben aufgeführten Bedingungen

$$\lim_{\rho \to 0} \int_{C_\rho} = \lim_{R \to 0} \int_{C_R} = 0 \,.$$

Aus dem Cauchy'schen Satz erhalten wir also

$$\sum_\pm \int_{C^\pm} + \sum_\pm \int_{C_\Delta^\pm} = 0 \,.$$

Wie auch in (1.20) setzen wir $z = x \pm i\delta$ auf $C^\pm$. Damit gilt

$$f(x \pm i\delta) = \frac{e^{\mp i\pi(a-1)}x^{a-1}}{x-1} = \frac{e^{\mp i\pi a}x^{a-1}}{1-x} \,,$$

was zu

$$\int_{C^+} = e^{-i\pi a} I(a) \,, \qquad \int_{C^-} = -e^{i\pi a} I(a)$$

führt. Man beachte, dass in der vorliegenden Situation $C^\pm$ Intervalle sind, aus denen kleine Abschnitte mit den Breiten 2Δ um $x = 1$ herum ausgeschnitten sind. Die oben aufgelisteten Relationen gelten also streng genommen nur im Grenzfall $\Delta \to 0$. Die Punkte auf $C_\Delta^\pm$ werden am besten durch $z = 1 + \Delta e^{i\theta}$ parametrisiert. Im Grenzfall $\Delta \to 0^+$ erhalten wir dann

$$\lim_{\Delta \to 0^+} (-z)^{a-1} = \lim_{\Delta \to 0^+} (-1 - \Delta \cos\theta - i\Delta \sin\theta)^{a-1}$$
$$= \begin{cases} e^{-i\pi(a-1)} \,, & 0 < \theta < \pi \,, \\ e^{i\pi(a-1)} \,, & -\pi < \theta < 0 \,. \end{cases}$$

Es ist offensichtlich, dass es die einzige Möglichkeit für die richtige Wahl der Argumente ist: Da sich alle Punkte auf $C^\pm$ und $C_\Delta^\pm$ der reellen Achse aus gleicher Richtung nähern (von oben oder unten), müssen ihre Argumente im Grenzfall den gleichen Wert annehmen.

Um den Pol $z = 1$ herum erhalten wir also

$$\int_{C_\Delta^+} = \int_\pi^0 \frac{e^{-i\pi(a-1)} i\Delta e^{i\theta} d\theta}{\Delta e^{i\theta}} = i\pi e^{-i\pi a} \,, \qquad \int_{C_\Delta^-} = \int_0^{-\pi} \frac{e^{i\pi(a-1)} i\Delta e^{i\theta} d\theta}{\Delta e^{i\theta}} = i\pi e^{i\pi a} \,.$$

Man beachte, dass das Integral über θ in gleicher Richtung auf beiden Teilkonturen C_Δ^+ und C_Δ^- berechnet wird, während die x–Integration auf $C^\pm$ in entgegengesetzten Richtungen durchgeführt wird. Dies erfordert einen Vorzeichenwechsel beim $\int_{C^-}$. Zusammenfassend erhalten wir

$$(e^{-i\pi a} - e^{i\pi a})I(a) + i\pi(e^{-i\pi a} + e^{i\pi a}) = 0 \quad \Rightarrow \quad I(a) = \pi \cot(\pi a) \,.$$

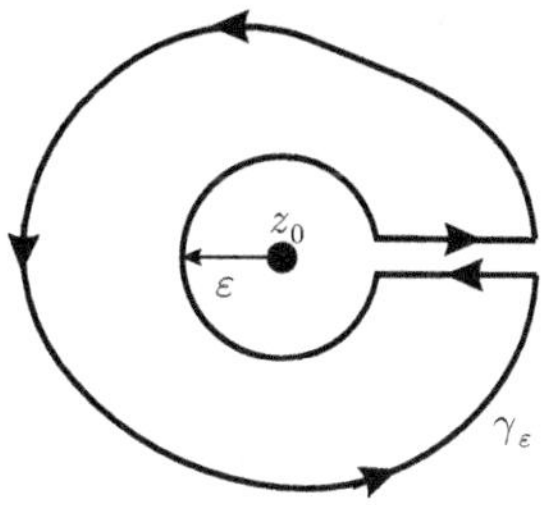

Abb. 1.15 Schematische Darstellung der in der Definition (1.22) benutzten Kontur γ_ϵ

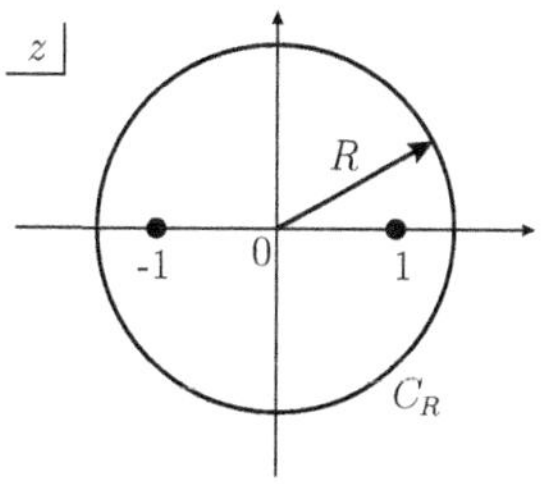

Abb. 1.16 Schematische Darstellung der in Abschn. 1.3.4 benutzen Kontur C_R

Später werden wir viele verschiedene Anwendungen der Hauptwertintegrale detaillierter diskutieren. Diesen Abschnitt möchten wir mit einer Verallgemeinerung dieses Konzepts abschließen. Man betrachte ein Wegintegral vom Cauchy'schen Typ (1.4) entlang einer beliebigen glatten Kontur γ. Der Wert dieser Funktion bei $z_0 \in \gamma$ kann dann mithilfe der folgenden Vorschrift berechnet werden,

$$F_p(z_0) = \frac{1}{2\pi i} \lim_{\epsilon \to 0} \int_{\gamma_\epsilon} \frac{f(\xi)d\xi}{\xi - z_0} , \tag{1.22}$$

wobei γ_ϵ die Kontur γ mit einem kreisförmigen Ausschnitt mit Radius ϵ bezeichnet, s. Abb. 1.15. Ein solches Integral wird *Cauchy'sches Hauptwertintegral* genannt.

1.3.4 Integrale entlang endlicher Schnitte in $\mathbb{C}$

Um die Ideen dieses Abschnitts zu illustrieren, fangen wir mit dem folgenden elementaren Integral an,

$$I = \int_{-1}^{1} \frac{dx}{\sqrt{1 - x^2}} = \int_{-\pi/2}^{\pi/2} \frac{d\sin\theta}{\cos\theta} = \int_{-\pi/2}^{\pi/2} d\theta = \pi . \tag{1.23}$$

Alternativ können wir das Integral ausrechnen, indem wir die Funktion $f(z) = (z^2 - 1)^{-1/2}$ entlang des kreisförmigen Weges C_R mit Radius $R > 1$ integrieren, s. Abb. 1.16.

Abb. 1.17 Das Ergebnis des
,Zusammenziehens' der auf
Abb. 1.16 gezeigten Kontur
C_R auf den Schnitt $[-1, 1]$ s.
Methode (ii) in Abschn. 1.3.4

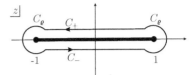

Die Methode ist sehr einfach. Es stellt sich heraus, dass das Integral $\int_{C_R}$ auf
zwei verschiedenen Wegen ausgeführt werden kann: (i) Man setze $R \to \infty$, was
hoffentlich zu einem einfachen Ergebnis führt oder (ii) man deformiere C_R so, dass
es auf den Schnitt $z = x \in [-1, 1]$,zusammenfällt', wo es in Verbindung mit
I gebracht werden kann. Am Schluss bestimmt man I aus dem Vergleich beider
Ergebnisse. Nun möchten wir all diese Schritte für die Hilfsfunktion $f(z) = (z^2 -
1)^{-1/2}$ ausführen.

(i) Mithilfe der Laurent-Entwicklung stellen wir fest, dass sich die Funktion bei
$z \to \infty$ auf folgende Weise verhält:

$$\frac{1}{\sqrt{z^2 - 1}} = \frac{1}{z \sqrt{1 - 1/z^2}} = \frac{1}{z(1 - 1/(2z^2) + O(z^{-4}))}$$
$$= \frac{1}{z} \left(1 + \frac{1}{2z^2} + O(z^{-4})\right) = \frac{1}{z} + \frac{1}{2z^3} + O(z^{-5}) \,.$$

Auf einem großen C_R benutzen wir die Parametrisierung $z = Re^{i\theta}$ und erhalten
dann für $R \to \infty$

$$\int\limits_{C_R} = \int\limits_{-\pi}^{\pi} iRe^{i\theta} \left(\frac{1}{Re^{i\theta}} + \frac{1}{2R^3 e^{3i\theta}} + O(R^{-5})\right) d\theta = 2\pi i \,.$$

Eine unmittelbare Parallele zur konventionellen Residuenrechnung ist hier klar zu
erkennen. Der einzige Unterschied besteht darin, dass sich der Pol im Unendlichen
befindet.

(ii) Als Erstes deformieren wir die Kontur C_R wie auf Abb. 1.17 gezeigt. Die
Integrale entlang der kleinen Kreise mit Radien ρ verschwinden im Grenzfall $\rho \to$
0 (sie sind von der Ordnung $\rho^{1/2}$). Unter Benutzung der Standarddefinition des
Argumenten erhalten wir auf $C_\pm$[8]

$$f(z)|_{z=x \pm i\delta} = \frac{1}{e^{\pm i\pi/2} \sqrt{1 - x^2}} = \mp i \, \frac{1}{\sqrt{1 - x^2}} \,.$$

---

[8] In der Sprache der analytischen Fortsetzung lässt sich das auf folgende Weise formulieren. Wir
benutzen den analytischen Zweig der Funktion $1/\sqrt{z^2 - 1}$, für den $f(z)$ und $f(x)$ auf der reellen
Achse für $x > 1$ den gleichen Wert liefern. Mithilfe der halbkreisförmigen Wege um den Punkt
$z = 1$ herum, einmal in der unteren und einmal in der oberen Halbebene, lassen sich dann die
Werte von $f(z)$ auf $C_\pm$ eindeutig bestimmen.

Es folgt dann sofort $\sum_{\pm} \int_{C_{\pm}} = 2iI$. Nun können wir beide Ergebnisse aus (i) und (ii) gleichsetzen und erhalten $2\pi i = 2iI$, was offensichtlich mit dem Ergebnis (1.23) übereinstimmt.

Um einen anderen Aspekt der gerade benutzten Methode zu verdeutlichen, versuchen wir nun ein anderes ebenfalls elementares Integral auszurechnen:

$$I = \int_{-1}^{1} \sqrt{1-x^2}\,dx = \int_{-\pi/2}^{\pi/2} d\theta\,\cos^2\theta = \int_{-\pi/2}^{\pi/2} \left(\frac{1}{2} + \frac{1}{2}\cos(2\theta)\right) d\theta = \frac{\pi}{2}\,.$$

Wir möchten die Funktion $f(z) = (z^2-1)^{1/2}$ entlang der gleichen ‚großen' Kontur C_R integrieren.

(i) Die Laurent-Entwicklung sieht diesmal folgendermaßen aus:

$$f(z) = z - \frac{1}{2z} + O(z^{-3})\,.$$

Integriert man sie auf C_R, so erhält man

$$\int_{C_R} = \int_{-\pi}^{\pi} iRe^{i\theta}\left(Re^{i\theta} - \frac{1}{2Re^{i\theta}} + O(R^{-3})\right) d\theta = -\pi i\,.$$

Der erste scheinbar divergente Term sollte den Leser nicht beunruhigen. Da über die ganze Periode integriert wird, verschwindet $\int e^{2i\theta}\,d\theta$ immer, unabhängig von dem Vorfaktor für alle endlichen R. Ein sauberer Rechenweg, der in manchen Quellen zu finden ist, besteht darin, dass man im Integranden eine Subtraktion der Art $f(z) - z$ vornimmt[9] und mit dem sicher konvergenten Integranden weiterrechnet. Im vorliegenden Fall ist eine solche Modifikation offensichtlich nicht notwendig. Dabei lernen wir, dass eine Funktion, genauso wie im Fall der Pole bei endlichen z, auch Pole im Unendlichen besitzen kann. Die entsprechenden Residuen können der Laurent-Entwicklung bei $z \to \infty$,

$$f(z) = a_N z^N + a_{N-1} z^{N-1} + \ldots + a_1 z + a_0 + \frac{a_{-1}}{z} + O(z^{-2})\,,$$

entnommen werden. Daraus folgt

$$\int_{C_R} = 2\pi i a_{-1}\,.$$

---

[9] Es ist klar, dass eine solche Subtraktion eines Polynoms an den Singularitäten des Integranden nichts ändert (ein Polynom ist schließlich überall analytisch). Insbesondere nimmt ein Polynom auf beiden Schnittkanten gleiche Werte an, und somit ergibt sich auch kein endlicher Beitrag zum Integral.

Fahren wir nun mit dem Punkt (ii) fort, erhalten wir für die Funktionswerte auf beiden Schnittkanten $f(x \pm i\delta) = \pm i \sqrt{1-x^2}$. Dies führt zu $\sum_\pm \int_{C_\pm} = -2iI$. Damit erhalten wir auch das ‚alte' Ergebnis $I = \pi/2$.

Am folgenden Beispiel möchten wir eine weitere Integralklasse diskutieren.

Beispiel 1.10

$$I(a) = \int\limits_{-1}^{1} \left(\frac{1-x}{1+x}\right)^a dx \, ,$$

wobei die Konvergenz des Integrals die Einschränkung $-1 < a < 1$ erfordert.

Hier wählen wir $f(z) = (z-1)^a (z+1)^{-a}$ als Hilfsfunktion und integrieren entlang von C_R.

(i) Bei großen R dürfen wir entwickeln:

$$\left(\frac{z-1}{z+1}\right)^a = \left(\frac{1-1/z}{1+1/z}\right)^a = \left[1 - \frac{a}{z} + O(z^{-2})\right]^2 = 1 - \frac{2a}{z} + O(z^{-2}) \, .$$

Das Residuum bei $z \to \infty$ ist also durch $a_{-1}(a) = -2a$ gegeben und ist eine Funktion von a. Daraus folgt $\int_{C_R} = -4\pi i a$.

Für die Rechnung **(ii)** brauchen wir die Funktionswerte auf beiden Schnittkanten. Sie sind gegeben durch

$$f(x \pm i\delta) = e^{\pm i\pi a} \left(\frac{1-x}{1+x}\right)^a$$

(wir benutzen immer noch die Standarddefinition des Argumenten, s. Abschn. 1.1.1). Damit ergibt sich

$$\int\limits_{C_\pm} = -e^{i\pi a} I(a) + e^{-i\pi a} I(a) = -2i \sin(\pi a) I(a) \, , \tag{1.24}$$

was zum Ergebnis führt,

$$I(a) = \frac{2\pi a}{\sin(\pi a)} \, .$$

Man erkennt sofort, dass dieses Resultat den trivialen Grenzfall $I(a \to 0) = 2$ problemlos wiedergibt.

Des Weiteren möchten wir noch anmerken, dass sich das vorliegende Integral auf die im Abschnitt 1.3.2 diskutierte Integralklasse abbilden lässt. Führt man nämlich die Variablensubstitution $y = (1-x)/(1+x)$ durch, so erhält man

$$I(a) = 2 \int\limits_{0}^{\infty} \frac{y^a dy}{(y+1)^2} \, .$$

Im Gegensatz zur vorher diskutierten Situation hat der Integrand hier einen zweifachen Pol. Das erklärt, warum das Ergebnis proportional zu a ist.

Der nächste logische Schritt wäre es, das folgende Integral auszurechnen:

$$I(a) = \int_{-1}^{1} \left(\frac{1-x}{1+x} \right)^a R(x)dx \,, \tag{1.25}$$

wobei $R(x)$ eine rationale Funktion ist, die folgenden Bedingungen genügt:

$$\lim_{x \to 1} (1-x)^{1+a} R(x) = 0 \,, \quad \lim_{x \to -1} (1+x)^{1-a} R(x) = 0 \,.$$

Sie sind erforderlich, damit das Integral konvergent bleibt. Zunächst nehmen wir auch an, dass $R(z)$ keine Pole im Schnitt hat.

Im Einklang mit dem oben beschriebenen Verfahren wählen wir $f(z) = (z + 1)^{-a}(z - 1)^a R(z)$ als Hilfsfunktion und integrieren sie entlang von C_R. Diesmal haben wir jedoch die Wahl, wie wir C_R im Bezug auf die Singularitäten von $R(z)$ (und das sind allesamt Pole) legen. Der Einfachheit halber nehmen wir zunächst an, dass all diese Pole im Inneren von C_R liegen.

(i) Bei einer solchen Kontur tragen die Pole von $R(z)$ gar nichts bei, und das Ergebnis ist $\int_{C_R} = 2\pi i a_{-1}(a)$, wobei $a_{-1}(a)$ das Residuum der Funktion $f(z)$ im Unendlichen ist. Wie vorher ist es a-abhängig.

(ii) Wenn man nun C_R auf den Schnitt ‚zusammenfallen' lässt, tragen alle Pole von $R(z)$ bei, sodass die Cauchy'sche Formel folgende Gestalt annimmt:

$$\int_{C_R} = \sum_{\pm} \int_{C_\pm} + 2\pi i \sum \operatorname{Res} f(z) \,.$$

Da keine Pole auf dem Schnitt liegen, wird es am Verhalten der Grenzfälle $f(x \pm i\delta)$ nur minimale Änderungen geben – diese Werte werden lediglich mit $R(x)$ multipliziert. Fasst man **(i)** und **(ii)** zusammen und benutzt (1.24), so ergibt sich

$$-2i \sin(\pi a) I(a) + 2\pi i \sum \operatorname{Res} f(z) = 2\pi i a_{-1}(a) \,,$$

was wiederum zur folgenden allgemeinen Formel führt:[10]

$$I(a) = -\frac{\pi a_{-1}(a)}{\sin(\pi a)} + \frac{\pi}{\sin(\pi a)} \sum \operatorname{Res} f(z) \,. \tag{1.27}$$

---

[10] Es ist aufschlussreich, auch den Grenzfall $a \to 0$ näher zu betrachten. Der Term der Größenordnung $O(1/a)$ muss offensichtlich verschwinden, was zur Relation

$$\sum \operatorname{Res} R(z)|_{z \text{ endlich}} = a_{-1}(0)$$

führt, die besagt, dass die Summe aller Residuen der Pole bei endlichen z gleich dem Residuum im Unendlichen ist. Dies gilt für beliebige rationale Funktionen. Für nicht-rationale Funktionen gilt es im Allgemeinen nicht. Der in a konstante Term, von der Ordnung $O(a^0)$, resultiert in einer

Beispiel 1.11 Man berechne

$$I(a) = \int\limits_{-1}^{1} \left(\frac{1-x}{1+x} \right)^a \frac{dx}{x^2+1} \ .$$

(i) Hier haben wir bei $z \to \infty$ die Entwicklung

$$f(z) = \left(\frac{z-1}{z+1} \right)^a \frac{1}{z^2+1} = O\left(\frac{1}{z^2} \right)$$

sodass $a_{-1}(a) = 0$.

(ii) Die Funktion $1/(z^2+1)$ hat zwei einfache Pole bei $z = \pm i$. Mit der Standarddefinition des Argumenten (wie auf Abb. 1.1 gezeigt) haben wir für das erste Residuum bei $z = i$ die Relation $i - 1 = \sqrt{2}\, e^{i3\pi/4}$ sowie den Zusammenhang $i+1 = \sqrt{2}\, e^{i\pi/4}$, sodass $(i+1)^{-a}(i-1)^a = (\sqrt{2})^{-a} e^{-i\pi a/4}(\sqrt{2})^a e^{i3\pi a/4} = e^{i\pi a/2}$. Für das andere Residuum $z = -i$ erhalten wir $-i - 1 = \sqrt{2}\, e^{-i3\pi/4}$ und $-i + 1 = \sqrt{2}\, e^{-i\pi/4}$ [es ist klar, dass die Argumente $\theta_{1,2}$ von $z \pm 1$ gleich $\pm\pi$ für die Punkte auf dem oberen (unteren) Teil des Schnitts sind], sodass $(-i+1)^{-a}(-i-1)^a = (\sqrt{2})^{-a} e^{i\pi a/4}(\sqrt{2})^a e^{-i3\pi a/4} = e^{-i\pi a/2}$. Damit ergibt sich

$$\sum \mathrm{Res}\, f(z)|_{z=\pm i} = \frac{e^{i\pi a/2}}{2i} + \frac{e^{-i\pi a/2}}{-2i} = \sin(\pi a/2) \ ,$$

was zu folgendem Ergebnis führt:

$$I(a) = \frac{\pi \sin(\pi a/2)}{\sin(\pi a)} = \frac{\pi}{2\cos(\pi a/2)} \ .$$

Wie erwartet, wird der triviale Grenzfall $a = 0$ wiedergegeben:

$$I(a = 0) = \int\limits_{-1}^{1} (x^2+1)^{-1} dx = \left[\tan^{-1} x \right]\Big|_{-1}^{1} = \pi/2 \ .$$

Nun möchten wir das folgende Integral diskutieren:

$$I_a(z_0) = \int\limits_{-1}^{1} \left(\frac{1-x}{1+x} \right)^a \frac{dx}{x - z_0} \ ,$$

---

weiteren interessanten Identität:

$$\int\limits_{-1}^{1} R(x) dx = \left[\sum \mathrm{Res}|_{z\ \mathrm{endlich}} - \mathrm{Res}|_{z=\infty} \right] \ln\left(\frac{z-1}{z+1} \right) R(z) \ . \tag{1.26}$$

wobei z_0 ein beliebiger Punkt der komplexen Ebene außerhalb des Schnitts ist.
(i) Im Grenzfall $z \to \infty$ verhält sich der Integrand wie

$$f(z) = \left(\frac{z-1}{z+1}\right)^a \frac{1}{z-z_0} = \frac{1}{z} + O\left(\frac{1}{z^2}\right),$$

sodass $a_{-1}(a) = 1$.
(ii) Seien nun wieder $\theta_{1,2}$ die Argumente von $z_0 \mp 1$. Die Auswertung der Residuen liefert dann $\operatorname{Res} f(z)|_{z=z_0} = |z_0 + 1|^{-a} |z_0 - 1|^a e^{ia(\theta_1 - \theta_2)}$. Nach dem Einsetzen in die Formel (1.27) ergibt sich dann

$$I_a(z_0) = -\frac{\pi}{\sin(\pi a)} + \frac{\pi}{\sin(\pi a)} \frac{|z_0 - 1|^a}{|z_0 + 1|^a} e^{ia(\theta_1 - \theta_2)}.$$

Sei zunächst $z_0 = x_0 > 1$ ein Punkt auf der positiven reellen Achse, dann gilt $\theta_1 = \theta_2 = 0$, und folglich

$$I_a(x_0) = -\frac{\pi}{\sin(\pi a)} + \frac{\pi}{\sin(\pi a)} \left(\frac{x_0 - 1}{x_0 + 1}\right)^a.$$

Der elementare Grenzfall

$$\lim_{a \to 0} I_a(x_0) = -\frac{1}{a} + O(a) + \left[\frac{1}{a} + O(a)\right]\left[1 + a \ln\left(\frac{x_0 - 1}{x_0 + 1}\right) + O(a)\right]$$

$$= \ln\left(\frac{x_0 - 1}{x_0 + 1}\right) + O(a)$$

wird wiedergegeben. Man vergleiche ihn mit dem Ergebnis (1.26). Im Fall $z_0 = -x_0 < -1$ (z_0 auf der negativen reellen Achse) $\theta_1 = \theta_2 = \pi$ oder $\theta_1 = \theta_2 = -\pi$, je nachdem, ob wir die Punkte auf der positiven reellen Achse mit z_0 mit einem Bogen in der oberen oder unteren Halbebene verbinden. In beiden Fällen gilt jedoch $\theta_1 - \theta_2 = 0$, sodass

$$I_a(-x_0) = -\frac{\pi}{\sin(\pi a)} + \frac{\pi}{\sin(\pi a)} \left(\frac{x_0 + 1}{x_0 - 1}\right)^a.$$

Die Situation mit $x_0 \in [-1, 1]$ ist deutlich komplizierter und wird im nächsten Abschnitt diskutiert.

1.3.5 Spezialfall der Pole im endlichen Schnitt

Jetzt schauen wir uns das Integral (1.25) an, jedoch wenn die Funktion $R(x)$ Pole im Schnitt $[-1, 1]$ besitzt. Es ist praktisch, diese Pole aus $R(x)$ zu extrahieren und den Rest wieder $R(x)$ zu bezeichnen. Die einfachste Variante der aktuellen Herausforderung ist also ein Hauptwertintegral vom Typ

$$I_a(x_0) = \mathrm{P} \int_{-1}^{1} \left(\frac{1-x}{1+x}\right)^a \frac{R(x)dx}{x-x_0} \, ,$$

wobei $x_0 \in [-1, 1]$.

(i) Als Erstes berechnen wir das Integral entlang von C_R, dann $\int_{C_R} = 2\pi i\, a_{-1}(a; x_0)$, wobei $a_{-1}(a; x_0)$ das Residuum der Funktion

$$f(z) = \left(\frac{z-1}{z+1}\right)^a \frac{R(z)}{z-x_0}$$

im Unendlichen ist (und x_0- und a-abhängig ist).

(ii) Hier erhalten wir Beiträge von den Polen des $R(z)$, ähnlich denen, die wir bereits in Abschn. 1.3.4 analysiert haben. Die Kontur muss jedoch dieses Mal um den Punkt x_0 herum deformiert werden – wir führen kleine Bögen $C_\Delta^\pm$ ein. Diese Situation ist der vom Beispiel 1.9 sehr ähnlich, s. auch Abb. 1.14. Die Cauchy'sche Formel sieht dann folgendermaßen aus:

$$\int_{C_R} = \sum_\pm \left(\int_{C^\pm} + \int_{C_\Delta^\pm} \right) + 2\pi i \sum \mathrm{Res}\, f(z) \, .$$

Auf den Teilpfaden $C^\pm$ verhält sich die Funktion auf gewohnte Weise und enthält die gleichen Argumente wie vorher,

$$f(x \pm i\delta) = e^{\pm i\pi a} \left(\frac{1-x}{1+x}\right)^a \frac{R(x)}{x-x_0} \, .$$

Im Sinne des Hauptwerts führt es das dann auf

$$\lim_{\Delta \to 0} \sum_\pm \int_{C^\pm} = -2i \sin(\pi a) I_a(x_0) \, .$$

Andererseits setzen wir auf $C_\Delta^\pm$ $z = x_0 + \Delta e^{i\theta}$ (ähnlich wie im Abschnitt 1.3.3) und benutzen die gleiche Wahl der Argumente wie auf den größeren $C^\pm$. Die θ-Integration wird auf beiden $C_\Delta^\pm$ im Gegenuhrzeigersinn ausgeführt und ergibt auf den beiden Halbkreisen den gleichen Faktor $i\pi$ (das kann als ein ‚Halbresiduum' angesehen werden),

$$\sum_\pm \int_{C_\Delta^\pm} = i\pi \sum_\pm e^{\pm i\pi a} \left(\frac{1-x_0}{1+x_0}\right)^a R(x_0) = 2\pi i \cos(\pi a) \left(\frac{1-x_0}{1+x_0}\right)^a R(x_0) \, .$$

Fasst man alles zusammen, so ergibt sich

$$- 2i \sin(\pi a) I_a(x_0) + 2\pi i \cos(\pi a) \left(\frac{1 - x_0}{1 + x_0}\right)^a R(x_0) + 2\pi i \sum \operatorname{Res} f(z)$$
$$= 2\pi i\, a_{-1}(a; x_0)\,,$$

und folglich

$$I_a(x_0) = -\frac{\pi a_{-1}(a; x_0)}{\sin(\pi a)} + \pi \cot(\pi a) \left(\frac{1 - x_0}{1 + x_0}\right)^a R(x_0) + \frac{\pi}{\sin(\pi a)} \sum \operatorname{Res} f(z)\,.$$

Das ist das wichtigste Ergebnis dieses Abschnitts. Nun möchten wir den Einsatz dieser Formel an einigen Beispielen demonstrieren.

Beispiel 1.12 Der einfachste Fall liegt bei $R(x) = 1$ vor. Das Verhalten der Hilfsfunktion bei $z \to \infty$ ist

$$f(z) = \left(\frac{z - 1}{z + 1}\right)^a \frac{1}{z - x_0} = \frac{1}{z} + O\left(\frac{1}{z^2}\right)\,,$$

daher gilt $a_{-1}(a; x) = 1$. Da es außer $z = x_0$ keine weiteren Pole gibt, erhalten wir als Endergebnis

$$I_a(x_0) = -\frac{\pi}{\sin(\pi a)} + \pi \cot(\pi a) \left(\frac{1 - x_0}{1 + x_0}\right)^a\,.$$

Später werden wir diese Integrale im Spezialfall $a = \pm 1/2$ benötigen,

$$I_{\pm 1/2}(x_0) = \mathrm{P} \int_{-1}^{1} \left(\frac{1 - x}{1 + x}\right)^{\pm 1/2} \frac{dx}{x - x_0} = \mp \pi\,,$$

welche interessanterweise x_0-unabhängig sind.

Beispiel 1.13 Ein Integral mit $R(x) = x + 1$ ist sehr aufschlussreich,

$$I_a(x_0) = \mathrm{P} \int_{-1}^{1} (1 + x)^{1-a}(1 - x)^a \frac{dx}{x - x_0}\,.$$

Die Entwicklung der Hilfsfunktion für große z ist nicht kompliziert und lautet

$$f(z) = \frac{(z + 1)^{1-a}(z - 1)^a}{z - x_0} = \frac{(1 + 1/z)^{1-a}(1 - 1/z)^a}{1 - x_0/z}$$
$$= \left(1 + \frac{1 - a}{z} + \dots\right) \times \left(1 - \frac{a}{z} + \dots\right)\left(1 + \frac{x_0}{z} + \dots\right)$$
$$= 1 + \frac{1 - 2a + x_0}{z} + O\left(\frac{1}{z^2}\right)\,,$$

sodass $a_{-1}(a;x_0) = 1 - 2a + x_0$. Da $R(x)$ ein Polynom ist, gibt es keine weiteren Pole, deswegen erhalten wir als Endergebnis

$$I_a(x_0) = -\frac{\pi(1 - 2a + x_0)}{\sin(\pi a)} + \pi \cot(\pi a)(1 + x_0)^{1-a}(1 - x_0)^a .$$

Der Spezialfall $a = 1/2$ ist ein oft vorkommendes Integral, hier gilt

$$I_{1/2}(x_0) = \mathrm{P} \int_{-1}^{1} \frac{\sqrt{1 - x^2}}{x - x_0} dx = -\pi x_0 .$$

Beispiel 1.14 In diesem Beispiel setzen wir $R(x) = 1/(1 - x)$:

$$I_a(x_0) = \mathrm{P} \int_{-1}^{1} (1 + x)^{-a}(1 - x)^{a-1} \frac{dx}{x - x_0}$$

und beschränken uns auf $0 < a < 1$. Das asymptotische Verhalten der Hilfsfunktion ist gegeben durch

$$f(z) = \frac{(z + 1)^{-a}(z - 1)^{a-1}}{z - x_0} = O\left(\frac{1}{z^2}\right) ,$$

sodass $a_{-1}(a;x_0) = 0$. Hier gibt es ebenfalls keine weiteren Pole und das Endergebnis lautet:

$$I_a(x_0) = \pi \cot(\pi a)(1 + x_0)^{-a}(1 - x_0)^{a-1} .$$

Für $a = 1/2$ erhalten wir

$$I_{1/2}(x_0) = \mathrm{P} \int_{-1}^{1} \frac{1}{\sqrt{1 - x^2}} \frac{dx}{x - x_0} = 0$$

unabhängig von x_0 aus dem Intervall $(-1, 1)$.

Diesen Abschnitt möchten wir mit dem Fall $R(x) = 1/(x - z_0)$ abschließen, wobei z_0 ein beliebiger Punkt auf $\mathbb{C}$ außerhalb des Schnitts ist,

$$I_a(x_0) = \mathrm{P} \int_{-1}^{1} \frac{(1 + x)^{-a}(1 - x)^a}{(x - x_0)(x - z_0)} dx .$$

Bei großen z haben wir offensichtlich wieder $f(z) = O(1/z^2)$, was $a_{-1}(a;x_0) = 0$ zur Folge hat. Die Argumente $\theta_{1,2}$ des Pols bei z_0 bezüglich der Punkte $z = \pm 1$ sind in Abschnitt 1.3.4 diskutiert. Das Ergebnis ist somit

$$I_a(x_0) = \pi \cot(\pi a) \left(\frac{1 - x_0}{1 + x_0}\right)^a \frac{1}{x_0 - z_0} + \frac{\pi}{\sin(\pi a)} \frac{|z_0 - 1|^a}{|z_0 + 1|^a} \frac{e^{ia(\theta_1 - \theta_2)}}{x_0 - z_0} .$$

1.3.6 Analytische Fortsetzung

Die analytische Fortsetzung ist ein sehr wichtiges Thema, zu dem wir im Verlauf der weiteren Kapitel noch sehr oft zurückkehren werden. In diesem Abschnitt möchten wir die ersten Grundsteine legen. Wir beginnen mit einem sehr wichtigen *Theorem:* Sei D ein Gebiet, in dem zwei komplexe Funktionen $f_1(z)$ und $f_2(z)$ analytisch sind. Sei außerdem γ eine Kurve, die ganz in D liegt. Wenn die beiden Funktionen auf γ gleiche Werte liefern, so sind sie identisch auf ganz D.

Die Beweisidee für diese Aussage ist sehr einfach. Aus der Analytizität beider Funktionen folgt, dass jede von ihnen in eine überall in D konvergente Taylor-Reihe entwickelt werden kann, $f_{1,2}(\xi) = \sum_{n=0}^{\infty} a_n^{(1,2)}(\xi - z_0)^n$. Wenn ξ und z_0 beide auf γ liegen, dann folgt daraus aufgrund der linearen Unabhängigkeit verschiedener Potenzen von $(\xi - z_0)$, dass $a_n^{(1)} = a_n^{(2)}$ für alle n. Somit sind beide Reihen identisch und entsprechen einer einzigen überall in D analytischen Funktion $f(z) = f_1(z) = f_2(z)$.

Dieses Theorem kann helfen, einige Fakten zu verstehen, die wir bisher für offensichtlich gehalten haben. Sei zum Beispiel $f(x)$ eine Funktion, die durch eine explizite Formel angegeben ist und die auf einem Abschnitt der reellen Achse definiert ist. Durch eine formale Substitution $x \to z$ erhalten wir dann eine Funktion im Komplexen. Diese neue Funktion stimmt auf $z = x$ mit der ‚alten‘ überein und stellt somit eine analytische Fortsetzung von $f(x)$ dar. Jede andere Wahl für $f(z)$ müsste nämlich auf $x = z$ mit $f(x)$ übereinstimmen und deswegen identisch zu $f(z)$ sein. Eine typische Situation wäre die Funktion $f(x) = \sqrt{x-1}$, die auf $[1, \infty)$ definiert ist. Die analytische Fortsetzung dafür wäre einfach $f(z) = \sqrt{z-1}$. Das Original $f(x)$ ist auf $(-\infty, 1]$ nicht definiert, daher erscheint es logisch, dass im Komplexen genau dort der Schnitt für die Funktion $f(z)$ liegt. Die Funktionswerte auf der Ober- und Unterkante des Schnitts müssen dann durch eine Fortsetzungsprozedur gefunden werden. Mit der Standarddefinition der Argumente können wir schreiben $z - 1 = |z - 1|e^{i\theta}$, wobei $-\pi < \theta < \pi$. Die Ober- bzw. Unterkante entsprechen $\theta = \pm\pi$, weswegen für $x \in (-\infty, 1]$ dann $f(x \pm i\delta) = \pm i\sqrt{1-x}$ gilt.

In vielen Situationen hat man es mit Funktionen in Form von Reihendarstellungen zu tun. Ein typisches Beispiel ist $f(z)$ die durch eine Taylor-Entwicklung $f(z) = \sum_{n=0}^{\infty} a_n z^n$ gegeben ist. In der Regel zeichnen sich solche Reihen durch einen endlichen Konvergenzradius R aus. Auf dem Kreis $z = Re^{i\theta}$ befindet sich dann eine oder mehrere Singularitäten von $f(z)$ (andernfalls dürfte man R vergrößern). Wenn diese nicht dicht beieinander liegen, könnte man $f(z)$ auch außerhalb des Konvergenzkreises analytisch fortsetzen.

Manchmal ist es möglich, zu diesem Zweck ein Integral im Komplexen hinzuschreiben, welches eine Funktion von z ist und dessen Entwicklung einerseits im Kreis $|z| < R$ mit $f(z)$ übereinstimmt, andererseits auch in einem bestimmten Gebiet außerhalb dieses Kreises endlich ist und auf diese Weise eine analytische Fortsetzung von $f(z)$ liefert. Wir möchten hier das einfachste Beispiel dafür diskutieren – die geometrische Reihe $f(z) = \sum_{n=0}^{\infty} z^n$ mit dem Konvergenzradius $R = 1$ (alle $a_n = 1$).

Abb. 1.18 Schematische
Darstellung der im Integral
(1.28) benutzen Kontur

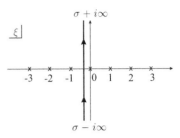

Schauen wir uns das folgende Konturintegral an,

$$F(z) = -\frac{1}{2\pi i} \int_{\sigma-i\infty}^{\sigma+i\infty} \frac{\pi}{\sin(\pi\xi)} (-z)^\xi \, d\xi \,, \qquad (1.28)$$

wobei $-1 < \sigma < 0$, die Kontur ist in Abb. 1.18 gezeigt. Die Funktion $1/\sin(\pi\xi)$ ist so gewählt, dass ihre Pole bei ganzen ξ liegen. Außerdem schreiben wir $(-z)^\xi$ und nicht z^ξ, da die Residuen an diesen Polen alternierende Vorzeichen aufweisen,

$$\text{Res}\, \frac{\pi}{\sin(\pi\xi)} (-z)^\xi \Big|_{\xi=n} = (-1)^n (-z)^n = z^n \,.$$

Wir möchten zunächst auf die Analyse der Konvergenzeigenschaften dieses Integrals verzichten und stattdessen eine qualitative Idee anbieten. Die Struktur des Integranden ist $\sim |z|^\xi/\xi$. Würde man die Kontur durch einen Halbkreisbogen in der rechten Halbebene vervollständigen, so wäre die Integration grob gesehen zu einer Summe über $\xi = n$ mit positiven n. Dies wäre dann konvergent für $|z| < 1$. Würde man dagegen die Kontur in der linken Halbebene schließen, so wäre die Konvergenz für $|z| > 1$ gewährleistet. Nun möchten wir diese Rechnungen ausführen. Hierzu kann man die Konturen wie bereits erklärt schließen, oder alternativ kann man die Kontur auf Abb. 1.18 ins Unendliche verschieben, sodass nur ‚Blasen‘ um die Pole herum übrigbleiben. Für $|z| < 1$ schieben wir nach rechts [s. Abb. 1.19a], zu $\sigma \to \infty$ und erhalten[11] die konventionelle geometrische Reihe,

$$F(z) = \sum_{n=0}^{\infty} \text{Res} \left[\frac{\pi}{\sin(\pi\xi)} (-z)^\xi \right]_{\xi=n} = \sum_{n=0}^{\infty} z^n \,.$$

Für $|z| > 1$ verschieben wir nach links, s. Abb. 1.19b, zu $\sigma \to -\infty$ und erhalten eine Reihe in Potenzen von $1/z$, die für $|z| > 1$ konvergent ist,

$$F(z) = -\sum_{n=-1}^{-\infty} z^n = -\sum_{n=1}^{\infty} \left(\frac{1}{z} \right)^n = -\left(\frac{1}{1-1/z} - 1 \right) = \frac{1}{1-z} \,.$$

---

[11] Man beachte die korrekte Integrationsrichtung auf den ‚Blasen‘ – im Uhrzeigersinn.

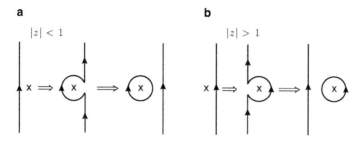

Abb. 1.19 Um die Funktion $f(z)$ für $|z| < 1$ zu bestimmen, verschieben wir die Kontur nach $+\infty$ (**a**), für $|z| > 1$ jedoch nach $-\infty$ (**b**)

In beiden Fällen erhält man also das gleiche klassische Resultat. Dieses Ergebnis ist jedoch weniger trivial als es zu sein scheint, denn an diesem Beispiel können wir lernen, wie man mit divergenten Reihen umgeht. Für diesen Zweck schauen wir uns noch einmal die geometrische Reihe an,

$$\frac{1}{1-z} = 1 + z + z^2 + z^3 + z^4 + \ldots.$$

Die rechte Seite ist die geometrische Reihe, konvergent für $|z| < 1$. Die linke Seite dagegen ist ein algebraischer Ausdruck, der lediglich bei $z = 1$ unbestimmt ist. Nun setzen wir in diese Gleichung $z = -1$ ein. Während die linke Seite noch immer wohldefiniert ist, wird die rechte Seite zu einem zumindest im konventionellen Sinne divergenten Ausdruck (jede endliche Teilsumme oszilliert zwischen 0 und 1),

$$\frac{1}{2} = 1 - 1 + 1 - 1 + 1 + \ldots.$$

Dies deutet darauf hin, dass es zumindest formal einen Weg geben soll, die Standarddefinition für die Reihenkonvergenz so umzuformulieren, dass man solchen divergenten Reihen eine Zahl zuordnen kann, die dann die Bedeutung der Reihensumme hat. Ähnliches wird bei der Hauptwertbildung von divergenten Integralen gemacht. Die Prozedur, die die analytische Fortsetzung der Originalreihe benutzt, ist ein möglicher Weg für diese Art von Regularisierung. Es stellt sich heraus, dass es dazu zahlreiche unterschiedliche Methoden gibt, von denen viele im einflussreichen Buch von Hardy detailliert beschrieben sind [10]. In vielen Fällen liefern veschiedene Definitionen gleiche Werte. Für die divergente Reihe $S = 1 - 1 + 1 - 1\ldots$ liefern interessanterweise *alle* bekannten Definitionen den gleichen Wert $1/2$.

1.4 Fourier-Transformation

1.4.1 Definition, Umkehrung und Dirac'sche δ-Funktion

Sei $f(x)$ eine auf der ganzen reellen Achse definierte Funktion, die dort mit Ausnahme von abzählbar vielen Punkten überall stetig und differenzierbar ist. Weiterhin nehmen wir der Einfachheit halber an, dass das Integral

$$\int_{-\infty}^{\infty} |f(x)| dx$$

konvergiert. Die *Fourier-Transformation* von $f(x)$ ist dann durch die Formel

$$F(y) = \int_{-\infty}^{\infty} e^{ixy} f(x) dx \tag{1.29}$$

definiert, wobei beide Variablen x und y reell sind. Die *Fourier-Rücktransformation* ist dann definiert durch

$$f(x) = \frac{1}{2\pi} \int_{-\infty}^{\infty} e^{-ixy} F(y) dy . \tag{1.30}$$

Als Erstes versuchen wir zu klären, warum diese Formel richtig ist. Während dieser Rechnungen werden wir auch ein paar wichtige Konzepte einführen und diskutieren. Der einfachste Weg, die Gültigkeit von (1.30) zu überprüfen, besteht darin, die Definition für $F(y)$ in die Rücktransformation einzusetzen,

$$f(x) = \frac{1}{2\pi} \int_{-\infty}^{\infty} e^{-ixy} \int_{-\infty}^{\infty} e^{ix'y} f(x') dx' dy .$$

Vertauscht man die Reihenfolge der Integrationen, so erhält man

$$f(x) = \int_{-\infty}^{\infty} \left[\frac{1}{2\pi} \int_{-\infty}^{\infty} e^{i(x'-x)y} dy \right] f(x') dx' . \tag{1.31}$$

Hier erkennen wir, dass das y-Integral

$$\frac{1}{2\pi} \int_{-\infty}^{\infty} e^{i(x'-x)y} dy$$

nicht wohldefiniert ist. Man kann sich aber klarmachen, dass diese Singularität nur marginal ist, ähnlich wie im Fall der Hauptwertintegrale: Die Oszillationen des Integranden heben sich höchstwahrscheinlich auf, und das Ergebnis ist dann wohldefiniert. Um dies zu zeigen, brauchen wir eine geeignete *Regularisierungsmethode* und evtl. zusätzliche Definitionen.

Es gibt mindestens zwei verschiedene Regularisierungswege. Die am weitesten verbreitete Methode, die auch in den meisten Lehrbüchern zu finden ist, besteht darin, dass man die Integrationsgrenzen auf das Intervall $(-R, R)$ beschränkt und die Grenzwertbildung $R \to \infty$ am Ende der Rechnungen durchführt. Wir möchten jedoch einen anderen Weg einschlagen, der natürlich zum gleichen Ergebnis führt. Wir multiplizieren den Integranden mit einer schnell abfallenden Funktion $e^{-\alpha|y|}$, wobei α eine positive kleine Zahl ist, und werten den Grenzfall $\alpha \to 0$ am Schluss aus.

Dann lässt sich das y-Integral ausrechnen und wir erhalten eine α-abhängige Funktion

$$\delta(x, \alpha) = \frac{1}{2\pi} \int_{-\infty}^{\infty} e^{ixy} e^{-\alpha|y|} dy = \frac{1}{\pi} \frac{\alpha}{x^2 + \alpha^2} . \tag{1.32}$$

Sie hat eine interessante Eigenschaft. Integrieren wir nämlich über die ganze reelle Achse, so erhalten wir ein universelles α-unabhängiges Resultat

$$\int_{-\infty}^{\infty} \delta(x, \alpha) dx = 1 .$$

Aus Symmetriegründen gilt auch

$$\int_{-\infty}^{0} \delta(x, \alpha) dx = \int_{0}^{\infty} \delta(x, \alpha) dx = \frac{1}{2} .$$

Nun ist unser Ziel, das Verhalten des Integrals

$$I(x, \alpha) = \int_{-\infty}^{\infty} \delta(x' - x, \alpha) f(x') dx' = \int_{-\infty}^{\infty} \delta(y, \alpha) f(x + y) dy$$

bei $\alpha \to 0$ zu untersuchen. Wir erlauben ab jetzt, dass die Funktion $f(x)$ am Punkt x unstetig ist, d. h. die Grenzfälle $f(x + 0)$ and $f(x - 0)$ unterschiedlich sind.[12] Für die weitere Diskussion ist es außerdem hilfreich, das Integral in zwei Teile aufzuspalten,

$$I_+(x, \alpha) = \int_{0}^{\infty} \delta(y, \alpha) f(x + y) dy$$

---

[12] Es ist offensichtlich, dass für $f(x - 0) = f(x + 0)$ die Stetigkeit wieder gegeben ist.

und

$$I_-(x,\alpha) = \int\limits_{-\infty}^{0} \delta(y,\alpha) f(x+y) dy .$$

Wir konzentrieren uns auf $I_+(x,\alpha)$, da die Diskussion von $I_-(x,\alpha)$ völlig analog verläuft. Wir addieren und subtrahieren $f(x+0)/2$, was zu

$$I_+(x,\alpha) = \frac{1}{2} f(x+0) + \int\limits_{0}^{\infty} \delta(y,\alpha)[f(x+y) - f(x+0)] dy$$

führt. Als Nächstes möchten wir die Teilintegrale für große und kleine y voneinander trennen. Dies können wir an jedem beliebigen Punkt tun und wählen deshalb o. B. d. A. $y = 1$,

$$I_+(x,\alpha) = \frac{1}{2} f(x+0) + \int\limits_{0}^{1} \delta(y,\alpha)[f(x+y) - f(x+0)] dy$$

$$+ \int\limits_{1}^{\infty} \delta(y,\alpha)[f(x+y) - f(x+0)] dy . \qquad (1.33)$$

Setzt man die Definition von $\delta(y,\alpha)$ ein und betrachtet den Grenzfall $\alpha \to 0$, so stellt man fest, dass dadurch das Integral

$$\frac{\alpha}{\pi} \int\limits_{1}^{\infty} \frac{f(x+y) - f(x+0)}{y^2} dy$$

konvergent ist, ist der letzte Term in (1.33) von der Ordnung $O(\alpha)$. Im zweiten Integral von (1.33) nehmen wir eine Taylor-Entwicklung in y vor und erhalten

$$\frac{\alpha}{\pi} \int\limits_{0}^{1} \frac{dy}{y^2 + \alpha^2} \left[f'(x+0)y + \frac{1}{2} f''(x+0)y^2 + O(y^3) \right] .$$

Im Grenzfall $\alpha = 0$ überlebt nur der allererste Term, welcher wie folgt abgeschätzt werden kann:

$$\frac{f'(x+0)}{\pi} \int\limits_{0}^{1} \frac{y dy}{y^2 + \alpha^2} = \frac{f'(x+0)}{2\pi} \ln\left(\frac{1+\alpha^2}{\alpha^2} \right) .$$

Zusammenfassend erhalten wir für kleine α

$$I_+(x,\alpha) = \frac{1}{2} f(x+0) + \frac{f'(x+0)}{\pi} \alpha \ln\left(\frac{1}{\alpha} \right) + O(\alpha) ,$$

was natürlich in

$$\lim_{\alpha \to 0} I_+(x, \alpha) = \frac{1}{2} f(x+0)$$

resultiert. Eine analoge Rechnung liefert

$$\lim_{\alpha \to 0} I_-(x, \alpha) = \frac{1}{2} f(x-0) \,.$$

Im Rahmen dieser δ-Regularisierung haben wir also das *Fourier-Theorem* bewiesen:

$$\frac{1}{2\pi} \int\limits_{-\infty}^{\infty} e^{-ixy} \int\limits_{-\infty}^{\infty} e^{ix'y} f(x') dx' dy = \frac{1}{2} [f(x+0) + f(x-0)] \,, \qquad (1.34)$$

welches die Fourier-Rücktransformationsformel (1.30) bestätigt.

Nachdem die Eigenschaften des Grenzfalls $\alpha \to 0$ verstanden sind, ist es zumindest in der physikalischen Literatur üblich, auf α gänzlich zu verzichten und die sogenannte *Dirac'sche δ-Funktion* einzuführen,

$$\int\limits_{-\infty}^{\infty} \delta(x'-x) f(x') dx' = f(x) \,. \qquad (1.35)$$

Dabei nimmt man an, dass $f(x')$ in der Umgebung von x stetig ist. Es sei angemerkt, dass für eine sinnvolle Definition der Funktion $\delta(x, \alpha)$ die Lorentz-Form (1.32) nicht zwingend ist. Jede andere glockenförmige Funktion, ja sogar eine mit oszillatorischem Abfall bei $x \to \pm\infty$, eignet sich genauso gut. Verschiedene Möglichkeiten sind z. B. in [7] detailliert aufgelistet und untersucht.

Wir wenden uns nun zurück zu Darstellung (1.32). Mithilfe der Partialbruchzerlegung kann man das folgendermaßen umschreiben:

$$\delta(x) = \frac{1}{2\pi i} \lim_{\alpha \to 0} \left(\frac{1}{x - i\alpha} - \frac{1}{x + i\alpha} \right) \,. \qquad (1.36)$$

Im Zusammenhang mit dieser Umformung wäre es interessant herauszufinden, ob die Grenzfälle von beiden Termen einzeln existieren oder ob es notwendig ist, die Differenz komplett zu betrachten, um ein wohldefiniertes Ergebnis zu erhalten. Dem möchten wir nachgehen und setzen diese Aufspaltung in eine Faltung mit einer Funktion $f(x)$ ein:

$$\frac{1}{2\pi i} \int\limits_{-\infty}^{\infty} \left(\frac{1}{y + i\alpha} + \frac{1}{y - i\alpha} \right) f(x+y) dy = \frac{1}{\pi i} \int\limits_{-\infty}^{\infty} \frac{y f(x+y) dy}{y^2 + \alpha^2} \,.$$

Wenn wir jetzt formal $\alpha = 0$ setzen, erhalten wir ein divergentes Integral. Diese Situation ähnelt dem Fall der Hauptwertintegrale sehr. Für jedes endliche α werden die Integrale bei $y \sim \alpha$ abgeschnitten. α spielt also die Rolle des infinitesimalen ϵ der Hauptwertintegrale. Deswegen ist es sinnvoll, von den obigen Integralen das folgende Hauptwertintegral abzuziehen,

$$\frac{1}{\pi i} \int_{\alpha}^{\infty} dy \, \frac{f(x+y)}{y} + \frac{1}{\pi i} \int_{-\infty}^{-\alpha} dy \, \frac{f(x+y)}{y} \,.$$

Dann erhalten wir drei Beiträge:

$$-\frac{\alpha^2}{\pi i} \left[\int_{-\infty}^{-\alpha} + \int_{\alpha}^{\infty} \right] \frac{f(x+y)dy}{y(y^2+\alpha^2)} + \frac{1}{\pi i} \int_{-\alpha}^{\alpha} \frac{yf(x+y)dy}{y^2+\alpha^2} \,.$$

Die beiden ersten Integrale konvergieren für große y. Um das Verhalten bei kleinen α zu extrahieren, können wir deswegen in y entwickeln.[13] Dadurch, dass der Integrand in diesem Fall eine ungerade Funktion von y ist, wird die führende Divergenz $\sim f(x)/\alpha^2$ aufgehoben. Damit heben sich die Beiträge der beiden ersten Integrale auf. Der zweite Term $\sim f'(x)/\alpha$ resultiert wegen dem Vorfaktor α^2 in einem $O(\alpha)$-Verhalten und verschwindet ebenfalls im Grenzfall $\alpha \to 0$. Das dritte Integral können wir auch bedenkenlos entwickeln und stellen fest, dass die führende (logarithmische) Divergenz auch durch Vorfaktoren aufgehoben wird, während die nächsten Terme in der Entwicklung von der Ordnung $O(\alpha)$ sind. Zusammenfassend erhalten wir also die folgende Darstellung:

$$\frac{1}{2\pi i} \lim_{\alpha \to 0} \int_{-\infty}^{\infty} \left[\frac{1}{y-i\alpha} + \frac{1}{y+i\alpha} \right] f(x+y)dy$$

$$= \frac{1}{\pi i} \lim_{\alpha \to 0} \left[\int_{-\infty}^{-\alpha} + \int_{\alpha}^{\infty} \right] \frac{f(x+y)}{y} dy = \frac{1}{\pi i} \mathrm{P} \int_{-\infty}^{\infty} \frac{f(x+y)}{y} dy \,.$$

Andererseits ist die rechte Seite nichts anderes als $f(x)$ mit einem entsprechenden Vorfaktor. Kombiniert man die obige Gleichung mit (1.35) und (1.36), so erhält man

$$\lim_{\alpha \to 0} \int_{-\infty}^{\infty} \frac{f(x+y)dy}{y \mp i\alpha} = \mathrm{P} \int_{-\infty}^{\infty} \frac{f(x+y)}{y} dy \pm i\pi f(x) \,.$$

Üblicherweise wird es symbolisch zusammengefasst:

$$\frac{1}{x \pm i0} = \mathrm{P}\frac{1}{x} \mp i\pi\delta(x) \,. \tag{1.37}$$

---

[13] Ein saubereres Vorgehen wäre es, zwei Abschnitte zu unterscheiden: $y > 1$ und $y < 1$. Dies ändert die Schlussfolgerungen nicht, weswegen wir darauf verzichten.

Diese Relationen sind die *Plemelj-Formeln*. Sie sind Spezialfälle von umfangreicheren Relationen, die wir in späteren Kapiteln eingehender untersuchen werden.

Zusätzlich zur bereits definierten δ-Funktion möchten wir nun die *Heaviside-Funktion* (des Öfteren auch *Stufenfunktion* genannt) einführen

$$\Theta(x) = \begin{cases} 1 & \text{for} \quad x > 0 \,, \\ 0 & \text{for} \quad x < 0 \,, \end{cases} \tag{1.38}$$

sowie die *Vorzeichenfunktion*

$$\text{sgn}(x) = \Theta(x) - \Theta(-x) \,. \tag{1.39}$$

Um Relationen zwischen ihnen herzuleiten, fangen wir mit ihren Fourier-Transformierten an. Für die δ-Funktion erhalten wir offensichtlich

$$\int_{-\infty}^{\infty} e^{ixy} \delta(x) dx = 1 \,.$$

Um das Gleiche für die Heaviside-Funktion zu bewerkstelligen, brauchen wir eine Regularisierung,

$$\int_{-\infty}^{\infty} e^{ixy} \Theta(x) dx = \lim_{\alpha \to 0} \int_{0}^{\infty} e^{ixy - \alpha x} dx = \frac{1}{0 - iy} = \frac{i}{y + i0} \,.$$

Durch den Vorzeichenwechsel von y erhalten wir

$$\int_{-\infty}^{\infty} e^{ixy} \Theta(-x) dx = -\frac{i}{y - i0} \,.$$

Die Rücktransformation ist gegeben durch

$$\Theta(x) = \frac{i}{2\pi} \int_{-\infty}^{\infty} \frac{e^{-ixy} dy}{y + i0} \,.$$

Nach den Variablentransformationen $x \leftrightarrow y$ und $y \to -y$ lässt sich die Fourier-Transformation von $1/(x + i0)$ herleiten,

$$\int_{-\infty}^{\infty} \frac{e^{ixy} dx}{x + i0} = -2\pi i \Theta(-y) \,. \tag{1.40}$$

Dieses Resultat lässt sich in der Sprache der Integration im Komplexen sehr einfach verstehen. Macht man x zu einer komplexen Variablen, dann gilt $|e^{ixy}| = e^{-y\text{Im}x}$

und der einzige Pol des Integranden $x = -i0$ liegt in der unteren Halbebene. Deswegen schließen wir für $y > 0$ die Kontur in der oberen Halbebene und das Integral verschwindet. Im Gegensatz dazu ist man bei $y < 0$ gezwungen, die Kontur in der unteren Halbebene zu vervollständigen und man erhält das oben aufgeführte Ergebnis.[14] Mithilfe der gleichzeitigen Substitutionen $x \rightarrow -x$ und $y \rightarrow -y$ erhält man die Fourier-Transformierte von $1/(x - i0)$,

$$\int_{-\infty}^{\infty} \frac{e^{ixy} dx}{x - i0} = 2\pi i \, \Theta(y) \, .$$

Wenn wir nun die beiden letzten Formeln addieren und (1.37) benutzen, erhalten wir den Hauptwert der Fourier-Transformation von $1/x$,

$$\mathrm{P} \int_{-\infty}^{\infty} e^{ixy} \frac{dx}{x} = i\pi \, \mathrm{sgn}(y) \, . \tag{1.41}$$

Die Rücktransformation dazu kann man an der Differenz der Transformierten von $\Theta(x)$ und $\Theta(-x)$ ablesen, es ergibt sich

$$\int_{-\infty}^{\infty} e^{ixy} \mathrm{sgn}(x) dx = 2i \mathrm{P} \left(\frac{1}{y} \right) \, . \tag{1.42}$$

Mithilfe der gerade gewonnenen Erkenntnisse können wir nun eine weitere Transformationsart untersuchen – die *Hilbert-Transformation*, definiert durch

$$F_H(y) = \mathrm{P} \int_{-\infty}^{\infty} \frac{f(x) dx}{x - y} \, . \tag{1.43}$$

Als Erstes versuchen wir die Rücktransformation dazu zu finden.

Zunächst führen wir die Fourier-Transformation dieser Formel durch (ab jetzt werden wir als Fourier-Variablen k, p, q usw. benutzen)

$$\int_{-\infty}^{\infty} e^{iky} F_H(y) dy = -\int_{-\infty}^{\infty} f(x) \left[\mathrm{P} \int_{-\infty}^{\infty} \frac{e^{iky} dy}{y - x} \right] dx = -i\pi \, \mathrm{sgn}(k) \, F(k) \, ,$$

wobei wir die Relation (1.41) eingesetzt haben. Daraus folgt

$$F(k) = \frac{i}{\pi} \mathrm{sgn}(k) \int_{-\infty}^{\infty} e^{iky} F_H(y) dy \, .$$

---

[14] Man beachte, dass diesmal die Kontur im Uhrzeigersinn durchlaufen wird, was in einem Vorzeichenwechsel resultiert.

Dies können wir nun Fourier-rücktransformieren und erhalten

$$f(x) = \frac{i}{2\pi^2} \int\limits_{-\infty}^{\infty} \left[\int\limits_{-\infty}^{\infty} e^{ik(y-x)} \mathrm{sgn}(k) dk \right] F_H(y)\, dy \; .$$

Als Nächstes setzen wir die Fourier-Transformation der Vorzeichenfunktion (1.42) ein, dann ergibt sich die gesuchte Vorschrift für die Rücktransformation,

$$f(x) = -\frac{1}{\pi^2} \mathrm{P} \int\limits_{-\infty}^{\infty} \frac{F_H(y) dy}{y - x} \; .$$

Durch die Kombination der direkten und der Rücktransformation kann man eine folgende Verallgemeinerung des Fourier-Theorems herleiten:

$$\mathrm{P} \int\limits_{-\infty}^{\infty} \left[\mathrm{P} \int\limits_{-\infty}^{\infty} \frac{f(x') dx'}{x' - y} \right] \frac{dy}{y - x} = -\pi^2 f(x) \; .$$

1.4.2 Analytische und asymptotische Eigenschaften

Nun möchten wir die Fourier-Variable in

$$F(k) = \int\limits_{-\infty}^{\infty} e^{ikx} f(x) dx$$

komplex machen und setzen daher $k = k_1 + i k_2$ ein. Wir nehmen an, dass bei $k_2 = 0$ dieses Integral für alle k_1 existiert. Bei $k_2 \neq 0$ gilt die Abschätzung $|e^{ikx}| = e^{-k_2 x}$, sodass für $k_2 > 0$ der Integrand bei $x > 0$ schneller abfällt als im rein reellen Fall. Das Gleiche gilt für $x < 0$ bei negativen $k_2 < 0$. Allerdings für $x > 0$ bei $k_2 < 0$ sowie für $x < 0$ und $k_2 > 0$ erhält der Integrand einen exponentiell anwachsenden Vorfaktor, der die Konvergenz gefährden kann. Fällt also der ‚nackte' Integrand für wachsende Argumente nicht schneller als exponentiell ab, so wird der Vorfaktor für ausreichend große $|k_2|$ immer überwiegen und das Gesamtintegral divergent machen. Das Verhalten des Integranden bei sehr großen positiven und negativen x konkurriert also miteinander.

Aus diesem Grund ist es sinnvoll, die entsprechenden Beiträge voneinander zu trennen und die *einseitigen Fourier-Transformationen* einzuführen,

$$F_+(k) = \int\limits_{0}^{\infty} e^{ikx} f(x) dx \; , \tag{1.44}$$

sowie

$$F_-(k) = \int\limits_{-\infty}^{0} e^{ikx} f(x) dx \, . \tag{1.45}$$

Offensichtlich gilt

$$F(k) = F_+(k) + F_-(k)$$

solange beide Integrale existieren. Es ist vorteilhaft, auch die Funktion $f(x)$ aufzuspalten,

$$f_+(x) = \begin{cases} f(x) & \text{für} \quad x > 0 \\ 0 & \text{für} \quad x < 0 \end{cases} \, , \quad f_-(x) = \begin{cases} 0 & \text{für} \quad x > 0 \\ f(x) & \text{für} \quad x < 0 \end{cases} \, . \tag{1.46}$$

Es ist klar, dass beliebige Funktionen $f(x)$ eine solche Aufspaltung $f(x) = f_+(x) + f_-(x)$ zulassen. Die jeweilige einseitige Fourier-Transformation wird dann zu einer konventionellen Fourier-Transformation,

$$F_\pm(k) = \int\limits_{-\infty}^{\infty} e^{ikx} f_\pm(x) dx \, ,$$

solange die Integrale konvergent sind.

Oben haben wir gesehen, dass der Imaginärteil k_2 der Fourier-Variablen zu einem exponentiellen Anwachsen des Integranden führen kann. Damit das Integral
endlich bleibt, muss $f(x)$ mindestens exponentiell schnell abnehmen. Es ist daher
sinnvoll, einen Parameter einzuführen, der misst, wie ‚exponentiell' die Funktion
$f(x)$ ist. Nehmen wir an, dass folgende Abschätzungen gelten,

$$|f_+(x)| < A_+ e^{a_+ x} \quad \text{für} \quad x \to \infty \, , \tag{1.47}$$

sowie

$$|f_-(x)| < A_- e^{a_- x} \quad \text{für} \quad x \to -\infty \, . \tag{1.48}$$

$A_\pm$ sind positive Konstanten, deren genaue Werte in der Regel unwichtig sind
solange sie endlich bleiben. Die reellen Parameter $a_\pm$ dürfen dagegen beide Vorzeichen haben, und wir werden sie *exponentielle Schrankenparameter* nennen. Für
eine Funktion, die bei $x \to \infty$ oder $x \to -\infty$ schneller als exponentiell zunimmt,
existiert keine entprechende einseitige Fourier-Transformierte. Für eine symmetri-
sche Funktion wie z. B. $f(x) = 1/\cosh x$ sind die Schrankenparameter $a_+ = -1$
und $a_- = 1$. Im asymmetrischen Fall von $f(x) = 1/(1 + e^x)$ erhält man dagegen
$a_+ = -1$ und $a_- = 0$. Sehr wichtig ist auch die Situation eines algebraischen
Zerfalls, wenn

$$|f_+(x)| < \frac{A}{|x|^\nu} \quad \text{bei} \quad x \to \infty,$$

wobei $A > 0$ und $\nu > 0$. Offensichtlich nimmt eine solche Funktion schneller als
eine Konstante ab, für die $a_+ = 0$, und langsamer als ein Exponent, für den $a_+ < 0$
gilt. Wir stellen also fest, dass wir es in der Sprache der exponentiellen Schrankenparameter mit dem Fall $a_+ = 0^-$ zu tun haben. In einer ähnlichen Situation für

Abb. 1.20 Analytizitätsgebiet für die einseitige Fourier-Transformation $F_+(k)$ (**a**) und $F_-(k)$ (**b**)

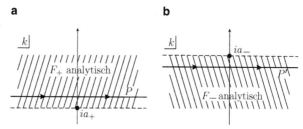

$f_-(x)$ hätten wir $a_- = 0^+$ erhalten. Mithilfe dieser Konzepte können wir nun ein wichtiges Theorem formulieren.

Theorem: (Analytizitätsgebiet der Fourier-Transformation) Seien $f_\pm(x)$ exponentiell beschränkte Funktionen. Die einseitige Fourier-Transformation $F_+(k)$ ist dann analytisch für alle k mit $k_2 > a_+$ und $F_-(k)$ ist analytisch für $k_2 < a_-$.

Um das zu zeigen, können wir die folgende Abschätzung vornehmen:

$$|F_+(k)| = |\int_0^\infty e^{ikx} f_+(x) dx| \leq \int_0^\infty |e^{ikx}| |f_+(x)| dx$$

$$< A_+ \int_0^\infty e^{-k_2 x} e^{a_+ x} dx = \frac{A_+}{k_2 - a_+} .$$

Das Integral konvergiert also absolut für $k_2 > a_+$ und gewährleistet damit die Existenz von $F_+(k)$ und all seiner Ableitungen. Mithilfe einer ähnlichen Rechnung stellt man fest, dass

$$|F_-(k)| \leq \int_{-\infty}^0 |e^{ikx}| |f_-(x)| dx < A_- \int_0^\infty e^{k_2 x} e^{-a_- x} dx = \frac{A_-}{a_- - k_2}$$

im Gebiet $k_2 < a_-$ absolut konvergent ist.

Die Umkehrung der einseitigen Fourier-Transformation wird durch die folgende Prozedur gegeben: Für $f_+(x)$ haben wir

$$f_+(x) = \frac{1}{2\pi} \int_P e^{-ikx} F_+(k) dk , \tag{1.49}$$

wobei P ein zur reellen Achse parallel gelegener Pfad oberhalb aller Singulariäten von $F_+(k)$ ist, s. Abb. 1.20a. Für $f_-(x)$ gilt dagegen:

$$f_-(x) = \frac{1}{2\pi} \int_{P'} e^{-ikx} F_-(k) dk , \tag{1.50}$$

wobei P' nun unterhalb aller Singularitäten von $F_-(k)$ liegt, s. Abb. 1.20b.

Um das zu zeigen, setzen wir $k = k_1 + ik_2$ und erhalten

$$F_+(k) = \int_0^{+\infty} dx\, e^{ikx} f_+(x) = \int_{-\infty}^{+\infty} dx\, e^{ikx} f_+(x) = \int_{-\infty}^{+\infty} dx\, e^{ik_1 x}[e^{-k_2 x} f_+(x)].$$

Hier erkennt man, dass die einseitige Fourier-Transformierte $F_+(k)$ der Funktion $f_+(x)$ nichts anderes ist als eine konventionelle Fourier-Transformation der Funktion $f_+(x)e^{-k_2 x}$, $\mathrm{Im}k = k_2 > a_+$. Damit ist die konventionelle Fourier-Rücktransformation anwendbar,

$$f_+(x)e^{-k_2 x} = \frac{1}{2\pi} \int_{-\infty}^{+\infty} dk_1\, e^{-ik_1 x} F_+(k_1 + ik_2),$$

mit der Fourier-Variablen k_1 und einem Parameter k_2. Nun multiplizieren wir dieses Ergebnis mit $e^{k_2 x}$ und erhalten

$$f_+(x) = \frac{1}{2\pi} \int_{-\infty}^{+\infty} dk_1\, e^{-ik_1 x + k_2 x} F_+(k_1 + ik_2)$$

$$= \frac{1}{2\pi} \int_{-\infty}^{+\infty} dk_1\, e^{-i(k_1 + ik_2)x} F_+(k_1 + ik_2),$$

was direkt zum Resultat (1.49) führt. Die Kontur P liegt oberhalb aller Singularitäten von $F_+(k)$, was durch die Bedingung $k_2 > a_+$ gewährleistet ist.

Es sei noch angemerkt, dass $|e^{-ikx}| = e^{k_2 x} \to 0$ für $x < 0$ und $k_2 \to +\infty$. Da $F_+(k)$ analytisch bei $k_2 > a_+$ ist, dürfen wir die Kontur P beliebig weit nach oben verschieben. Deswegen gilt:

$$f_+(x) = \frac{1}{2\pi} \int_{ik_2 - \infty}^{ik_2 + \infty} dk\, e^{-ikx} F_+(k) = \frac{1}{2\pi} \lim_{k_2 \to +\infty} \int_{ik_2 - \infty}^{ik_2 + \infty} dk\, e^{-ikx} F_+(k) = 0$$

für alle $x < 0$, wie auch durch die Konstruktion von $f_+(x)$ vorgesehen. Im Gegensatz dazu für $x > 0$ darf P nicht nach oben verschoben werden. Wir dürfen sie jedoch nach unten bewegen, bis sie die Singularitäten von $F_+(k)$ erreicht. Der Beweis von (1.50) verläuft völlig analog.

Die bisher diskutierten Resultate führen zu einer wichtigen Erkenntnis. Wenn nämlich $f(x)$ den Anforderungen (1.47) und (1.48) genügt, dann ist die Fourier-Transformierte

$$F(k) = \int_{-\infty}^{+\infty} dx\, e^{ikx} f(x) = \int_{-\infty}^{+\infty} dx\, e^{ikx}[f_+(x) + f_-(x)] = F_+(k) + F_-(k)$$

Abb. 1.21 Analytizitätsstreifen der konventionellen
Fourier-Transformation $F(k)$

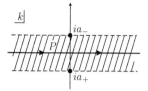

analytisch im Streifen $a_+ < \mathrm{Im}\,k < a_-$. In diesem Streifen nämlich überschnei-
den sich die Analytizitätsgebiete von F_+ und F_-, wie auf Abb. 1.21 gezeigt. Die
Rücktransformation im Komplexen ist demnach gegeben durch

$$f(x) = \frac{1}{2\pi} \int\limits_{i\sigma-\infty}^{i\sigma+\infty} dk\, e^{-ikx} F(k), \qquad \text{wobei} \quad a_+ < \sigma < a_-\,.$$

Wir möchten darauf hinweisen, dass der Analytizitätsstreifen nur im Fall $a_+ < a_-$
existiert. Es ist eine starke Einschränkung an die zu transformierenden Funktionen.
Eine geeignete Funktionsklasse ist z. B. eine, für die $|f(x)| \leq A e^{-|x|}$ bei $x \to \pm\infty$
gilt. Dann erfüllen beide Schrankenparameter $a_+ = -1$ und $a_- = +1$ die obige
Bedingung. Es kann allerdings Situationen geben, in denen $a_+ = a_-$, wenn der
Streifen zu einer Geraden schrumpft. Ein wichtiges Beispiel einer solchen Funkti-
onsklasse ist die mit $|f(x)| \leq A/|x|^\nu$ im Grenzfall $x \to \pm\infty$, $\nu \geq 0$. Hier sind
$a_+ = 0$ and $a_- = 0$.

Beispiel 1.15 Wir möchten die folgende gewöhnliche Differentialgleichung (DGL)
auf $x > 0$ lösen:

$$\frac{d^2 f(x)}{dx^2} - f(x) = 0\,, \tag{1.51}$$

mit der Randbedingung $f(0) = 1$ und der Forderung, dass $f(x)$ bei $x \to \infty$
endlich bleibt. Es ist klar, dass $f(x) = e^{-x}$ eine Lösung ist. Wir möchten jedoch
untersuchen, ob wir dieses Ergebnis auch mithilfe der Fourier-Transformation erhalten können.

Wir können für $f_+(x)$ die Definition (1.46) benutzen. Da $f_+(x)$ beschränkt ist,
gilt $a_+ \leq 0$, und deshalb ist $F_+(k)$ analytisch in der oberen Halbebene, bei $\mathrm{Im}\,k >
0$. Für die Fourier-Transformierte der zweiten Ableitung $f_+''(x)$ erhalten wir

$$\int\limits_0^\infty dx\, f_+''(x) e^{ikx} = \int\limits_0^\infty e^{ikx} d\left[\frac{df_+(x)}{dx}\right] = e^{ikx} \frac{df_+(x)}{dx}\bigg|_0^\infty - ik \int\limits_0^\infty dx\, e^{ikx} \frac{df_+(x)}{dx}$$

$$= -f_+'(0) - ik e^{ikx} f_+(x)\bigg|_0^\infty + (ik)^2 \int\limits_0^\infty dx\, e^{ikx} f_+(x)\,.$$

Daraus folgt

$$\int\limits_{0}^{\infty} dx\, f''_{+}(x)\, e^{ikx} = ik - k^2 F_{+}(k) - \alpha \; ,$$

wobei $\alpha = f'_{+}(0)$ eine noch unbekannte Konstante ist.[15] Die Fourier-Transformierte der DGL (1.51) ist nun durch eine elementare algebraische Gleichung gegeben,

$$ik - k^2 F_{+}(k) - \alpha - F_{+}(k) = 0 \; .$$

Ihre Lösung ist

$$F_{+}(k) = \frac{ik - \alpha}{k^2 + 1} = \frac{ik - \alpha}{(k + i)(k - i)} \; .$$

Bei $k = i$ gibt es hier eine Singularität. Wir wissen jedoch, dass $F_{+}(k)$ in der oberen Halbebene analytisch ist. Dies ist durch die Wahl $\alpha = -1$ gewährleistet, weil dann die Singularität aufgehoben ist. Die korrekte Lösung ist also

$$F_{+}(k) = \frac{i(k - i)}{(k + i)(k - i)} = \frac{i}{k + i}$$

und besitzt einen einfachen Pol bei $k = -i$. Um $f_{+}(x)$ zu ermitteln, benutzen wir die Rücktransformation

$$f_{+}(x) = \frac{1}{2\pi} \int\limits_{P} dk\, e^{-ikx} \frac{i}{k + i} \; ,$$

wobei P eine Gerade bezeichnet, die in der oberen Halbebene parallel zur reellen Achse verläuft.

Wenn $x < 0$ dann ist $|e^{-ikx}| = e^{(\text{Im}k)x} \to 0$ für $k_2 \to \infty$. Schließt man die Kontur in der oberen Halbebene, so erhält man $f_{+}(x < 0) = 0$. Für positive $x > 0$ gilt $|e^{-ikx}| = e^{(\text{Im}k)x} \to 0$, wenn $k_2 \to -\infty$. In diesem Fall schließen wir die Kontur in der unteren Halbebene, wie in Abb. 1.22 gezeigt. Mithilfe des Residuensatzes erhalten wir dann

$$f_{+}(x > 0) = \frac{1}{2\pi} \int\limits_{\Gamma} dk\, e^{-ikx} \frac{i}{k + i} = \frac{1}{2\pi}(-2\pi i)\text{Res}\frac{i\, e^{-ikx}}{k + i}\Big|_{k=-i}$$

$$= (-i)i\, e^{-i(-i)x} = e^{-x} \; ,$$

wie erwartet.

---

[15] Wir möchten anmerken, dass die Ableitung bezüglich x und die Multiplikation der Fourier-Transformierten mit ik nicht äquivalent sind. Dies liegt an der ‚Einseitigkeit‘ der von uns benutzten Transformation. Der Randterm, der durch die partielle Integration entsteht, verschwindet hier nicht.

Abb. 1.22 Kontur Γ für die
Berechnung der Funktion
$f_+(x)$ aus Beispiel 1.15

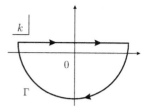

Nun möchten wir die asymptotischen Eigenschaften der Fourier-Transformierten diskutieren und fangen mit der konventionellen Variante

$$F(s) = \int\limits_{-\infty}^{\infty} dx\, e^{isx} f(x)$$

an. Nehmen wir an, $f(x)$ und alle ihre Ableitungen seien stetig und beschränkt bei $x \to \pm\infty$, sodass sie in einem Streifen um die reelle Achse herum analytisch ist. Welche Aussagen können wir treffen über $F(s)$ im Grenzfall $s \to \infty$? Um diese Frage zu beantworten, ist es ratsam, ein Beispiel anzuschauen.

Beispiel 1.16

$$f(x) = \frac{1}{x^2 + a^2} = \frac{1}{(x + ia)(x - ia)}, \quad a > 0.$$

Das ist eine Verallgemeinerung von Beispiel 1.6. Für $s > 0$ sollte man die Kontur in der oberen Halbebene schließen, s. Abb. 1.23a. Mithilfe des Residuensatzes erhalten wir dann

$$\int\limits_{C_+} dx \frac{e^{isx}}{x^2 + a^2} = 2\pi i\, \mathrm{Res}(\ldots)\Big|_{x=ia} = 2\pi i \frac{e^{-as}}{2ia} = \frac{\pi}{a} e^{-as}\,.$$

Andererseits, für $s < 0$ schließen wir die Kontur in der unteren Halbebene, s. Abb. 1.23b, und erhalten

$$\int\limits_{C_-} dx \frac{e^{isx}}{x^2 + a^2} = (-2\pi i)\mathrm{Res}(\ldots)\Big|_{x=-ia} = (-2\pi i)\frac{e^{as}}{-2ia} = \frac{\pi}{a} e^{as}\,.$$

Abb. 1.23 Für $s > 0$ schließen wir die Kontur in der oberen Halbebene (**a**) und für $s < 0$ in der unteren Halbebene (**b**), s. Beispiel 1.16

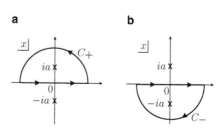

Abb. 1.24 Zwei verschiedene Wege, die Schnitte für die Funktion (1.53) zu definieren

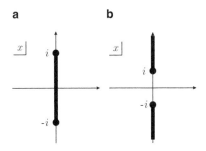

Zusammengefasst lautet das Ergebnis[16]

$$F(s) = \frac{\pi}{a}\, e^{-a|s|} \;, \tag{1.52}$$

weswegen für das asymptotische Verhalten gilt

$$F(s) \sim e^{-a|s|} \quad \text{für} \quad s \to \infty \;.$$

Beispiel 1.17 ist etwas komplizierter:

$$f(x) = \frac{1}{\sqrt{x^2+1}} = \frac{1}{\sqrt{(x-i)(x+i)}} \;. \tag{1.53}$$

Diese Funktion braucht einen Schnitt der komplexen Ebene. Dieser lässt zwei verschiedene Varianten zu: s. Abb. 1.24a und b. Der letztere Weg ist für unsere Zwecke besser geeignet. Um $F(s)$ bei $s > 0$ zu ermitteln, legen wir den Integrationsweg wie in Abb. 1.25 gezeigt, dann

$$\int_{C_+ + C_\epsilon + C_1 + C_2 + P} dx\, e^{isx} f(x) = 0 \;.$$

Offensichtlich gilt

$$\int_P dx\, e^{isx} f(x) = F(s) \;.$$

Im nächsten Schritt möchten wir das Integral entlang von C_ϵ um den Verzweigungspunkt $z = i$ berechnen. Hierzu benutzen wir die Parametrisierung $z = r\, e^{i\phi}$ und erhalten

$$\int_{C_\epsilon} dx\, e^{isx} f(x) \sim \int_{C_\epsilon} \frac{dz}{\sqrt{z}} \sim \int_0^{2\pi} \frac{r\, e^{i\phi} d\phi}{\sqrt{r}} \sim \sqrt{r} \;.$$

---

[16] Alternativ könnten wir dasselbe natürlich durch eine Umskalierung der Integrationsvariablen in (1.16) erhalten.

Abb. 1.25 Schematische Darstellung der Kontur für die Berechnung der Funktion $F(s)$ aus Beispiel 1.17

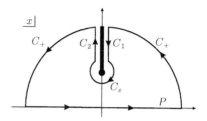

Es verschwindet also bei $r \to 0$. Für $s > 0$

$$\int_{C_+} dx \, e^{isx} f(x) = 0 \, ,$$

da C_+ beliebig weit nach außen hinausgeschoben werden darf. Auf C_1 setzen wir $x = i(1 + \eta)$, dann ergibt sich

$$\int_{C_1} dx \, e^{isx} f(x) = \int_{\infty}^{0} \frac{i \, d\eta \, e^{-s-\eta s}}{i \sqrt{\eta(\eta + 2)}} = -e^{-s} \int_{0}^{\infty} \frac{d\eta}{\sqrt{\eta(\eta + 2)}} e^{-\eta s}$$

$$= + \int_{C_2} dx \, e^{isx} f(x) \, .$$

Wir erhalten also die Darstellung:

$$F(s) = 2e^{-s} \int_{0}^{\infty} \frac{d\eta}{\sqrt{\eta(\eta + 2)}} e^{-\eta s} \, .$$

Die führenden asymptotischen Terme können nun mithilfe der folgenden Abschätzung ermittelt werden,

$$\int_{0}^{\infty} \frac{d\eta}{\sqrt{\eta(\eta + 2)}} e^{-\eta s} \sim \int_{0}^{1/s} \frac{d\eta}{\sqrt{\eta}} \sim \sqrt{\eta} \Big|_{0}^{1/s} \sim \frac{1}{\sqrt{s}} \, .$$

Also erhalten wir ein Potenzgesetz als führende Korrektur zum exponentiellen Abfall,

$$F(s) \sim \frac{1}{\sqrt{s}} \, e^{-s} \, .$$

Im Allgemeinen, wenn a_0 die Singularität von $f(x)$ ist, die am nächsten zur reellen Achse liegt (in der oberen wie unteren Halbebene), so ist das führende asymptotische Verhalten bei großen s immer gegeben durch die Relation

$$\int_{-\infty}^{\infty} e^{isx} f(x) \, dx \sim e^{-a_0|s|} \, .$$

Wenn jedoch $f(x)$ nicht stetig ist, sondern eine Stufe aufweist, so ist die Asymptotik bei großen s langsamer und meistens durch ein Potenzgesetz gegeben. Betrachten wir nämlich den folgenden Fall:

$$f_+(x) = \begin{cases} f(x) & , & x > 0 \\ 0 & , & x < 0 \end{cases} ,$$

sodass nicht nur $f_+(0)$, sondern auch alle $f'_+(0)$, $f''_+(0)$ usw. endlich sind. Dann kann die einseitige Fourier-Transformierte bei großen s auf folgende Weise entwickelt werden:

$$F_+(s) = \int\limits_0^\infty dx\, e^{isx} f_+(x) = \frac{1}{is} \int\limits_0^\infty d(e^{isx}) f_+(x) = \frac{1}{is} e^{isx} f_+(x) \Big|_0^\infty$$

$$-\frac{1}{is} \int\limits_0^\infty dx e^{isx} f'_+(x) = -\frac{1}{is} f_+(0) + \frac{1}{(is)^2} f'_+(0) + \dots .$$

Deswegen erhalten wir in dieser Situation

$$F_+(s) \to \frac{i f_+(0)}{s} - \frac{f'_+(0)}{s^2} + O(1/s^3) \to \frac{i f_+(0)}{s} + O(1/s^2) .$$

Es kann auch passieren, dass $f_+(x)$ im Grenzfall $x \to 0^+$ singulär ist. Ein typisches Beispiel für ein solches Verhalten wäre z. B.

$$f_+(x) \simeq a_0 x^\lambda \quad \text{bei } x \to 0^+ ,$$

wobei $\lambda > -1$ (andernfalls wäre das x-Integral divergent). Dann ergibt sich für $s \to \infty$

$$F_+(s) \simeq \int\limits_0^\infty a_0 x^\lambda e^{isx} dx = \frac{a_0}{(-is)^{\lambda+1}} \int\limits_0^\infty t^\lambda e^{-t} dt = \frac{a_0 \Gamma(\lambda+1)}{(-is)^{\lambda+1}} ,$$

(Γ bezeichnet hier die Gamma-Funktion, s. Abschn. 2.1), sodass aus

$$f_+(x) \Big|_{x \to 0^+} \sim x^\lambda \quad \text{folgt} \quad F_+(s) \Big|_{s \to \infty} \sim \frac{1}{s^{\lambda+1}} .$$

Analog, wenn

$$f_-(x) \Big|_{x \to 0^-} \sim (-x)^\mu$$

gilt:

$$F_-(s) \Big|_{s \to \infty} \sim \frac{1}{s^{\mu+1}} .$$

1.4.3 Laplace-Transformation

Die Laplace-Transformation kann als ein Spezialfall der Fourier-Transformation aufgefasst werden und teilt mit ihr auch viele Eigenschaften. Sie ist besonders effizient beim Lösen von Differentialgleichungen, die damit in vielen Fällen zu einfachen algebraischen Gleichungen werden. Diese Methode wird auch *Operatorenrechnung (nach Heaviside)* genannt.

Sei $f(t)$ eine Funktion, die bei $t < 0$ verschwindet und deren exponentieller Schrankenparameter durch α gegeben ist (s. Abschn. 1.4.2). Die Laplace-Transformierte $F(p)$ ist dann definiert wie

$$F(p) = \int_0^\infty dt \, f(t) \, e^{-pt} \, , \tag{1.54}$$

wobei Re $p > \alpha$ gelten muss, damit das Integral konvergiert. Diese Transformation ist linear genauso wie die Fourier-Transformation und besitzt die Skalierungseigenschaft $f(\beta t) \leftrightarrow F(p/\beta)/\beta$. Wir werden auch annehmen, dass $f(t)$ als ein Produkt $f(t)\Theta(t) \to f(t)$ angesehen werden kann, wobei $\Theta(t)$ die Heaviside-Funktion (1.38) ist. Mithilfe der Definition (1.54) kann man relativ schnell die Laplace-Transformationen einiger Elementarfunktionen ausrechnen.[17] Am einfachsten ist es z. B. für die Exponentialfunktion:

$$f(t) = e^{\alpha t} \quad \leftrightarrow \quad F(p) = \frac{1}{p - \alpha} \, . \tag{1.55}$$

Damit erhält man sofort die Transformierten der trigonometrischen Funktionen,

$$f(t) = \sin t \quad \leftrightarrow \quad F(p) = \frac{1}{p^2 + 1} \tag{1.56}$$

sowie

$$f(t) = \cos t \quad \leftrightarrow \quad F(p) = \frac{p}{p^2 + 1} \, .$$

Für die Potenzfunktion t^n ($n = 0, 1, 2, \dots$) können wir die Transformierte mithilfe der n-mal wiederholten partiellen Integration ausrechnen,

$$f(t) = t^n \quad \leftrightarrow \quad F(p) = \frac{n!}{p^{n+1}} \, . \tag{1.57}$$

Mit der gleichen Methode lässt sich auch beweisen, dass die Transformierte einer Ableitung gegeben ist durch

$$\int_0^\infty dt \, f'(t) \, e^{-pt} = f'(t)e^{-pt}\Big|_0^\infty + p \int_0^\infty dt \, f(t) \, e^{-pt} = p \, F(p) - f(0) \, . \tag{1.58}$$

---

[17] In vielen praktischen Anwendungen ist es jedoch ratsam, solch umfangreiche Nachschlagewerke wie z. B. [2] zu konsultieren.

Wiederholt man das n-mal so ergibt sich eine Formel für die n-te Ableitung,

$$f^{(n)}(t) \to p^n F(p) - p^{n-1} f(0) - p^{n-2} f'(0) - \cdots - p f^{(n-2)}(0) - f^{(n-1)}(0) \ . \quad (1.59)$$

Falls $f^{(0,\ldots,n-1)}(0) = 0$, dann $f^{(n)}(t) \to p^n F(p)$. Dies ist wahrscheinlich die wichtigste Eigenschaft der Laplace-Transformation.

Ähnliche Relationen lassen sich auch für die Ableitungen der Transformierten herleiten,

$$F'(p) = \int\limits_0^\infty dt \, (d/dp)[f(t) \, e^{-pt}] = \int\limits_0^\infty dt \, (-t) f(t) \, e^{-pt} \ . \quad (1.60)$$

Mithilfe der Induktion erhalten wir

$$F^{(n)}(p) \leftrightarrow (-t)^n \, f(t) \ . \quad (1.61)$$

Während eine Multiplikation mit dem Argument dem Ausrechnen der Ableitung der Transformierten bzw. der Originalfunktion äquivalent ist, lässt sich die Division durch das Argument in eine Integration übersetzen. Nimmt man nämlich $g'(t) = f(t)$ und $g(0) = 0$ an, so ergibt sich

$$f(t) = g'(t) \leftrightarrow p G(p) \quad (1.62)$$

und daher $F(p) = p G(p)$. Folglich gilt

$$F(p)/p \leftrightarrow \int\limits_0^t d\tau \, f(\tau) \ . \quad (1.63)$$

Auf die gleiche Weise lässt sich auch folgende Identität herleiten,

$$f(t)/t \leftrightarrow \int\limits_p^\infty dq \, F(q) \ . \quad (1.64)$$

Eine weitere sehr nützliche Eigenschaft der Laplace-Transformation ist die Transformierte der Faltung zweier Funktionen, definiert wie

$$h(t) = (f * g)(t) = \int\limits_0^t ds \, f(s) \, g(t - s) \ . \quad (1.65)$$

Dann gilt

$$H(p) = \int\limits_0^\infty dt \, e^{-pt} \, h(t) = F(p) \, G(p) \ . \quad (1.66)$$

Diese Relation kann auf folgende Weise bewiesen werden:

$$H(p) = \int\limits_0^\infty dt\, e^{-pt} \int\limits_0^t ds\, f(s)\, g(t-s) = \int\limits_0^\infty ds \int\limits_s^\infty dt\, e^{-pt}\, f(s)\, g(t-s) ,$$

wobei wir hier die Reihenfolge der Integrationen vertauscht haben (man beachte die Geometrie der Integrationsdomäne). Im nächsten Schritt machen wir eine Variablentransformation $q = t - s$ und erhalten

$$= \int\limits_0^\infty ds \int\limits_0^\infty dq\, e^{-p(q+s)}\, f(s)\, g(q) = F(p)\, G(p) .$$

Nun möchten wir die Rücktransformation herleiten. Man betrachte zunächst eine Hilfsfunktion $g(t) = f(t)e^{-bt}$, wobei $b > \alpha$ [α ist nach wie vor der Schrankenparameter der Funktion $f(t)$]. Da $f(t) = 0$ bei $t < 0$, erhalten wir für die Laplace-Transformation von $f(t)$

$$F(b + iu) = \int\limits_0^\infty dt\, f(t)\, e^{-(b+iu)t} = \int\limits_{-\infty}^\infty dt\, g(t)e^{-iut} ,$$

was nichts anderes ist als eine Fourier-Transformation der Funktion $g(t)$. Die zugehörige Rücktransformation ist gegeben durch

$$g(t) = \frac{1}{2\pi} \int\limits_{-\infty}^\infty du\, F(b + iu)e^{iut}$$

und muss, wenn notwendig, als Hauptwertintegral verstanden werden. Diese Relation lösen wir jetzt nach $f(t)$ auf und verschieben die Integrationskontur,

$$f(t) = \frac{1}{2\pi} \int\limits_{-\infty}^\infty du\, F(b + iu)e^{(b+iu)t} = \frac{1}{2\pi i} \int\limits_{b-i\infty}^{b+i\infty} dp\, F(p)e^{pt} . \tag{1.67}$$

Das ist die gesuchte Laplace-Rücktransformation.

Beispiel 1.18 Man löse das Anfangswertproblem mit $x(0) = x'(0) = 0$ für die folgende gewöhnliche DGL:

$$x''(t) - x(t) = t^2 + 2e^t . \tag{1.68}$$

Mithilfe der Laplace-Transformation erhalten wir folgende algebraische Gleichung,

$$p^2 X(p) - px(0) - x'(0) - X(p) = 2\left(\frac{1}{p-1} + \frac{1}{p^3}\right) .$$

Nach $X(p)$ aufgelöst, ergibt sich

$$X(p) = \frac{2}{p^2 - 1}\left(\frac{1}{p-1} + \frac{1}{p^3}\right).$$

Die Originalfunktion $x(t)$ kann mithilfe der Faltungsformel (1.66) ermittelt werden:

$$\frac{2}{p^2-1}\frac{1}{p-1} \quad \rightarrow \quad 2\int_0^t \sinh\tau\, e^{(t-\tau)}d\tau = te^t - \sinh t \,,$$

$$\frac{2}{p^2-1}\frac{1}{p^3} \quad \rightarrow \quad 2\int_0^t \sinh(t-\tau)\,\tau^2\, d\tau = -2 - t^2 + 2\cosh t \,.$$

Die Lösung ist also

$$x(t) = te^t - t^2 - 2 + \frac{3}{2}\,e^{-t} + \frac{1}{2}\,e^t \,.$$

Dieses Ergebnis kann durch das Einsetzen in die Gleichung (1.68) verifiziert werden. Es kann auch mithilfe der Rücktransformation (1.67) ausgerechnet werden. Es sei dabei angemerkt, dass man in dieser Rechnung $b > 1$ setzen muss. Die Integrationskontur könnte dann durch einen Halbkreisbogen $C_R\,|p - b| = R$ in der linken Halbebene geschlossen werden. Das C_R-Integral wird dann verschwinden im Grenzfall $R \to \infty$, und die Rücktransformation ist dann einfach gleich der Summe der Residuen.

1.5 Übungsaufgaben

Aufgabe 1.1 Leiten Sie die Cauchy-Riemann-Gleichungen in Polarkoordinaten her. Zeigen Sie, dass mit Ausnahme von $z = 0$ die Funktion $\ln z$ analytisch für alle endlichen z ist.

Aufgabe 1.2 Berechnen Sie die Integrale:

(a)

$$\int_0^{2\pi} \frac{d\varphi}{(a + b\cos\varphi)^2}, \qquad (a > b > 0)\,,$$

(b)

$$\int_0^{2\pi} \frac{\cos^2(3\varphi)d\varphi}{1 - 2p\cos(2\varphi) + p^2}, \qquad (0 < p < 1)\,,$$

(c)

$$\int_0^{2\pi} \frac{(1 + 2\cos\varphi)^n \cos(n\varphi)d\varphi}{1 - a - 2a\cos\varphi}, \qquad (0 < a < 1/3) ,$$

mithilfe des Residuensatzes.

Aufgabe 1.3 Die Integralgleichung

$$\left[\lambda - \frac{1}{\sqrt{1 + 3x^2/4}} \right] f(x) = \frac{2}{\pi} \int_{-\infty}^{\infty} \frac{f(x')dx'}{1 + x^2 + x'^2 - xx'}$$

entsteht beim Lösen der Schrödinger-Gleichung für 3 Bosonen in einer Dimension. Zeigen Sie, dass die Funktion

$$f(x) = \frac{1}{1 + x^2}$$

eine Lösung davon ist und bestimmen Sie den Parameter λ.

Aufgabe 1.4 Wählen Sie geeignete Konturen und benutzen Sie den Cauchy'schen Integralsatz um folgende Integrale zu lösen:

(a)

$$\int_0^{\infty} \frac{\sin x}{x}dx \quad \text{(Euler 1781)} .$$

Hinweis: Ergänzen Sie die reelle Achse um einen kleinen und einen großen Halbkreisbogen;

(b)

$$\int_0^{\infty} e^{-ax^2} \cos(bx)dx \quad (a > 0) .$$

Hinweis: Benutzen Sie eine rechteckige Kontur;

(c)

$$\int_0^{\infty} \cos(x^2)dx , \quad \int_0^{\infty} \sin(x^2)dx .$$

Hinweis: Benutzen Sie eine dreieckige Kontur.

Aufgabe 1.5 Berechnen Sie folgende Integrale:

(a)

$$I = \int\limits_0^\infty \frac{dx}{1 + x^3} \, ,$$

(b)

$$I(a,b) = \int\limits_0^\infty \frac{\sin ax}{\sin bx} \frac{1}{1 + x^2} \, dx \, , \qquad |a| < |b| \, .$$

Aufgabe 1.6 Benutzen Sie die Eigenschaften der Integranden in der Nähe der Schnitte, um folgende Integrale auszurechnen:

(a)

$$\int\limits_0^\infty \frac{x^{-p} dx}{1 + 2x \cos\lambda + x^2} \quad (-1 < p < 1 \, , -\pi < \lambda < \pi) \, ,$$

(b)

$$\int\limits_0^\infty \frac{\ln x \, dx}{(x^2 + 1)^2} \, ,$$

(c)

$$\int\limits_{-1}^1 \frac{dx}{[(1 - x)(1 + x)^2]^{1/3}} \, .$$

Hinweis: In **(b)** benutzen Sie die Kontur aus der Aufgabe 1.4 **(a)**.

Aufgabe 1.7 Berechnen Sie die Fourier-Transformierten und bestimmen Sie ihre Analytizitätsstreifen für folgende Funktionen:

(a)

$$g(\lambda) = -\frac{e^{-\lambda}}{1 + e^{-2\lambda}} \, ,$$

(b)

$$k(\lambda) = -\frac{4U}{\pi} \frac{e^{-\lambda}}{(1 + e^{-\lambda})^2 + U^2(1 - e^{-\lambda})^2} \, .$$

Aufgabe 1.8 Zeigen Sie, dass für die Funktion $f(t)$ und ihre Laplace-Transformierte $F(p)$ folgende Relation gilt:

$$f(t - \tau) \leftrightarrow F(p) e^{-p\tau} \, .$$

Mithilfe dieser Relation bestimmen Sie die Laplace-Transformierte von $f(t) = |\sin t|$.

Aufgabe 1.9 Gegeben seien die Laplace-Transformierten:

(a)

$$F(p) = \frac{1}{p^{\alpha+1}} \ , \quad -1 < \alpha < 0, \quad \mathrm{Re}\, p > 0 \,,$$

(b)

$$F(p) = \frac{1}{p}\, e^{-\alpha\sqrt{p}} \,, \qquad \alpha > 0, \quad \mathrm{Re}\, p > 0 \,.$$

Bestimmen Sie in beiden Fällen die Originalfunktionen $f(t)$.

1.6   Lösungen

Aufgabe 1.2

(a)

$$2\pi a (a^2 - b^2)^{-3/2} \,,$$

(b)

$$\pi(1 - p + p^2)/(1 - p) \,,$$

(c)

$$\frac{2\pi}{\sqrt{1 - 2a - 3a^2}} \left(\frac{1 - a - \sqrt{1 - 2a - 3a^2}}{2a^2} \right)^n \,.$$

Aufgabe 1.3

$$\lambda = 2 \,.$$

Aufgabe 1.4

(a)

$$\pi/2 \,,$$

(b)

$$\sqrt{\pi/4a} \exp\left(-b^2/4a\right) \,,$$

(c)

$$\sqrt{\pi/8} \,.$$

Aufgabe 1.5

(a)

$$I = 2\pi/3\sqrt{3} \,,$$

(b)

$$I(a, b) = \frac{\pi}{2} \frac{\sinh a}{\sinh b} \,.$$

Aufgabe 1.6

(a)
$$\frac{\pi}{\sin(\pi p)}\frac{\sin(p\lambda)}{\sin\lambda}\,,$$

(b)
$$-\pi/4\,,$$

(c)
$$2\pi/\sqrt{3}\,.$$

Aufgabe 1.7

(a)
$$G(k) = -\pi/[2\cosh(\pi k/2)]\,,$$

(b)
$$K(k) = -4\sinh(k\gamma)/\sinh(\pi k)\,,\quad \text{wobei } \cos\gamma = (1-U^2)/(1+U^2)\,.$$

Aufgabe 1.8
$$\coth(\pi p/2)/(1+p^2)\,.$$

Aufgabe 1.9

(a)
$$t^\alpha/\Gamma(1+\alpha)\,,$$

(b)
$$1 - \mathrm{erf}\big(\alpha/2\sqrt{t}\big)\,,$$

wobei erf(x) das in Glg. (2.64) definierte *Fehlerintegral* oder die *Error-Funktion* ist.

Kapitel 2
Hypergeometrische Reihen
und ihre Anwendungen

Die Hypergeometrische Funktion entsteht beim Behandeln der gewöhnlichen Differentialgleichungen zweiter Ordnung mit mehreren regulären singulären Punkten. Obwohl es keine Differentialgleichungen mit algebraischen Koeffizienten gibt, deren Lösung die Gamma-Funktion ist, möchten wir sie hier trotzdem eingehend untersuchen. Diese Diskussion wird uns erlauben, nicht nur die notwendige Notation einzuführen, sondern auch eine Reihe von neuen Werkzeugen vorzustellen.

2.1 Die Gamma-Funktion

2.1.1 Definition und Funktionalgleichung

Ein möglicher Weg, die Gamma-Funktion zu definieren, ist über ihre Integraldarstellung, auch *Euler'sches Integral zweiter Gattung* genannt,

$$\Gamma(z) = \int\limits_0^\infty dt \, t^{z-1} e^{-t} \, . \tag{2.1}$$

Den Wert von $\Gamma(1)$ findet man mithilfe einer elementaren Integration,

$$\Gamma(1) = \int\limits_0^\infty dt \, e^{-t} = 1 \, .$$

A.O. Gogolin, *Komplexe Integration*, DOI 10.1007/978-3-642-41747-4_2,
© Springer-Verlag Berlin Heidelberg 2014

Im Allgemeinen ist das Integral (2.1) absolut konvergent für $\operatorname{Re} z > 0$, weswegen $\Gamma(z)$ dort analytisch ist.[1] Im Gegensatz dazu divergiert das Integral bei $\operatorname{Re} z < 0$ an seiner Untergrenze. Wir können jedoch versuchen, die Gamma-Funktion nach $\operatorname{Re} z < 0$ aus $\operatorname{Re} z > 0$ analytisch fortzusetzen. Mithilfe einer partiellen Integration ergibt sich

$$\Gamma(z) = \frac{1}{z} \int\limits_0^\infty d(t^z) e^{-t} = \frac{\Gamma(z+1)}{z} \,,$$

was sofort auf die *Funktionalgleichung* (manchmal auch *Rekursionsrelation* genannt) führt:

$$\Gamma(z+1) = z\Gamma(z) \,. \tag{2.2}$$

Sie vereinfacht sich deutlich für ganze n, und wir erhalten eine nützliche Formel:

$$\Gamma(n+1) = n! \,. \tag{2.3}$$

Man sieht hier, dass die Gamma-Funktion als eine Verallgemeinerung der Fakultät auf beliebige Argumente aufgefasst werden kann.

2.1.2 Analytische Eigenschaften

Wie bereits oben erwähnt, kann die Relation (2.2) benutzt werden, um eine analytische Fortsetzung der Gamma-Funktion herzuleiten. Die Gleichung

$$\Gamma(z) = \frac{\Gamma(z+1)}{z}$$

definiert $\Gamma(z)$ im Gebiet $-1 < \operatorname{Re} z < 0$, wobei für die rechte Seite dieser Gleichung (2.1) benutzt werden darf. Wenn wir nun die Funktionalgleichung $(n+1)$-mal hintereinander benutzen, erhalten wir

$$\Gamma(z) = \frac{\Gamma(z+1)}{z} = \frac{\Gamma(z+2)}{(z+1)z} = \cdots$$

$$= \frac{\Gamma(z+n+1)}{(z+n)(z+n-1)\ldots(z+1)z} \,. \tag{2.4}$$

---

[1] Es ist nicht nur das Integral

$$\frac{d\Gamma(z)}{dz} = \int\limits_0^\infty dt\,(\ln t) t^{z-1} e^{-t}$$

konvergent, sondern dies sind auch alle seine Ableitungen in $\operatorname{Re} z > 0$.

Diese Relation definiert $\Gamma(z)$ für $-n - 1 < \operatorname{Re} z < -n$. Auf diese Weise erhalten wir die Gamma-Funktion überall in $\operatorname{Re} z < 0$. Als Nebenprodukt stellen wir fest, dass die Funktion dort überall analytisch ist, außer an den Punkten $z = -n$, $n = 0, 1, 2, \ldots$. Um die Natur dieser Singularitäten zu untersuchen, setzen wir $z = -n + \delta$ in die Formel oben ein und entwickeln für kleine δ,

$$\Gamma(-n + \delta) = \frac{\Gamma(1 + \delta)}{\delta(1 - \delta)\ldots(n - \delta - 1)(n - \delta)(-1)^n} = \frac{(-1)^n}{n!\,\delta} + O(\delta^0) \,.$$

Wir stellen also fest, dass diese Singularitäten einfache Pole sind. Ihre Residuen sind gegeben durch

$$\operatorname{Res} \Gamma(z)|_{z=-n} = \frac{(-1)^n}{n!} \,.$$

Bei endlichen z hat die Gamma-Funktion keine weiteren Singularitäten.

Nun möchten wir uns dem folgenden Integral widmen:

$$\frac{1}{2\pi i} \int\limits_{-i\infty}^{i\infty} ds\, A(s) \Gamma(-s)(-z)^s \,,$$

wobei die Integrationskontur entlang der imaginären Achse verläuft, jedoch bei $s = 0$ einen ‚Schlenker‘ macht, sodass der Pol auf der rechten Seite bleibt. Des Weiteren nehmen wir an, dass die Funktion $A(s)$ analytisch in $\operatorname{Re} s > 0$ und nicht ‚zu sehr divergent‘ im Grenzfall $\operatorname{Re} s \to +\infty$ ist. Dann können wir für $|z| < 1$ den Integrationsweg nach rechts ins Unendliche verschieben (dies ist ein ähnliches Verfahren wie jenes aus dem Abschn. 1.3.6). Der Beitrag dieser Kontur zum Integral verschwindet dann, der Beitrag der übriggebliebenen ‚Blasen‘ um die Pole der Gamma-Funktion herum summiert sich dagegen zu

$$\frac{1}{2\pi i} \int\limits_{-i\infty}^{i\infty} ds\, A(s) \Gamma(-s)(-z)^s = \sum_{n=0}^{\infty} \frac{A(n)}{n!} z^n \,. \tag{2.5}$$

Wenn die Funktion $A(s)$ so gewählt ist, dass ihre Werte $A(n)$ mit den Koeffizienten der Taylor-Entwicklung einer anderen Funktion $f(z)$ übereinstimmen, d. h. $A(n) = f^{(n)}(0)$, dann liefert (2.5) die Konturintegraldarstellung von $f(z)$ innerhalb des Einheitskreises.[2] Eine analytische Fortsetzung der Funktion $f(z)$ außerhalb dieses Kreises kann nun durch die Verschiebung der Kontur ins Unendliche nach links, wie im Abschn. 1.3.6 beschrieben, erreicht werden.

---

[2] Die Gamma-Funktion ist natürlich nicht die einzig mögliche Wahl für diese Art von Integralen. Wie wir im Abschn. 1.3.6 bereits gesehen haben, eignet sich z. B. $1/\sin(\pi s)$ für diese Zwecke genauso gut.

2.1.3 Der Ergänzungssatz

Später werden wir noch eine andere sehr nützliche Formel brauchen:

$$\Gamma(z)\Gamma(1-z) = \frac{\pi}{\sin(\pi z)} \,, \tag{2.6}$$

die auch *Ergänzungssatz* genannt wird. Aus den Eigenschaften der Gamma-Funktion ist ersichtlich, dass der Ausdruck $\sin(\pi z)\,\Gamma(z)\Gamma(1-z)$ keine Pole auf der reellen Achse besitzt. Außerdem ist er sogar analytisch bei allen endlichen z und strebt gegen π, wenn $z \to 0$. Der Satz von Liouville ist jedoch hier nicht anwendbar, da wir nicht wissen, ob diese Funktion auf $\mathbb{C}$ beschränkt ist. Um (2.6) zu beweisen, werden wir von (2.1) ausgehen. Mithilfe der Variablentransformation $t = x^2$ erhalten wir

$$\Gamma(z) = 2\int\limits_{0}^{\infty} dx\, x^{2z-1} e^{-x^2} \,.$$

Wir möchten uns zunächst auf $z = \lambda$ aus dem Abschnitt $\lambda \in (0, 1)$ konzentrieren. Dann erhalten wir

$$\Gamma(\lambda)\Gamma(1-\lambda) = 4\int\limits_{0}^{\infty}\int\limits_{0}^{\infty} dx dy x^{2\lambda-1} y^{-2\lambda+1} e^{-x^2-y^2}$$

$$= 4\int\limits_{0}^{\pi/2} d\varphi(\cot\varphi)^{2\lambda-1} \int\limits_{0}^{\infty} d\rho\rho e^{-\rho^2} \,,$$

wobei wir die Polarkoordinaten $x = \rho\cos\varphi$, $y = \rho\sin\varphi$ benutzt haben.[3] Das resultierende Integral über ρ ist elementar und gleich $1/2$. Um das φ–Integral auszuwerten, setzen wir $x = \cot\varphi$:

$$\int\limits_{0}^{\pi/2} d\varphi(\cot\varphi)^{2\lambda-1} = \int\limits_{0}^{\infty} \frac{x^{2\lambda-1} dx}{x^2 + 1} \,.$$

---

[3] Dies ist ein nützlicher Kniff, der des Öfteren eine Anwendung in mathematischer Physik bei der Herleitung verschiedener Produktidentitäten findet. Damit lässt sich z. B. das Integral über die Gauss'sche Glockenkurve sehr elegant lösen.

Solche Integrale haben wir bereits in Abschn. 1.3.2 kennengelernt. Der Lösungsweg sieht wie folgt aus:

$$
\begin{aligned}
\int_0^\infty \frac{x^{2\lambda-1}dx}{x^2+1} &= \frac{\pi}{\sin(2\pi\lambda)} \sum_{\pm} \text{Res} \left.\frac{(-z)^{2\lambda-1}}{z^2+1}\right|_{z=\pm i} \\
&= \frac{\pi}{\sin(2\pi\lambda)} \left[\frac{(-i)^{2\lambda-1}}{2i} + \frac{(i)^{2\lambda-1}}{-2i} \right] \\
&= \frac{\pi}{2i\sin(2\pi\lambda)} \left(e^{-i\pi\lambda+i\pi/2} - e^{i\pi\lambda-i\pi/2} \right) = \frac{\pi\cos\pi\lambda}{\sin(2\pi\lambda)} = \frac{\pi}{2\sin\pi\lambda}.
\end{aligned}
$$

Damit stellen wir fest, dass die Gleichung

$$
\Gamma(\lambda)\Gamma(1-\lambda) = \frac{\pi}{\sin\pi\lambda}
$$

für alle $\lambda \in (0,1)$ gilt. Aus dem Theorem über die analytische Fortsetzung aus Abschn. 1.3.6 folgt, dass (2.6) auch für alle $z \in \mathbb{C}$ gilt. Als erste Anwendung lässt sich der Wert der Gamma-Funktion bei $z = 1/2$ ausrechnen,

$$
\Gamma(1/2) = \sqrt{\pi}. \tag{2.7}
$$

Setzt man $z \to \frac{1}{2} + z$, so erhält man einen weiteren Ergänzungssatz:

$$
\Gamma\left(\frac{1}{2}+z\right)\Gamma\left(\frac{1}{2}-z\right) = \frac{\pi}{\cos\pi z}. \tag{2.8}
$$

2.1.4 Stirling-Formel

In den kommenden Abschnitten werden wir sehr oft Integale über Gamma-Funktionen abschätzen müssen. Für diese Zwecke ist die folgende Asymptotik bei $|z| \to \infty$ sehr nützlich,

$$
\Gamma(z) = \sqrt{2\pi}\, z^{z-1/2} e^{-z} \left[1 + \frac{1}{12z} + O\left(\frac{1}{z^2}\right) \right]. \tag{2.9}
$$

Dieser Ausdruck wird *Stirling-Formel* genannt und gilt für $|\arg z| < \pi - \delta$, δ ist dabei ein kleiner Parameter. Der vollständige Beweis von (2.9) ist etwas länglich (die Entwicklung in eckigen Klammern hat Bernoulli-Zahlen als Koeffizienten) und kann z. B. in [28] nachgeschlagen werden. Im Grunde folgt (2.9) aus (2.2) und den Eigenschaften $\Gamma(1) = 1$ und $\Gamma(n) = (n-1)!$. Für positive ganze $z = n$ reduziert sich (2.9) auf die aus der elementaren Analysis bekannte Stirling-Formel für die Fakultät $n!$.

2.1.5 Euler'sches Integral erster Gattung

Das *Euler'sche Integral erster Gattung* wird für die Parameter Re $z > 0$, Re $w > 0$ wie folgt definiert:

$$B(z, w) = \int_0^1 t^{z-1}(1-t)^{w-1}dt \;. \tag{2.10}$$

Es ist auch unter dem Namen ‚*Beta-Funktion*' bekannt. Sie hat die Eigenschaft $B(z, w) = B(w, z)$, die aus der Symmetrie $t \leftrightarrow 1 - t$ folgt.

Die Beta-Funktion steht in einer einfachen Relation zur Gamma-Funktion:

$$B(z, w) = \frac{\Gamma(z)\Gamma(w)}{\Gamma(z + w)} \;. \tag{2.11}$$

Um dies zu zeigen, verfahren wir nach dem gleichen Muster wie in Abschn. 2.1.3 und berechnen das Produkt

$$\Gamma(z)\Gamma(w) = 4 \int_0^\infty \int_0^\infty dx\,dy \; x^{2z-1} y^{2w-1} e^{-x^2-y^2}$$

$$= 4 \int_0^\infty d\rho \; \rho^{2(z+w)-1} e^{-\rho^2} \int_0^{\pi/2} d\varphi \, (\cos\varphi)^{2z-1}(\sin\varphi)^{2w-1} \;.$$

Das Integral über ρ ist gleich $\Gamma(z + w)/2$. Im φ–Integral machen wir die Substitution $\sin^2\varphi = t$:

$$(\cos\varphi)^{2z-1}(\sin\varphi)^{2w-1}d\varphi = \frac{1}{2}(1-t)^{z-1}t^{w-1}dt \;,$$

und erhalten die Definition (2.10). Also gilt

$$\Gamma(z)\Gamma(w) = \Gamma(z + w)B(w, z) = \Gamma(z + w)B(z, w)$$

wie vorgeschlagen.

2.1.6 Legendre'sche Verdopplungsformel

Eine der einfachsten Anwendungen des Euler'schen Integrals ist die Herleitung der Verdopplungsformel für die Gamma-Funktion. Wir setzen $z = w$ und erhalten

$$B(z, z) = \int_0^1 t^{z-1}(1-t)^{z-1}dt = \int_0^1 [t(1-t)]^{z-1}dt \;.$$

Hier ist der Integrand offensichtlich symmetrisch um den Punkt $t = 1/2$ herum (d. h. bezüglich der Substitution $t \leftrightarrow 1 - t$), weswegen gilt

$$B(z,z) = 2 \int_0^{1/2} [t(1-t)]^{z-1} dt .$$

Nun setzen wir $t = (1 - \sqrt{\tau})/2$ ein, dann $dt = -d\tau/(4\sqrt{\tau})$, $t(1-t) = (1 - \sqrt{\tau})(1 + \sqrt{\tau})/4$ und folglich erhalten wir

$$B(z,z) = \frac{2}{4^z} \int_0^1 \tau^{-1/2}(1-\tau)^{z-1} d\tau = 2^{1-2z} B\left(\frac{1}{2}, z\right) .$$

Dieser Ausdruck wird *Legendre'sche Verdopplungsformel* genannt. Setzt man nun $\Gamma(1/2) = \sqrt{\pi}$ [s. (2.7)] ein und berücksichtigt die Relation (2.11), so erhält man die *Verdopplungsformel* für die Gamma-Funktion

$$\Gamma(2z) = \frac{2^{2z-1}}{\sqrt{\pi}} \Gamma(z) \Gamma\left(z + \frac{1}{2}\right) . \tag{2.12}$$

Während das Euler'sche Integral nur für $\mathrm{Re}\, z > 0$ konvergiert, gilt die Formel (2.12) interessanterweise für alle komplexen z im Sinne der analytischen Fortsetzung.

2.1.7 Produktdarstellung der Gamma-Funktion

Es ist nicht schwierig zu zeigen, dass für beliebige b und c die folgende bemerkenswerte Relation gilt:[4]

$$\lim_{u \to \infty} \frac{u^b \, \Gamma(u + c)}{u^c \, \Gamma(u + b)} = 1 . \tag{2.13}$$

Sie kann z. B. mithilfe der Stirling-Formel (2.9) verifiziert werden. Wir möchten nun $b = z + 1$, $c = 1$ setzen und u auf die ganzen Zahlen einschränken. Dann gilt

$$\lim_{n \to \infty} \frac{n^z \, \Gamma(n + 1)}{\Gamma(z + n + 1)} = 1 .$$

Benutzt man (2.3) sowie $\Gamma(1) = 1$, so erhält man

$$\lim_{n \to \infty} \frac{n^z \, n!}{z(z + 1) \ldots (z + n) \, \Gamma(z)} = 1 ,$$

---

[4] Der Beweis ist z. B. in Abschn. 1.1 von Ref. [24] zu finden.

was auf die folgende Produktdarstellung führt:

$$\Gamma(z) = \lim_{n \to \infty} \frac{n^z \, n!}{z \, (z+1) \cdots (z+n)} \, . \tag{2.14}$$

Offensichtlich gilt diese Darstellung für alle komplexen Zahlen z, mit Ausnahme der Pole $z = 0, -1, -2, \dots$. Mithilfe dieses Resultats lassen sich einige wichtige Relationen auf sehr bequeme Weise verifizieren. Zum Beispiel erhalten wir

$$\begin{aligned}
\Gamma(z+1) &= \lim_{n \to \infty} \frac{n^{z+1} \, n!}{(z+1) \cdots (z+n+1)} \\
&= \lim_{n \to \infty} \frac{nz}{z+n+1} \lim_{n \to \infty} \frac{n^z \, n!}{z(z+1) \cdots (z+n)} = z \, \Gamma(z) \, ,
\end{aligned}$$

was nichts anderes als die Funktionalgleichung (2.2) ist.

Man kann die Austauschbarkeit der Darstellungen (2.1) und (2.14) auch auf einem anderen Weg zeigen. Zu diesem Zweck betrachten wir das Integral

$$G_n(z) = \int_0^n \left(1 - \frac{t}{n}\right)^n t^{z-1} dt$$

für Re $z > 0$. Es ist aus der elementaren Analysis bekannt, dass der Grenzwert von $(1 - t/n)^n$ bei $n \to \infty$ durch die Exponentialfunktion e^{-t} gegeben ist. Man sollte daher erwarten, dass im gleichen Grenzfall $G_n(z)$ der Gamma-Funktion beliebig nahe kommt. Um dies zu untermauern, setzen wir $t = n(1 - e^{-v})$, sodass das oben angegebene Integral sich auf folgende Weise umschreibt:

$$G_n(z) = n^z \int_0^\infty v^{z-1} e^{-nv} f(v) dv \, , \quad f(v) = \left(\frac{1 - e^{-v}}{v}\right)^{z-1} e^{-v} \, ,$$

wobei $f(v)$ eine stetige Funktion von v mit dem Randwert $f(0) = 1$ ist. Im Grenzfall $n \to \infty$ gilt daher

$$G_n(z) = \Gamma(z) \Big[1 + O(n^{-1})\Big] \, .$$

Andererseits kann man zeigen, dass $G_n(z)$ auch mit der Darstellung (2.14) kompatibel ist. Die Substitution $\tau = t/n$ resultiert in

$$G_n(z) = n^z \int\limits_0^1 (1-\tau)^n \tau^{z-1} d\tau = n^z \Big[\underbrace{\frac{1}{z}\tau^z(1-\tau)^n \Big|_0^1}_{=0} + \frac{n}{z} \int\limits_0^1 (1-\tau)^{n-1}\tau^z d\tau \Big]$$

$$= n^z \frac{n(n-1)}{z(z+1)} \int\limits_0^1 (1-\tau)^{n-2}\tau^{z+1} d\tau = \ldots$$

$$= \frac{1 \cdot 2 \ldots n}{z(z+1)\ldots(z+n)} n^z .$$

Nach der Grenzwertbildung $n \to \infty$ erhält man das gewünschte Ergebnis (2.14).

Die Produktdarstellung (2.14) kann zur Herleitung verschiedener anderer Identitäten eingesetzt werden. Als Erstes könnten wir die rechte Seite in der folgenden Form ausschreiben,

$$\lim_{n\to\infty} \frac{n!n^z}{z(z+1)\ldots(z+n)} = \lim_{n\to\infty} \frac{e^{z\ln n}}{z} \prod_{k=1}^n \Big(1+\frac{z}{k}\Big)^{-1}$$

$$= \frac{e^{-\lim_{n\to\infty}(1+\frac{1}{2}+\ldots+\frac{1}{n}-\ln n)z}}{z} \prod_{k=1}^\infty \Big(1+\frac{z}{k}\Big)^{-1} e^{z/k} .$$

Der Grenzwert

$$\gamma = \lim_{n\to\infty} \Big[\sum_{k=1}^n \frac{1}{k} - \ln(n)\Big] = 0.5772157\ldots$$

ist eine universelle *Euler-Mascheroni-Konstante*. Damit erhalten wir die *Weierstraß'sche Produktformel*

$$\Gamma(z) = \frac{e^{-\gamma z}}{z} \prod_{n=1}^\infty \Big[\Big(1+\frac{z}{n}\Big)^{-1} e^{z/n}\Big] . \tag{2.15}$$

Hier erkennt man auch, dass die Pole der Gamma-Funktion bei negativen ganzen Zahlen liegen.

Auch der Ergänzungssatz (2.6) folgt direkt aus (2.14):

$$\frac{1}{\Gamma(z)\Gamma(-z)} = -\frac{z}{\Gamma(z)\Gamma(1-z)} = -z^2 \prod_{k=1}^\infty \Big(1-\frac{z^2}{k^2}\Big) = -\frac{z\sin\pi z}{\pi} .$$

Eine analoge Rechnung könnte auch für die Verdopplungsformel (2.12) angestellt werden.

Außerdem ermöglicht die Produktdarstellung (2.14) die Herleitung der *Gauss'-schen Multiplikationsformel*:

$$\Gamma(z)\Gamma\left(z + \frac{1}{m}\right)\ldots\Gamma\left(z + \frac{m-1}{m}\right) = (2\pi)^{\frac{1}{2}(m-1)}m^{\frac{1}{2}-mz}\Gamma(mz), \qquad (2.16)$$

wobei $m = 2, 3, \ldots$. Um dies zu zeigen, benutzen wir eine leichte Abwandlung von (2.14) für $\Gamma(mz)$,

$$\Gamma(mz) = \lim_{n\to\infty}\frac{(mn)!(mn)^{mz}}{\prod_{k=0}^{mn}(mz+k)}. \qquad (2.17)$$

Für die linke Seite von (2.16) erhalten wir

$$\left[\prod_{k=0}^{m-1}\Gamma\left(z + \frac{k}{m}\right)\right]^{-1} = \lim_{n\to\infty}\frac{1}{(n!)^m n^{mz+(m-1)/2}m^{mn+m}}\prod_{k=0}^{nm+m-1}(mz+k).$$

Kombiniert man diese Gleichung mit (2.17), so erhält man

$$\frac{(m)^{-mz}\Gamma(mz)}{\prod_{k=0}^{m-1}\Gamma(z+\frac{k}{m})} = \lim_{n\to\infty}\frac{(mn)!\,n^{(m-1)/2}}{(n!)^m\,m^{mn+m}}\prod_{k=nm+1}^{nm+m-1}[(mz+k)/n]. \qquad (2.18)$$

Für das Produkt auf der rechten Seite gilt die Abschätzung:

$$\lim_{n\to\infty}\prod_{k=nm+1}^{nm+m-1}[(mz+k)/n] = m^{m-1}.$$

Aufgrund der Stirling-Formel

$$n! \sim \sqrt{2\pi n}\,(n/e)^n \qquad (2.19)$$

erhalten wir andererseits für den Vorfaktor

$$\lim_{n\to\infty}\frac{(mn)!\,n^{(m-1)/2}}{(n!)^m m^{mn+m}} = (2\pi)^{-\frac{1}{2}(m-1)}m^{\frac{1}{2}-m},$$

sodass die rechte Seite von (2.18) zu $m^{-\frac{1}{2}}(2\pi)^{-\frac{1}{2}(m-1)}$ wird, was nicht mehr von z abhängt. Damit erhält man das Endergebnis

$$\frac{\Gamma(mz)}{\prod_{k=0}^{m-1}\Gamma(z+\frac{k}{m})} = (2\pi)^{-\frac{1}{2}(m-1)}m^{-\frac{1}{2}+mz}.$$

Eine weitere interessante Form der Multiplikationsformel (2.16) erhält man nach der Substitution $z = 1/m$,

$$\Gamma\left(\frac{1}{m}\right)\Gamma\left(\frac{2}{m}\right)\ldots\Gamma\left(\frac{m-1}{m}\right) = \frac{(2\pi)^{\frac{1}{2}(m-1)}}{\sqrt{m}}, \quad m = 2, 3, \ldots .$$

2.2 Mellin-Transformation

Wir möchten nun zur Definition (2.1) zurückkehren und die Integrationsvariable mit dem Faktor p umskalieren, $t \to p\,t$,

$$\int\limits_0^\infty dt\, t^{z-1}\, e^{-pt} = \Gamma(z)/p^z\,. \qquad (2.20)$$

In dieser Formel erkennt man sofort die Laplace-Transformation der Potenzfunktion $f(t) = t^{z-1}$. Man kann diesen Ausdruck auch als eine Integraltransformation von e^{-pt} interpretieren, wobei t^{z-1} dann ihr Kern ist. Dies ist die sogenannte *Mellin-Transformation*. Sie ist formal definiert durch

$$F_M(s) = \int\limits_0^\infty dx\, f(x)\, x^{s-1}\,, \qquad (2.21)$$

solange das Integral konvergent ist. Im Allgemeinen existiert es in einem Streifen der komplexen Ebene, ähnlich der Fourier-Transformation.

Es sei $f(x)$ eine auf der positiven reellen Halbachse stetige Funktion. In Analogie zu den exponentiellen Schrankenparametern können wir *polynomiale Schrankenparameter* α_0 and α_∞ einführen. Wir definieren sie durch

$$\lim_{x \to 0} |f(x)| \le C_0\, x^{\alpha_0} \qquad \text{und} \qquad \lim_{x \to \infty} |f(x)| \le C_\infty\, x^{\alpha_\infty}\,,$$

wobei $C_{0,\infty}$ positive Konstanten bezeichnen. Mit ihrer Hilfe können wir dann folgende Abschätzungen vornehmen:

$$\left| \int\limits_0^\infty dx\, f(x) x^{s-1} \right| \le \int\limits_0^1 dx\, |f(x)| x^{\text{Re}(s)-1} + \int\limits_1^\infty dx\, |f(x)| x^{\text{Re}(s)-1}$$

$$\le C_0 \int\limits_0^1 dx\, x^{\text{Re}(s)+\alpha_0-1} + C_\infty \int\limits_1^\infty dx\, x^{\text{Re}(s)+\alpha_\infty-1}\,.$$

Die beiden letzten Integrale existieren bei jeweils $\text{Re}(s) > -\alpha_0$ und $\text{Re}(s) < -\alpha_\infty$. Die Mellin-Transformierte von $f(x)$ existiert also für ein beliebiges komplexes s aus dem *Fundamentalstreifen* $-\alpha_0 < \text{Re}(s) < -\alpha_\infty$. Für die Exponentialfunktion ist der Streifen offensichtlich $(0, \infty)$. Im Gegensatz dazu gilt für beliebige Polynome $\alpha_\infty > \alpha_0$; die entsprechende Mellin-Transformierte existiert also nicht.

Bereits aus dem Vergleich von (2.1) und (2.20) erkennt man den Zusammenhang zwischen der Mellin-Transformation und der Gamma-Funktion: Die Transformierte der Exponentialfunktion ist $\Gamma(s)$. Weitere interessante Beispiele sind die folgenden:

- für $f(t) = e^{-1/t}/t$ erhalten wir

$$F_M(s) = \int\limits_0^\infty dt\, \frac{e^{-1/t}}{t}\, t^{s-1} \underset{1/t=x}{\Rightarrow} \int\limits_0^\infty dx\, x^{-s} e^{-x} = \Gamma(1-s)\,,$$

- für $f(t) = (1+t)^{-a}$ setzen wir $t = x(1-x)^{-1}$ ein, das führt zu $(1+t)^{-1} = 1 - x$, $dt = (1-x)^{-2}dx$ und damit auf:

$$F_M(s) = \int\limits_0^\infty t^{s-1}(1+t)^{-a}dt = \int\limits_0^1 x^{s-1}(1-x)^{a-s-1}dx = B(s, a-s)$$

$$= \frac{\Gamma(s)\Gamma(a-s)}{\Gamma(a)}\,,$$

wobei wir im letzten Schritt die Definition der Beta-Funktion (2.10) benutzt haben.

Die Mellin-Rücktransformation verläuft nach der Vorschrift

$$f(x) = \frac{1}{2\pi i} \int\limits_{c-i\infty}^{c+i\infty} ds\, F_M(s)\, x^{-s}\,, \qquad (2.22)$$

wobei c eine Zahl aus dem Fundamentalstreifen ist. Der Integrationsweg ist also eine zur imaginären Achse parallele Gerade mit Re $s = c$. Um diese Formel herzuleiten, führen wir in (2.21) die Substitutionen $x = e^{-\xi}$ und $s = c + 2\pi i\beta$ durch. Die Mellin-Transformation schreibt sich dann wie folgt:

$$F_M(s) = \int\limits_{-\infty}^\infty d\xi\, f(e^{-\xi}) e^{-c\xi} e^{-2\pi i\beta\xi}\,.$$

Für ein festes c aus dem Fundamentalstreifen entspricht die Mellin-Transformation also einer Fourier-Transformation. Wenden wir nun die Fourier-Rücktransformation an, so erhalten wir

$$f(e^{-\xi})e^{-c\xi} = \int\limits_{-\infty}^\infty F_M(s) e^{2\pi i\beta\xi} d\beta\,.$$

Nach dem Wiederherstellen der Variablen $x = e^{-\xi}$ ergibt sich dann

$$f(x) = x^{-c} \int\limits_{-\infty}^\infty F_M(s) x^{-2\pi i\beta} d\beta = \frac{1}{2\pi i} \int\limits_{c-i\infty}^{c+i\infty} F_M(s) x^{-s} ds\,.$$

Die Mellin-Transformation hat einige interessante Eigenschaften, die wir in den kommenden Kapiteln benutzen werden. Wahrscheinlich ist die wichtigste unter ihnen die Transformierte einer Funktion mit skaliertem Argument $f(x) = g(ax)$,

$$F_M(s) = \int_0^\infty dx\, g(ax)\, x^{s-1} = a^{-s} \int_0^\infty dx\, g(x)\, x^{s-1} = a^{-s} G_M(s)\,. \qquad (2.23)$$

Diese Eigenschaft ist besonders praktisch bei der Lösung der Funktionalgleichungen der folgenden Form:

$$f(x) = g(x) + f(ax)\,. \qquad (2.24)$$

Nach der Mellin-Transformation wird sie zu einer elementaren algebraischen Gleichung,

$$F_M(s) = G_M(s)/(1 - a^{-s})\,.$$

Diese Eigenschaft können wir beim Herleiten der folgenden bemerkenswerten Relation ausnutzen.

Beispiel 2.1 Wir möchten die *Jacobi'sche Thetafunktion* betrachten, die wie folgt definiert ist

$$\vartheta_3(0, e^{-\pi x}) = 1 + 2\sum_{n=1}^\infty e^{-\pi x n^2} = 1 + 2f(x)\,,$$

und zeigen, dass für sie die Relation

$$\sqrt{y}\,\vartheta_3(0, y) = \vartheta_3(0, 1/y) \qquad \text{oder} \qquad 1 + 2f(x) = \frac{1}{\sqrt{x}} + \frac{2}{\sqrt{x}}\,f(1/x) \quad (2.25)$$

gilt. Es lässt sich leicht feststellen, dass die Mellin-Transformierte von $f(x)$ gegeben ist durch

$$F_M(s) = \frac{1}{\pi^s}\,\Gamma(s)\,\zeta(2s)\,,$$

wobei

$$\zeta(s) = \sum_{n=1}^\infty \frac{1}{n^s} \qquad (2.26)$$

die Riemannsche *Zeta-Funktion* bezeichnet. Der Fundamentalstreifen von $f(x)$ ist $\mathrm{Re}\, s > 0$, sodass für die Rücktransformation gilt

$$f(x) = \frac{1}{2\pi i} \int_{1-i\infty}^{1+i\infty} ds\, x^{-s}\, \frac{1}{\pi^s}\,\Gamma(s)\,\zeta(2s)\,.$$

Die Integrationskontur P verläuft dabei wie auf Abb. 2.1 gezeigt. Der Integrand $F_M(s)$ hat zwei Pole bei $s = 0$ und $s = 1/2$, deren Residuen an den entsprechenden Entwicklungen abgelesen werden können,

$$F(s)\Big|_{s\to 0} = -\frac{1}{2s} + \dots\,, \qquad F(s)\Big|_{s\to 1/2} = -\frac{1}{2(s - 1/2)} + \dots$$

Abb. 2.1 Darstellung der
in Beispiel 2.1 benutzten
Konturverschiebung

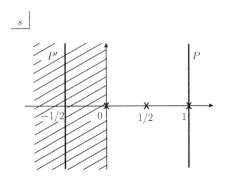

Nun verschieben wir die Kontur nach links in die ‚verbotene' Region, $P \to P'$.
Dabei werden zwei Integrationen entlang der ‚Blasen' um die Pole herum zurück-
bleiben. Diese Prozedur resultiert in

$$f(x) = -\frac{1}{2} + \frac{1}{2\sqrt{x}} + \frac{1}{2\pi i} \int\limits_{-1/2-i\infty}^{-1/2+i\infty} ds \, x^{-s} \frac{1}{\pi^s} \, \Gamma(s)\,\zeta(2s) \, .$$

Führt man die Substitution $s \to 1/2 - s$ durch, kehrt die Kontur wieder zu ihrer
alten Lage bei P zurück, und es ergibt sich

$$f(x) = -\frac{1}{2} + \frac{1}{2\sqrt{x}} - \frac{1}{2\pi i} \int\limits_{1-i\infty}^{1+i\infty} ds \, x^{-1/2+s} \frac{1}{\pi^{1/2-s}} \, \Gamma(1/2-s)\,\zeta(1-2s) \, .$$

Im nächsten Schritt benutzen wir die Identität[5]

$$\Gamma(1/2-s)\,\zeta(1-2s) = \frac{1}{\pi^{2s-1/2}} \Gamma(s)\,\zeta(2s) \tag{2.27}$$

und erhalten

$$f(x) = -\frac{1}{2} + \frac{1}{2\sqrt{x}} + \frac{1}{2\pi i \, \sqrt{x}} \int\limits_{1-i\infty}^{1+i\infty} ds \, x^s \frac{1}{\pi^s} \, \Gamma(s)\,\zeta(2s)$$

$$= -\frac{1}{2} + \frac{1}{2\sqrt{x}} + \frac{1}{\sqrt{x}} f(1/x) \, .$$

Hier erkennen wir die gesuchte Relation (2.25).

---

[5] Sie folgt aus der sogenannten *Hurvitz-Formel*, s. z. B. §13.15 von [28].

2.3 Die Reihenentwicklung

Für die numerische Auswertung der Gamma-Funktion in der Umgebung eines Punktes $z \in \mathbb{C}$ ist es oft praktisch, ihre Reihenentwicklung zu kennen. Um diese herzuleiten, führen wir zunächst die *Psi-Funktion* (manchmal auch *Digamma-Funktion* genannt) ein. Sie ist nichts anderes als die logarithmische Ableitung von $\Gamma(z)$:

$$\Psi(z) = \frac{\Gamma'(z)}{\Gamma(z)} = \frac{d}{dz} \ln \Gamma(z) \,. \tag{2.28}$$

Ihre Eigenschaften können direkt von denen der Gamma-Funktion abgeleitet werden.

Berechnet man den Logarithmus der Weierstraß'schen Formel (2.15) und leitet anschließend ab, so erhält man die Reihendarstellung der Psi-Funktion,

$$\Psi(z) = -\gamma + \sum_{k=1}^{\infty} \left(\frac{1}{k} - \frac{1}{z+k-1} \right) \,. \tag{2.29}$$

Dadurch, dass die Summe bei $\operatorname{Re} z > 0$ absolut konvergent ist, ist $\Psi(z)$ genauso wie die Gamma-Funktion analytisch in diesem Gebiet.[6] Aus der Struktur der Reihe (2.29) lässt sich auch folgende *Rekursionsrelation* herleiten

$$\Psi(z) = \Psi(z+1) - \sum_{k=1}^{\infty} \left(\frac{1}{z+k-1} - \frac{1}{z+k} \right) = \Psi(z+1) - \frac{1}{z} \,, \tag{2.31}$$

die gleichzeitig als Vorschrift für die analytische Fortsetzung ins Gebiet $\operatorname{Re} z < 0$ verstanden werden kann. Nach einer wiederholten Anwendung dieser Gleichung erhält man nämlich

$$\Psi(z) = \Psi(z+1) - \frac{1}{z} = \Psi(z+2) - \frac{1}{z} - \frac{1}{z+1} = \cdots$$
$$= \Psi(z+n) - \frac{1}{z} - \frac{1}{z+1} - \cdots - \frac{1}{z+n-1} \,.$$

Diese Formel bestimmt $\Psi(z)$ im Streifen $-n < \operatorname{Re} z < -n+1$. Die Funktionswerte bei $z = -n$ ($n = 0, 1, 2, \ldots$) sind auf diesem Weg jedoch nicht erreichbar. Dies sind die einfachen Pole der Psi-Funktion, sie hat keine weiteren Singularitäten.

---

[6] Wenn wir nämlich (2.29) mehrmalig ableiten, erhalten wir

$$\Psi^{(n)}(z) = \frac{d^n}{dz^n} \Psi(z) = (-1)^{n+1} n! \sum_{k=1}^{\infty} \frac{1}{(k+z-1)^{n+1}} \,. \tag{2.30}$$

Die erste Ableitung $\Psi^{(1)} = \sum_{k=1}^{\infty} (k+z-1)^{-2}$ ist genauso wie alle höheren Ableitungen offensichtlich konvergent bei $\operatorname{Re} z > 0$.

Offensichtlich sind die Nullstellen der Psi-Funktion die Extrema der Gamma-Funktion. Aus der Reihendarstellung (2.29) bzw. der Rekursionsrelation (2.31) erhält man $\Psi(1) = -\gamma$ und $\Psi(2) = 1 - \gamma$. Daraus folgt, dass $\Psi(z)$ auf der reellen positiven Halbachse eine Nullstelle bei $\operatorname{Re} z = x_0 \in (1, 2)$ hat. Auf der negativen Halbachse hat die Psi-Funktion je eine Nullstelle zwischen jeweils zwei negativen ganzen Zahlen (die Pole der Gamma-Funktion sind).

Bei $\operatorname{Re} z > 0$ ist die Psi-Funktion durch das Integral

$$\Psi(z) = \int\limits_0^\infty \left[e^{-\xi} - (1 + \xi)^{-z} \right] \frac{d\xi}{\xi} \qquad (2.32)$$

gegeben. Um diese Darstellung herzuleiten, fangen wir mit dem folgenden zweifachen Integral an:

$$I(t) = \int\limits_0^\infty \left(\int\limits_1^t e^{-sz} ds \right) dz = \int\limits_0^\infty \frac{e^{-z} - e^{-tz}}{z} \, dz \ .$$

Wenn wir in diesem Ausdruck die Integrale in der umgekehrten Reihenfolge auswerten, erhalten wir

$$I(t) = \int\limits_1^t \left(\int\limits_0^\infty e^{-sz} dz \right) ds = \int\limits_1^t \frac{dt}{t} = \ln t \ .$$

Aus dem Vergleich der beiden letzten Formeln folgt also

$$\int\limits_0^\infty \frac{e^{-z} - e^{-tz}}{z} \, dz = \ln t \ . \qquad (2.33)$$

Im nächsten Schritt stellen wir fest, dass für die Ableitung der Gamma-Funktion gilt

$$\Gamma'(z) = \int\limits_0^\infty e^{-t} t^{z-1} \ln t \, dt \ .$$

Ersetzt man nun in diesem Ausdruck $\ln t$ durch (2.33), so erhält man

$$\Gamma'(z) = \int\limits_0^\infty \left(e^{-\xi} \underbrace{\int\limits_0^\infty t^{z-1} e^{-t} dt}_{\Gamma(z)} - \underbrace{\int\limits_0^\infty t^{z-1} e^{-t(1+\xi)} dt}_{(1+\xi)^{-z} \Gamma(z)} \right) \frac{d\xi}{\xi}$$

$$= \Gamma(z) \int\limits_0^\infty \left[e^{-\xi} - (1 + \xi)^{-z} \right] \frac{d\xi}{\xi} \ ,$$

was sofort zu (2.32) führt.

Mithilfe der logarithmischen Ableitung des Ergänzungssatzes (2.6) sowie der Verdopplungsformel (2.12) für die Gamma-Funktion erhalten wir die entsprechenden Relationen für die Psi-Funktion:

$$\Psi(1 - z) = \Psi(z) + \pi \cot \pi z \, ,$$

$$2\Psi(2z) = \Psi(z) + \Psi\left(z + \frac{1}{2}\right) + 2\ln 2 \, .$$

Setzt man in der letzteren Formel $z = 1/2$, so ergibt sich das folgende wichtige Resultat:

$$\Psi\left(\frac{1}{2}\right) = -\gamma - 2\ln 2 \, .$$

Mithilfe der oben hergeleiteten Formeln können wir nun die Entwicklungen von $\Psi(z)$ und $\Gamma(z)$ in der Nähe von $z = 0$ und $z = 1$ bestimmen. Setzt man in (2.30) $z = 1$ ein, so ergibt sich

$$\Psi^{(n)}(1) = (-1)^{n+1} n! \zeta(n + 1) \, ,$$

wobei $\zeta(k)$ die bei $k > 1$ konvergente Zeta-Funktion bezeichnet [s. die Definition (2.26)]. Dieses Ergebnis kann benutzt werden, um die Taylor-Reihe für die Psi-Funktion aufzustellen,

$$\Psi(1 + z) = -\gamma + \sum_{k=2}^{\infty} (-1)^k \zeta(k) z^{k-1} \, ,$$

die im Kreis $|z| < 1$ konvergiert. Diese Relation kann nun integriert werden, dabei entsteht eine Reihenentwicklung der Gamma-Funktion:

$$\ln\left[\Gamma(1 + z)\right] = -\gamma z + \sum_{k=2}^{\infty} \frac{(-1)^k \zeta(k)}{k} z^k \, ,$$

die ebenfalls in dem Einheitskreis $|z| < 1$ konvergent ist. Berücksichtigt man jetzt die Rekursionsrelation (2.2), so lässt sich auch die Entwicklung in der Nähe von $z = 0$ extrahieren,

$$\Gamma(z) = e^{-\gamma z}\left[\frac{1}{z} + \frac{\zeta(2)}{2} z + O(z^2)\right] \, .$$

Diese Entwicklung gilt für $|z| \ll 1$. Wie wir bereits früher festgestellt haben, besitzt die Gamma-Funktion bei $z = 0$ einen einfachen Pol.

Abb. 2.2 Zur Konturintegraldarstellung der Gamma-
Funktion, s. Abschn. 2.3.1

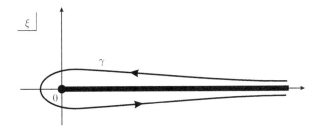

2.3.1 Konturintegraldarstellung von Hankel

Wir möchten das folgende Integral

$$I_\gamma(z) = \int_\gamma d\xi \, (-\xi)^{z-1} \, e^{-\xi}$$

entlang eines Weges γ betrachten, der am Punkt $x+i0^+$, $x > 0$, gleich oberhalb der reellen Achse anfängt, den Koordinatenursprung im Gegenuhrzeigersinn umrundet und zum Punkt $x-i0^+$, gleich unterhalb der reellen Achse, zurückkehrt, s. Abb. 2.2. Die komplexe Ebene schneiden wir entlang der positiven reellen Achse und wählen den analytischen Zweig der mehrwertigen Funktion $(-\xi)^{z-1}$ so, dass $\ln(-\xi)$ auf der negativen reellen Halbachse rein reell wird, d. h. $(-\xi)^{z-1} = \exp[(z-1)\ln(-\xi)]$ und $-\pi \le \arg(-\xi) \le \pi$ wie in unserer Standarddefinition des Argumenten.

Im nächsten Schritt lassen wir die Kontur auf den Schnitt ‚zusammenfallen'. Dabei entstehen zwei gerade Wege $C_\pm$ entlang der oberen und unteren Schnittkanten sowie ein kreisförmiges Segment C_ρ mit dem Radius ρ am Koordinatenursprung, s. Abb. 2.3. Auf $C_\pm$ haben wir dann $\arg(-\xi) = \mp\pi$, sodass $(-t)^{z-1} = e^{\mp i(z-1)}\xi^{z-1}$ auf den entsprechenden Teilkonturen. Auf C_ρ wählen wir wiederum die Parametrisierung $(-\xi) = \rho \, e^{i\theta}$. Das komplette Integral sieht dann wie folgt aus:

$$I_\gamma(z) = \int_{C_+} + \int_{C_\rho} + \int_{C_-} = \int_x^\rho d\xi \, e^{-i\pi(z-1)} \, \xi^{z-1} \, e^{-\xi}$$

$$+ \int_{-\pi}^\pi \rho e^{i\theta} \, i \, d\theta \, (\rho \, e^{i\theta})^{z-1} \, e^{-\rho(\cos\theta + i\sin\theta)} + \int_\rho^x d\xi \, e^{i\pi(z-1)} \, \xi^{z-1} \, e^{-\xi}$$

$$= -2i \sin(\pi z) \int_\rho^x d\xi \, \xi^{z-1} \, e^{-\xi} + i\rho^z \int_{-\pi}^\pi d\theta \, e^{iz\theta - \rho(\cos\theta + i\sin\theta)} \, .$$

Abb. 2.3 Die auf Abb. 2.2 gezeigte Kontur nach der Deformation

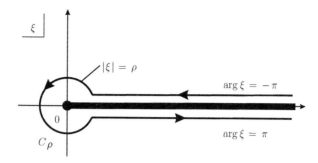

Für Re $z > 0$ stellt man fest, dass das letztere Integral im Grenzfall $\rho \to 0$ aufgrund des Vorfaktors verschwindet, was zu

$$I_\gamma(z) = -2i\,\sin(\pi z) \int_0^x d\xi\,\xi^{z-1}\,e^{-\xi}$$

führt. Im letzten Schritt setzen wir $x \to \infty$ und erhalten

$$\Gamma(z) = -\frac{1}{2i\,\sin(\pi z)} \int_\gamma d\xi\,(-\xi)^{z-1}\,e^{-\xi}\,. \tag{2.34}$$

Dies ist die Hankel'sche Konturintegraldarstellung der Gamma-Funktion.

Es ist wichtig, dass die Kontur γ den Punkt $\xi = 0$ nicht enthält, weswegen das Integral in (2.34) eine auf der ganzen komplexen Ebene analytische Funktion ist. Aus diesem Grund ist die Formel (2.34) für alle z außer $z = 0, \pm 1, \pm 2, \ldots$, an welchen $\sin(\pi z) = 0$, gültig.

2.4 Hypergeometrische Reihen: Grundeigenschaften

2.4.1 Definition und Konvergenzeigenschaften

Die Reihe

$$F(a, b; c; z) = \sum_{n=0}^{\infty} \frac{(a)_n (b)_n}{(c)_n} \frac{z^n}{n!} \tag{2.35}$$

wird *hypergeometrische Reihe* genannt.[7] Die Koeffizienten enthalten die *Poch-hammer-Symbole*, die auf folgende Weise definiert sind:

$$(a)_n = a(a+1)\ldots(a+n-1) = \frac{\Gamma(a+n)}{\Gamma(a)}\,. \tag{2.36}$$

---

[7] In manchen modernen Abhandlungen wird die Notation $_2F_1(a, b; c; z)$ benutzt, um die Zahl der Parameter anzugeben. Wir halten das jedoch für überflüssig.

Im einfachsten Fall gilt $(1)_n = n!$.[8] Ähnliche Definitionen gelten für $(b)_n = \Gamma(b + n)/\Gamma(b)$ und $(c)_n = \Gamma(c + n)/\Gamma(c)$. Im Allgemeinen sind a, b und c komplexe Parameter. Offensichtlich ist (2.35) symmetrisch bezüglich der Ersetzung $a \leftrightarrow b$.

Ab jetzt werden wir für den generischen Koeffizienten der hypergeometrischen Reihe auch die Notation

$$A_n = \frac{(a)_n (b)_n}{(c)_n n!} \tag{2.37}$$

benutzen, damit ist $F(a, b; c; z) = \sum_{n=0}^{\infty} A_n z^n$. Benutzt man das Quotientenkriterium der Reihenkonvergenz, so erhält man

$$\lim_{n \to \infty} \left| \frac{A_{n+1} z^{n+1}}{A_n z^n} \right| = \left[\lim_{n \to \infty} \frac{(n + a)(n + b)}{(n + c)(n + 1)} \right] |z| = |z| .$$

Die Reihe (2.35) ist also absolut konvergent im Einheitskreis $|z| < 1$, in dem es eine analytische Funktion definiert – die *hypergeometrische Funktion*. Genauso wie die Gamma-Funktion kann sie auch außerhalb des Kreises analytisch fortgesetzt werden. Dies werden wir in den kommenden Abschnitten durchführen.

2.4.2 Spezialfälle

Alle elementaren Funktionen und viele der speziellen Funktionen, einschließlich orthogonaler Polynome, können als Spezialfälle der hypergeometrischen Funktion aufgefasst werden. Hier möchten wir einige Beispiele dafür diskutieren.

(i) Für $b = c$ erkennen wir die folgende elementare Reihe:[9]

$$F(a, b; b; z) = \sum_{n=0}^{\infty} \frac{(a)_n}{n!} z^n = (1 - z)^{-a} , \tag{2.38}$$

die interessanterweise nicht mehr von b abhängt. Hier ist der Konvergenzkreis $|z| < 1$ sofort zu erkennen. An der rechten Seite der Gleichung sieht man jedoch auch, dass diese Reihe auch für $|z| > 1$ und auf der ganzen komplexen Ebene (s.

---

[8] Der Grund dafür ist natürlich die Rekursionseigenschaft $\Gamma(z + 1) = z\,\Gamma(z)$.

[9] Alternativ dazu können wir auch die Taylor-Koeffizienten ausrechnen:

$$\frac{d^n}{dz^n}(1 - z)^{-a} = a \frac{d^{n-1}}{dz^{n-1}}(1 - z)^{-a-1} = \ldots = a(a + 1)\ldots(a + n - 1)(1 - z)^{-a-n}$$

und uns vergewissern, dass sie der notwendigen Bedingung

$$\frac{d^n}{dz^n}(1 - z)^{-a}\Big|_{z=0} = (a)_n$$

genügen.

auch die Diskussion in Abschn. 1.3.6) mit Ausnahme des singulären Punkts $|z| = 1$ und eines Schnitts bei $z \in [1, \infty)$ bei allen nicht ganzen a definiert werden kann. Wir werden später sehen, dass auch die allgemeine hypergeometrische Reihe diese Eigenschaften teilt. Bei $a = 1$ erhält man offensichtlich die elementare geometrische Reihe,

$$F(1, b; b; z) = \sum_{n=0}^{\infty} z^n = \frac{1}{1-z} . \tag{2.39}$$

(ii) Für $b = a + 1/2$ und $c = 3/2$ erhalten wir

$$F\left(a, \frac{1}{2} + a; \frac{3}{2}; z^2\right) = \frac{1}{2z(1-2a)} \left[(1+z)^{1-2a} - (1-z)^{1-2a} \right] . \tag{2.40}$$

Insbesondere bei $a = 1$ und $b = c$ reduziert sich dieses Ergebnis auf die Situation aus **(i)**: $F\left(1, 3/2; 3/2; z^2\right) = (1 - z^2)^{-1}$. Um (2.40) im allgemeinen Fall zu zeigen, gehen wir wie folgt vor:

$$A_n = \frac{\Gamma(a+n)\Gamma(a + \frac{1}{2} + n)\Gamma(\frac{3}{2})}{\Gamma(a)\Gamma(a + \frac{1}{2})\Gamma(\frac{3}{2} + n)n!} = \frac{\Gamma(2a + 2n)}{\Gamma(2a)(2n+1)!} .$$

Dies führt zu

$$F\left(a, \frac{1}{2} + a; \frac{3}{2}; z^2\right) = \frac{1}{z(2a-1)} \sum_{n=0}^{\infty} \frac{\Gamma(2a - 1 + 2n + 1)}{\Gamma(2a - 1)(2n+1)!} z^{2n+1} .$$

Dadurch, dass in diesem Ausdruck nur ungerade Potenzen von z beitragen, dürfen wir eine ähnliche Reihe mit geraden Potenzen dazu addieren und wieder abziehen, dabei entsteht

$$F(\ldots)$$

$$= \frac{1}{2z(2a-1)} \left[\sum_{n=0}^{\infty} \frac{\Gamma(2a - 1 + 2n + 1)}{\Gamma(2a - 1)(2n+1)!} z^{2n+1} + \sum_{n=0}^{\infty} \frac{\Gamma(2a - 1 + 2n)}{\Gamma(2a - 1)(2n)!} z^{2n} \right]$$

$$+ \frac{1}{2z(2a-1)} \left[\sum_{n=0}^{\infty} \frac{\Gamma(2a - 1 + 2n + 1)}{\Gamma(2a - 1)(2n+1)!} z^{2n+1} - \sum_{n=0}^{\infty} \frac{\Gamma(2a - 1 + 2n)}{\Gamma(2a - 1)(2n)!} z^{2n} \right] .$$

Das kann wiederum in folgender Form umgeschrieben werden:

$$F(\ldots) = \frac{1}{2z(2a-1)} \left[\underbrace{\sum_{k=0}^{\infty} \frac{\Gamma(2a - 1 + k)}{\Gamma(2a - 1)k!} z^k}_{(1-z)^{-2a+1}} - \underbrace{\sum_{k=0}^{\infty} \frac{\Gamma(2a - 1 + k)}{\Gamma(2a - 1)k!} (-z)^k}_{(1+z)^{-2a+1}} \right] ,$$

wobei wir im letzten Schritt die Relation (2.38) benutzt haben.

Es ist bemerkenswert, dass im vorliegenden Fall bei $a = (1 - n)/2, z = \sqrt{5}$ die berühmte *Fibonacci-Folge* entsteht,[10]

$$F_n = \frac{1}{\sqrt{5}} \left[\left(\frac{1 + \sqrt{5}}{2} \right)^n - \left(\frac{1 - \sqrt{5}}{2} \right)^n \right] = \frac{n}{2^{n-1}} \, F \left(\frac{1-n}{2}, \frac{2-n}{2}; \frac{3}{2}; 5 \right).$$

(2.41)

Da eine von den beiden Zahlen $(1 - n)/2, (2 - n)/2$ immer eine negative ganze Zahl für $n \geq 1$ ist, ist (2.41) eine endliche Summe.

(iii) Für $a = -b$ und $c = 1/2$ erhält man

$$F \left(a, -a; \frac{1}{2}; -z^2 \right) = \frac{1}{2} \left[\left(\sqrt{1 + z^2} + z \right)^{2a} + \left(\sqrt{1 + z^2} - z \right)^{2a} \right].$$

(2.42)

Um das herzuleiten, stellen wir die Reihenentwicklungen in Potenzen von z^2 für die linke und rechte Seite getrennt auf. Die Taylor-Reihe für die rechte Seite ist gegeben durch

$$1 + \sum_{k=0}^{\infty} 2^{2k+2} \frac{a^2(a^2 - 1)(a^2 - 2^2)\ldots(a^2 - k^2)}{(2k + 2)!} z^{2k+2},$$

(2.43)

wohingegen für die linke Seite gilt

$$\sum_{n=0}^{\infty} (-1)^n A_n z^{2n},$$

wobei $A_0 = 1$ und

$$A_n = \frac{(a)_n(-a)_n}{n!(\frac{1}{2})_n} = 2^n \frac{a(a + 1)\ldots(a + n - 1) \overbrace{[-a(1 - a)\ldots(n - 1 - a)]}^{(-1)^n a(a-1)\ldots(a-n+1)}}{n! \underbrace{(2n - 1)!!}_{(2^{-n})(2n)!/n!}}.$$

Nach diesen Vereinfachungen ergibt sich dann

$$\sum_{n=0}^{\infty} (-1)^n A_n z^{2n} = 1 + \sum_{n=1}^{\infty} 2^{2n} \frac{a^2(a^2 - 1)(a^2 - 2^2)\ldots[a^2 - (n - 1)^2]}{(2n)!} z^{2n}.$$

Ersetzt man in diesem Ausdruck den Summationsindex durch $n = k + 1$, so erhält man die Taylor-Entwicklung (2.43) der rechten Seite von (2.42).

---

[10] Es ist eine Folge von ganzen Zahlen F_n, die der Rekursionsrelation $F_n = F_{n-1} + F_{n-2}$ genügen. Laut der Definition sind die ersten Zahlen 0 und 1 und jede nächste Zahl gleich der Summe der beiden vorangehenden: $0, 1, 1, 2, 3, 5, 8, 13, 21, 34, 55, \ldots$. Eine geschlossene Formel dafür ist die erste Gleichung von (2.41).

(iv) Die Identität

$$F\left(a, -a; \frac{1}{2}; \sin^2 z\right) = \cos(2az) \tag{2.44}$$

folgt aus **(iii)** nach der Substitution $z \to i \sin z$.

(v) Im Fall $a = b = 1$ und $c = 2$ sind die Pochhammer-Symbole gegeben durch $(c)_n = (1 + n)(a)_n$, $(a)_n = (b)_n = n!$, daher gilt für den allgemeinen Koeffizienten $A_n = 1/(1 + n)$. Die dabei entstehende Reihe ist nichts anderes als ein Logarithmus,

$$F(1, 1; 2; z) = \sum_{n=0}^{\infty} \frac{z^n}{1 + n} = \sum_{n=1}^{\infty} \frac{z^{n-1}}{n} = -\frac{1}{z} \ln(1 - z). \tag{2.45}$$

(vi) Für den Fall mit $a = b = 1/2$ und $c = 3/2$ erhält man

$$F\left(\frac{1}{2}, \frac{1}{2}; \frac{3}{2}; z\right) = \frac{\arcsin \sqrt{z}}{\sqrt{z}}. \tag{2.46}$$

Um dieses Ergebnis herzuleiten, berechnen wir den allgemeinen Koeffizienten der Reihe zuerst:

$$A_n = \frac{\Gamma(n + \frac{1}{2})}{\sqrt{\pi}(2n + 1)n!}.$$

Benutzt man die Verdopplungsformel in der Form

$$\Gamma\left(n + \frac{1}{2}\right) \Gamma(n) = 2^{1-2n} \sqrt{\pi} \, \Gamma(2n),$$

so ergibt sich

$$A_n = \frac{(2n)!}{2^{2n}(n!)^2} \frac{1}{2n + 1}.$$

Damit gilt für $0 < z < 1$

$$F\left(\frac{1}{2}, \frac{1}{2}; \frac{3}{2}; z\right) = \sum_{n=0}^{\infty} \frac{(2n)!}{2^{2n}(n!)^2} \frac{z^n}{2n + 1} = \frac{1}{\sqrt{z}} \sum_{n=0}^{\infty} \frac{(2n)!}{2^{2n}(n!)^2} \frac{(\sqrt{z})^{2n+1}}{2n + 1}$$

$$= \frac{\arcsin \sqrt{z}}{\sqrt{z}}. \tag{2.47}$$

Bei $z = 1$ ist die Reihe immer noch konvergent, und es ergibt sich ein interessantes Ergebnis:

$$F\left(\frac{1}{2}, \frac{1}{2}; \frac{3}{2}; 1\right) = \frac{\pi}{2}. \tag{2.48}$$

(vii) Für $a = 1/2$, $b = 1$ und $c = 3/2$ ist der generische Koeffizient $A_n = 1/(2n + 1)$. Dann erhält man

$$F\left(\frac{1}{2}, 1; \frac{3}{2}; z^2\right) = \sum_{n=0}^{\infty} \frac{z^{2n}}{2n + 1} = \frac{1}{2z} \underbrace{2 \sum_{n=0}^{\infty} \frac{z^{2n+1}}{2n + 1}}_{\ln \frac{1+z}{1-z}} = \frac{1}{2z} \ln \frac{1 + z}{1 - z}. \qquad (2.49)$$

Diese Reihe ist konvergent für $0 < z < 1$.

(viii) Mithilfe einer analytischen Fortsetzung $F(\ldots, z^2) \to F(\ldots, -z^2)$ von (2.49) kann man außerdem zeigen, dass die folgende Identität gilt:

$$F\left(\frac{1}{2}, 1; \frac{3}{2}; -z^2\right) = \frac{1}{z} \arctan z. \qquad (2.50)$$

Eine sehr umfassende Sammlung der weiteren Spezialfälle kann man in [3] finden.

2.4.3 Integraldarstellung und Gauss'sches Summationstheorem

Wir möchten das folgende Integral näher untersuchen:

$$I = \int_0^1 t^{b-1}(1 - t)^{c-b-1}(1 - zt)^{-a} dt.$$

Es ist offenbar konvergent für alle $|z| < 1$, $\text{Re}\, b > 0$, und $\text{Re}\,(c - b) > 0$. Setzen wir die Reihenentwicklung (2.38), hier in der Form

$$(1 - zt)^{-a} = \sum_{n=0}^{\infty} \frac{(a)_n}{n!} t^n z^n$$

ein, so erhalten wir

$$I = \sum_{n=0}^{\infty} \frac{(a)_n z^n}{n!} \int_0^1 t^{b+n-1}(1 - t)^{c-b-1} dt.$$

Im n-ten Term dieser Summe erkennen wir das Euler-Integral (2.10) mit den Parametern $z = b + n$ und $w = c - b$ wieder. Damit gilt

$$I = \sum_{n=0}^{\infty} \frac{(a)_n z^n}{n!} \frac{\Gamma(b + n)\Gamma(c - b)}{\Gamma(c + n)} = \frac{\Gamma(c - b)\Gamma(b)}{\Gamma(c)} \sum_{n=0}^{\infty} \frac{(a)_n (b)_n z^n}{(c)_n n!}.$$

Dies führt dann auf die folgende Integraldarstellung der hypergeometrischen Funktion:

$$F(a,b;c;z) = \frac{\Gamma(c)}{\Gamma(b)\Gamma(c-b)} \int_0^1 t^{b-1}(1-t)^{c-b-1}(1-zt)^{-a}\,dt \ . \quad (2.51)$$

Mithilfe dieser Darstellung lässt sich das Verhalten der hypergeometrischen Funktion in der Nähe des Punktes $z = 1$ wesentlich besser verstehen. Wie man bereits an (2.38) sehen kann, ist es ein singulärer Punkt, zumindest für manche Konstellationen der Parameter a, b, und c (später werden wir auch sehen, dass es keine Singularitäten gibt außer wenn $c-a-b$ einer positiven ganzen Zahl gleicht). Dies bedeutet jedoch nicht, dass der Grenzfall $\lim_{z\to 1} F(a,b;c;z)$ notwendigerweise unendlich ist.[11] Welche Art von Singularität das genau ist, möchten wir erst in den späteren Abschnitten diskutieren. Hier möchten wir uns der Frage widmen, unter welchen Bedingungen der Grenzfall $\lim_{z\to 1} F(a,b;c;z)$ existiert. Das lässt sich mithilfe der Darstellung (2.51) untersuchen, wenn man $z = 1$ einsetzt. Dabei entsteht ein Integral der Form (2.10):

$$\int_0^1 t^{b-1}(1-t)^{c-a-b-1}\,dt = \frac{\Gamma(b)\Gamma(c-a-b)}{\Gamma(c-a)} \ ,$$

welches bei $\mathrm{Re}\,b > 0$ und $\mathrm{Re}\,(c-a-b) > 0$ konvergent ist. Es ist klar, dass unter diesen Bedingungen der Grenzfall existiert und der Funktionswert durch

$$\lim_{z\to 1} F(a,b;c;z) = \frac{\Gamma(c)\Gamma(c-a-b)}{\Gamma(c-a)\Gamma(c-b)} \quad (2.52)$$

gegeben ist. Dies wird auch *Gauss'sches Summationstheorem* genannt. Auf die Forderung $\mathrm{Re}\,b > 0$ kann verzichtet werden, da (2.51) durch den gleichen Ausdruck mit vertauschten a und b ersetzt werden kann. Dagegen ist die Forderung $\mathrm{Re}\,(c-a-b) > 0$ essentiell.

Wir möchten darauf hinweisen, dass die allgemeine Symmetrieeigenschaft $a \leftrightarrow b$ der hypergeometrischen Funktion in (2.52) immer noch erkennbar ist.

---

[11] Das ist nicht ungewöhnlich. Ein einfaches Beispiel dafür ist die Funktion $f(z) = z + \sqrt{1-z}$, die bei $z = 1$ offensichtlich singulär ist (es ist ein Verzweigungspunkt), der Grenzfall $\lim_{z\to 1} f(z) = 1$ aber endlich ist.

2.5 Differentialgleichungen

2.5.1 Hypergeometrische Gleichung: Lösungen in der Nähe von z = 0

Die hypergeometrische Reihe (2.35) genügt der folgenden DGL zweiter Ordnung:

$$z(1-z)F'' + [c - (a+b+1)z]F' - abF = 0 \,, \qquad (2.53)$$

die auch unter dem Begriff ‚hypergeometrische Gleichung' bekannt ist. Um uns zu vergewissern, setzen wir in sie die Reihe $F = \sum_{n=0}^{\infty} A_n z^n$ ein und stellen einen Koeffizientenvergleich bei verschiedenen Potenzen von z an. Als Ergebnis erhalten wir die folgende Rekursionsrelation:

$$(n+c)(n+1)A_{n+1} - (n+a)(n+b)A_n = 0 \,.$$

Die Lösung dieser Relation ist der generische Koeffizient der hypergeometrischen Reihe (2.37). Die Umkehrung ist offensichtlich auch korrekt: Bis auf einen numerischen Vorfaktor ist die hypergeometrische Funktion die Lösung der Gleichung (2.53).

Aus der elementaren Analysis ist es bekannt, dass jede DGL zweiter Ordnung zwei linear unabhängige Lösungen besitzt. Um die zweite Lösung für die hypergeometrische Gleichung zu finden, setzen wir $F \to z^\alpha F$. Die entsprechenden Ableitungen sind dann $F' \to z^\alpha F' + \alpha z^{\alpha-1} F$ und $F'' \to z^\alpha F'' + 2\alpha z^{\alpha-1} F' + \alpha(\alpha-1)z^{\alpha-2} F$. Setzt man sie in die Originalgleichung (2.53) ein, so ergibt sich

$$z(1-z)F'' + [c + 2\alpha - (a+b+2\alpha+1)z]F'$$
$$+ \left[\frac{\alpha(\alpha+c-1)}{z} - \alpha(a+b+\alpha) - ab \right] F = 0 \,.$$

Wenn wir $\alpha = 1 - c$ setzen, verschwindet der zu $1/z$ proportionale Term, und man erhält wieder eine hypergeometrische Gleichung, jedoch mit den neuen Parametern $(\bar{a}, \bar{b}; \bar{c})$.[12] Während $\bar{c}$ durch $\bar{c} = 2 - c$ gegeben ist, erfüllen die beiden anderen Parameter das folgende Gleichungssystem:

$$\bar{a} + \bar{b} = a + b - 2c + 2 \,, \quad \bar{a}\bar{b} = (1-c)(a+b-c+1) + ab = (a-c+1)(b-c+1) \,.$$

Es lässt sich sehr einfach lösen und es ergeben sich

$$\bar{a} = a - c + 1 \,, \quad \bar{b} = b - c + 1 \,.$$

---

[12] Diese Notation sollte mit der komplexen Konjugation nicht verwechselt werden.

Zusammenfassend stellen wir also fest, dass die zweite linear unabhängige Lösung der Gleichung (2.53) die folgende Form hat:

$$z^{1-c} F(a - c + 1, b - c + 1; 2 - c; z) \, .$$

Im Gegensatz zum ‚alten' $F(a, b; c; z)$ hat sie eine Singularität bei $z \to 0$.

Die allgemeine Lösung der hypergeometrischen Gleichung im Einheitskreis $|z| < 1$ ist also eine lineare Kombination der Art

$$A_1 \, F(a, b; c; z) + B_1 \, z^{1-c} F(a - c + 1, b - c + 1; 2 - c; z) \, , \qquad (2.54)$$

wobei A_1 und B_1 zwei beliebige Konstanten sind.

2.5.2 Die Lösung bei $z = 1$ und ihre Relation zur Lösung in der Nähe von $z = 0$

Um die hypergeometrische Gleichung in der Nähe von $z = 1$ zu untersuchen, ersetzen wir z durch $1 - z$. Das resultiert in der leicht abgeänderten Gleichung

$$z(1 - z)F'' - [a + b + 1 - c - (a + b + 1)z]F' - abF = 0 \, .$$

Sie hat wieder die generische hypergeometrische Gestalt (2.53) mit einem neuen Parametersatz $\bar{a} = a, \bar{b} = b$ und $\bar{c} = a + b + 1 - c$. Ihre im Kreis $|z - 1| < 1$ konvergente Lösung kann an (2.54) abgelesen werden und ist gegeben durch

$$A_2 \, F(a, b; a + b + 1 - c; 1 - z) + B_2 (1 - z)^{c-a-b} F(c - a, c - b; c + 1 - a - b; 1 - z) \, , \qquad (2.55)$$

wobei A_2 und B_2 beliebige Konstanten sind. Sie sind natürlich unterschiedlich von denen aus (2.54). Wir sehen also, dass genauso wie in der Nähe von $z = 0$ es um $z = 1$ herum zwei unabhängige Lösungen gibt, eine reguläre und eine singuläre. Offensichtlich überlappen sich die beiden Kreise $|z| < 1$ und $|z - 1| < 1$. Im Überschneidungsgebiet stellen beide Lösungen (2.54) und (2.55) die gleiche Funktion dar. Folglich sollte es eine Möglichkeit geben, jede der partikulären Lösungen aus (2.54) durch eine lineare Kombination beider Lösungen aus (2.55) auszudrücken und umgekehrt. Insbesondere müsste die folgende Entwicklung gelten:

$$\begin{aligned}
F(a, b; c; z) = {} & AF(a, b; a + b + 1 - c; 1 - z) \\
& + B(1 - z)^{c-a-b} F(c - a, c - b; c + 1 - a - b; 1 - z) \, ,
\end{aligned}$$

wobei A und B nun feste Werte annehmen. Um diese auszurechnen, nehmen wir erstmal an, dass $\mathrm{Re}(c - a - b) > 0$ ist und setzen in der obigen Relation $z = 1$. Mithilfe des Gauss'schen Summationstheorems (2.52) erhält man dann für die linke Seite

$$A = \frac{\Gamma(c)\Gamma(c - a - b)}{\Gamma(c - a)\Gamma(c - b)} \, .$$

Als Nächstes setzen wir $z = 0$, was dann zu

$$1 = AF(a,b;a + b + 1 - c; 1) + BF(c - a, c - b; c + 1 - a - b; 1)$$

führt. Benutzt man das Summationstheorem ein weiteres Mal und berücksichtigt anschließend die Relation (2.6), so lässt sich der erste Term auf der rechten Seite auf die folgende Form bringen:

$$\frac{\Gamma(c)\Gamma(c - a - b)}{\Gamma(c - a)\Gamma(c - b)} \frac{\Gamma(a + b + 1 - c)\Gamma(1 - c)}{\Gamma(a + 1 - c)\Gamma(b + 1 - c)}$$
$$= \frac{\sin[\pi(c - a)]\sin[\pi(c - b)]}{\sin(\pi c)\sin[\pi(c - a - b)]} = \frac{\cos[\pi(a - b)] - \cos[\pi(2c - a - b)]}{\cos[\pi(a + b)] - \cos[\pi(2c - a - b)]}$$
$$= 1 + \frac{\cos[\pi(a - b)] - \cos[\pi(a + b)]}{\cos[\pi(a + b)] - \cos[\pi(2c - a - b)]} = 1 - \frac{\sin(\pi a)\sin(\pi b)}{\sin(\pi c)\sin[\pi(c - a - b)]} \, .$$

Daraus resultiert

$$B = \frac{\Gamma(1 - a)\Gamma(1 - b)}{\Gamma(1 - c)\Gamma(c + 1 - a - b)} \frac{\sin(\pi a)\sin(\pi b)}{\sin(\pi c)\sin[\pi(c - a - b)]}$$
$$= \frac{\Gamma(c)\Gamma(a + b - c)}{\Gamma(a)\Gamma(b)} \, .$$

Fasst man alles zusammen, so erhält man die folgende Relation zwischen der in $z = 0$ regulären Lösung und den beiden Lösungen in der Nähe von $z = 1$:

$$F(a,b;c;z) = \frac{\Gamma(c)\Gamma(c - a - b)}{\Gamma(c - a)\Gamma(c - b)} F(a,b;a + b + 1 - c; 1 - z)$$
$$+ \frac{\Gamma(c)\Gamma(a + b - c)}{\Gamma(a)\Gamma(b)} (1 - z)^{c - a - b} F(c - a, c - b; c + 1 - a - b; 1 - z) \, .$$

$$(2.56)$$

Aufgrund des Theorems über analytische Fortsetzung aus dem Abschn. 1.3.6 können wir nun auf die Einschränkung $\mathrm{Re}(c - a - b) > 0$ verzichten. Damit gilt die oben angegebene Formel für alle a, b und c. Für $\mathrm{Re}(a + b - c) > 0$ können wir eine Entwicklung in Potenzen von $(1 - z)$ aufstellen,

$$F(a,b;c;z) = \frac{\Gamma(c)\Gamma(a + b - c)}{\Gamma(a)\Gamma(b)} \frac{1}{(1 - z)^{a + b - c}} + O\left[(1 - z)^{1 + c - a - b}\right] ,$$

die das Verhalten der Funktion $F(a,b;c;z)$ bei $z \to 1$ beschreibt, wenn man sich dieser Singularität aus dem Inneren des Einheitskreises nähert. Die übrigen drei Relationen zwischen den verschiedenen Lösungen in (2.54) und (2.55) können auf eine ähnliche Weise durch geeignete Substitutionen der Parameter sowie der Argumente z und $(1 - z)$ hergeleitet werden.

2.5.3   Das Integral von Barnes

Bis jetzt beschränkte sich unsere Diskussion der Lösungen der hypergeometrischen
Gleichung auf die Einheitskreise um $z = 0$ und $z = 1$. Um die Lösungen außerhalb
dieser Gebiete zu finden, und insbesondere solche für $z \to \infty$, könnten wir im
Prinzip der Methode aus dem letzten Abschnitt folgen und eine Substitution $z \to$
$1/z$ vornehmen. Es ist jedoch aufschlussreicher, für diese Zwecke die Ideen aus
Abschn. 2.1.2 wiederaufzugreifen.

Wir setzen zunächst

$$A(s) = \frac{\Gamma(a + s)\Gamma(b + s)\Gamma(c)}{\Gamma(a)\Gamma(b)\Gamma(c + s)}$$

in die Relation (2.5) ein. Die entsprechenden Taylor-Koeffizienten sind dann offensichtlich $A(n) = (a)_n (b)_n / (c)_n$ und entsprechen der hypergeometrischen Reihe.
Das dabei entstehende Wegintegral hat dann die folgende Gestalt:

$$I = \frac{1}{2\pi i} \int_{-i\infty}^{+i\infty} \frac{\Gamma(a + s)\Gamma(b + s)}{\Gamma(c + s)} \Gamma(-s)(-z)^s ds \,,$$

wobei die Integrationskontur zum größten Teil entlang der imaginären Achse so
verläuft, dass keiner der Pole $s = n$, $s = -a - n$ und $s = -b - n$ $(n = 0, 1, 2, \ldots)$
darauf liegen darf. Diese Konstruktion wird das *Integral von Barnes* genannt. Es ist
konvergent und wohldefiniert für alle z. Für $|z| < 1$ kann die Kontur nach rechts
ins Unendliche verschoben werden und für $|z| > 1$ nach ganz links (s. auch [28] für
mehr Details).

Also tragen bei $|z| < 1$ nur die Pole $s = n$ bei und deswegen erhalten wir
aufgrund der Formel (2.5)

$$I = \frac{\Gamma(a)\Gamma(b)}{\Gamma(c)} F(a, b; c; z) \,.$$

Für $|z| > 1$ tragen die Pole $s = -a - n$ und $s = -b - n$ bei, das ergibt dann

$$I = \sum_{n=0}^{\infty} \frac{(-1)^n}{n!} \frac{\Gamma(b - a - n)}{\Gamma(c - a - n)} \Gamma(a + n)(-z)^{-a-n} + (a \leftrightarrow b) \,.$$

Um nur n und nicht $-n$ in den Argumenten der Gamma-Funktionen zu bekommen,
benutzen wir die Identität (2.6) und erhalten

$$I = \sum_{n=0}^{\infty} \frac{(-1)^n}{n!} \frac{\sin[\pi(c - a - n)]}{\sin[\pi(b - a - n)]} \frac{\Gamma(1 - c + a + n)\Gamma(a + n)}{\Gamma(1 - a + b + n)} (-z)^{-a-n}$$
$$+ (a \leftrightarrow b) \,.$$

Als Nächstes schreiben wir das auf die folgende Weise um:

$$I = \frac{\sin[\pi(c-a)]}{\sin[\pi(b-a)]} \frac{\Gamma(a)\Gamma(1-c+a)}{\Gamma(1-a+b)} (-z)^{-a} \sum_{n=0}^{\infty} \frac{(a)_n(1-c+a)_n}{(1-a+b)_n n!} \left(\frac{1}{z}\right)^n$$

$$+ (a \leftrightarrow b)$$

und benutzen die Relation (2.6) noch einmal,

$$I = \frac{\Gamma(a)\Gamma(a-b)}{\Gamma(c-a)} (-z)^{-a} F\left(a, 1-c+a; 1-a+b; \frac{1}{z}\right) + (a \leftrightarrow b) .$$

Die zwei verschiedenen Wege resultieren jetzt in der Vorschrift für die analytische Fortsetzung aus dem Gebiet $|z| > 1$ nach $|z| < 1$:

$$F(a,b;c;z) = \frac{\Gamma(c)\Gamma(b-a)}{\Gamma(b)\Gamma(c-a)} (-z)^{-a} F\left(a, a+1-c; a+1-b; \frac{1}{z}\right)$$

$$+ \frac{\Gamma(c)\Gamma(a-b)}{\Gamma(a)\Gamma(c-b)} (-z)^{-b} F\left(b, b+1-c; b+1-a; \frac{1}{z}\right) .$$

$$(2.57)$$

2.6 Kummer'sche Funktion (konfluente hypergeometrische Reihe)

Angesichts der sehr allgemeinen Gestalt der hypergeometrischen Reihe erscheint es bemerkenswert, dass unter den Spezialfällen des Abschnitts 2.4.2 die Exponentialfunktion nicht zu finden ist. Interessanterweise wird e^x durch eine besondere Klasse der hypergeometrischen Reihen dargestellt, die wir nun detaillierter diskutieren möchten.

2.6.1 Konfluente hypergeometrische Differentialgleichung

Wir definieren die folgende Reihe:

$$F(a,c;z) = \sum_{n=0}^{\infty} \frac{(a)_n}{n!(c)_n} z^n , \qquad (2.58)$$

wobei die Koeffizienten $(a)_n$ und $(c)_n$ die gewöhnlichen Pochhammer-Symbole (2.36) sind. Wendet man den Quotiententest an, so erhält man

$$\lim_{n\to\infty} \left| \frac{(a)_{n+1}(c)_n}{(a)_n(c)_{n+1}} \frac{z^{n+1}}{z^n} \frac{n!}{(n+1)!} \right| = \left\{ \lim_{n\to\infty} \left| \frac{(a+n)}{(c+n)(n+1)} \right| \right\} |z| \to 0$$

für alle endlichen z. Also definiert diese Reihe eine für alle endlichen z analytische Funktion, auch *Kummer'sche Funktion* oder *konfluente hypergeometrische Reihe* genannt [manchmal wird auch die Notation $M(a, c, z)$ benutzt]. Ihre Relation zur gewöhnlichen hypergeometrischen Reihe ist sehr einfach: Sie ist der Grenzfall von $F(a, b; c; z/b)$ bei $b \to \infty$,

$$F(a, c; z) = \lim_{b \to \infty} F\left(a, b; c; \frac{z}{b}\right) .$$

Wenn wir nun die Substitution $z \to z/b$ in der gewöhnlichen hypergeometrischen Gleichung (2.53) vornehmen und anschließend den Grenzfall $b \to \infty$ auswerten, werden wir feststellen, dass die Kummer'sche Funktion der folgenden *konfluenten hypergeometrischen Gleichung* genügt:

$$zF''(a, c; z) + (c - z)F'(a, c; z) - aF(a, c; z) = 0 . \tag{2.59}$$

Ein anderer Weg, das zu zeigen, ist die explizite Lösung in Gestalt einer Reihenentwicklung $F = \sum_{n=0}^{\infty} B_n z^n$. Für die Ableitungen erhält man

$$F' = \sum_{n=1}^{\infty} n B_n z^{n-1} = \sum_{n=0}^{\infty} (n + 1) B_{n+1} z^n \quad \text{und} \quad F'' = \sum_{n=1}^{\infty} (n + 1) n B_{n+1} z^{n-1} .$$

Setzt man nun alles in die Gleichung (2.59) ein und stellt einen Koeffizientenvergleich bei den verschiedenen Potenzen von z an, so ergibt sich die folgende Rekursionsrelation für die Koeffizienten:

$$(c + n)(n + 1) B_{n+1} - (a + n) B_n = 0 .$$

Ihre Lösung ist offensichtlich $B_n = (a)_n / n! (c)_n$. Damit entsteht tatsächlich die konfluente Reihe (2.58).

Die DGL (2.59) besitzt nur zwei Singularitäten: einen einfachen Pol bei $z = 0$ und eine irreguläre Singularität im Unendlichen. Das ist ein fundamentaler Unterschied zur gewöhnlichen hypergeometrischen Gleichung (2.53), die noch einen einfachen Pol bei $z = 1$ hat. In (2.59) wird dieser Pol mit der Singularität bei $z = \infty$ ‚verschmolzen‘.[13] Die Bezeichnung ‚konfluent‘ weist genau auf diesen Umstand hin.

Um eine weitere Lösung von (2.59) zu finden, machen wir die Substitution $F \to z^{1-c} F$. Die entsprechenden Ableitungen sind dann $F' \to (1 - c)z^{-c} F + z^{1-c} F'$

---

[13] Sowohl die hypergeometrische Gleichung (2.53) als auch ihre entartete Variante (2.59) sind Spezialfälle der sogenannten *Riemann'schen Differentialgleichung* (s. z. B. [28] für eine detailliertere Diskussion). Sie hat im Allgemeinen drei verschiedene Pole (nicht unbedingt nur bei endlichen z, $z = \infty$ ist dabei auch erlaubt). Im Spezialfall von zwei Polen bei $z = 0$ und $z = \infty$ sowie bei einem endlichen $z = z_3$ sieht die Riemann'sche DGL folgendermaßen aus:

$$u'' + \left(\frac{1 - \alpha - \alpha'}{z} + \frac{1 - \gamma - \gamma'}{z - z_3}\right) u' + \left[-\frac{z_3 \alpha\alpha'}{z^2(z - z_3)} + \frac{\beta\beta'}{z(z - z_3)} + \frac{z_3 \gamma\gamma'}{z(z - z_3)^2}\right] u = 0 .$$

und $F'' \rightarrow z^{1-c}F'' + 2(1-c)z^{-c}F' - c(1-c)z^{-c-1}F$, und als Ergebnis erhält man

$$zF'' + (2 - c - z)F' - (a - c + 1)F = 0 .$$

Diese Gleichung hat die gleiche Gestalt wie (2.59) mit einem neuen Parametersatz $a \rightarrow a - c + 1$ und $c \rightarrow 2 - c$. Daher ist die zweite, linear unabhängige Lösung gegeben durch

$$z^{1-c}F(a - c + 1, 2 - c; z) .$$

Sie ist singulär bei $z \rightarrow 0$.

2.6.2 Integraldarstellung

Für $\operatorname{Re} c > \operatorname{Re} a > 0$ gilt die folgende Integraldarstellung:

$$F(a, c; z) = \frac{\Gamma(c)}{\Gamma(a)\Gamma(c-a)} \int_0^1 e^{zt}\, t^{a-1}(1-t)^{c-a-1}\, dt . \qquad (2.60)$$

Um sie herzuleiten, benutzen wir die Integraldarstellung der Beta-Funktion (2.10). Der Quotient der Pochhammer-Symbole aus der Definition (2.58) ist gegeben durch

$$\frac{(a)_n}{(c)_n} = \frac{\Gamma(c)}{\Gamma(a)}\frac{\Gamma(a+n)}{\Gamma(c+n)} = \frac{\Gamma(c)}{\Gamma(a)\Gamma(c-a)}B(a+n, c-a)$$

$$= \frac{\Gamma(b)}{\Gamma(a)\Gamma(c-a)} \int_0^1 t^{a+n-1}(1-t)^{c-a-1}\, dt ,$$

wobei wir (2.11) benutzt haben, um $B(a+n, c-a) = \Gamma(a+n)\Gamma(c-a)/\Gamma(c+n)$ auszuwerten. Setzt man dieses Ergebnis in die Reihe (2.58) ein und vertauscht die

---

Die Parameter $\alpha, \alpha'; \beta, \beta'; \gamma, \gamma'$ (die man auch *charakteristische Exponenten* nennt) unterliegen der Einschränkung

$$\alpha + \alpha' + \beta + \beta' + \gamma + \gamma' - 1 = 0 .$$

Setzt man nun $z_3 = 1$ und $\alpha = \gamma = 0$ (man beachte die Symmetrie $\alpha, \beta, \gamma \leftrightarrow \alpha', \beta', \gamma'$), so entsteht die gewöhnliche hypergeometrische Gleichung (2.53). Betrachtet man einen anderen Parametersatz $\beta = 0, \beta' = -z_3$ und $\alpha + \alpha' = 1$ und setzt man $z_3 \rightarrow \infty$, so ergibt sich die *Differentialgleichung von Whittaker*.

$$u'' + u' + \left[\frac{\alpha(1-\alpha)}{z^2} + \frac{\gamma}{z}\right]u = 0 .$$

Durch eine weitere Substitution $u(z) = F(z)\, e^{-z}z^\alpha$ lässt sie sich auf die konfluente Form bringen:

$$zF'' + (2\alpha - z)F' - (\alpha - \gamma)F = 0 .$$

Reihenfolge der Summation und Integration, so ergibt sich

$$F(a, c; z) = \frac{\Gamma(c)}{\Gamma(a)\Gamma(c-a)} \int_0^1 t^{a-1}(1-t)^{c-a-1} \underbrace{\sum_{n=0}^{\infty} \frac{(zt)^n}{n!}}_{e^{zt}} \, dt \, .$$

Mithilfe von (2.60) lässt sich die folgende Relation herleiten:

$$F(a, c; z) = e^z F(c-a, c; -z) \, . \tag{2.61}$$

Um das zu zeigen, brauchen wir im Integranden von (2.60) lediglich die Substitution $t \to 1-t$ vorzunehmen. Damit ergibt sich

$$\begin{aligned}
F(a, c; z) &= \frac{\Gamma(c)}{\Gamma(a)\Gamma(c-a)} \int_0^1 e^{-z(t-1)} t^{c-a-1}(1-t)^{a-1} dt \\
&= \frac{\Gamma(c)}{\Gamma(a)\Gamma(c-a)} \frac{\Gamma(c-a)\Gamma(a)}{\Gamma(c)} e^z F(c-a, c; -z) \\
&= e^z F(c-a, c; -z) \, .
\end{aligned}$$

Die Rekursionsrelation

$$a F(a+1, c+1; z) = (a-c) F(a, c+1; z) + c F(a, c; z) \tag{2.62}$$

lässt sich ebenfalls mithilfe der Integraldarstellung (2.60) herleiten,

$$\begin{aligned}
&a F(a+1, c+1; z) - c F(a, c; z) \\
&= \frac{a\,\Gamma(c+1)}{\Gamma(a+1)\Gamma(c-a)} \int_0^1 e^{zt} t^a (1-t)^{c-a-1} dt \\
&\quad - \frac{c\,\Gamma(c)}{\Gamma(a)\Gamma(c-a)} \int_0^1 e^{zt} t^{a-1}(1-t)^{c-a-1} dt \\
&= -\frac{c\,\Gamma(c)}{\Gamma(a)\Gamma(c-a)} \int_0^1 e^{zt} t^{a-1}(1-t)^{c-a} dt \\
&= -\underbrace{\frac{c\,\Gamma(c)}{\Gamma(a)\Gamma(c-a)} \frac{\Gamma(a)\Gamma(c-a+1)}{\Gamma(c+1)}}_{= (c-a)} F(a, c+1; z) \\
&= (a-c) F(a, c+1; z) \, .
\end{aligned}$$

2.6.3 Spezialfälle

Genau wie im Fall der gewöhnlichen hypergeometrischen Funktion lassen sich einige der elementaren und speziellen Funktionen durch die Kummer'sche Funktion ausdrücken.

(i) Im Fall $a = b$ erkennen wir die Exponentialfunktion,

$$F(a,a;z) = \sum_{n=0}^{\infty} \frac{z^n}{n!} = e^z , \qquad (2.63)$$

die, wie erwartet, nicht mehr von a abhängt. Die Relation (2.61) ist offensichtlich ebenfalls erfüllt: $F(a,a;z) = e^z F(0,a;-z) \equiv e^z$.

(ii) Die uns bereits bekannte Fehlerfunktion, die in der Wahrscheinlichkeitsrechnung und Statistik Verwendung findet und die auf folgende Weise definiert ist:

$$\mathrm{erf}(x) = \frac{2}{\sqrt{\pi}} \int_0^x e^{-t^2}\,dt , \qquad (2.64)$$

ist gegeben durch

$$\mathrm{erf}(x) = \frac{2x}{\sqrt{\pi}} \, F\!\left(\frac{1}{2},\frac{3}{2};-x^2\right) . \qquad (2.65)$$

Sie folgt aus der Integraldarstellung (2.60):

$$F\!\left(\frac{1}{2},\frac{3}{2};-x^2\right) = \underbrace{\frac{\Gamma(3/2)}{\Gamma(1/2)\Gamma(1)}}_{=\,1/2} \int_0^1 \frac{e^{-x^2 t}}{\sqrt{t}}\,dt = \frac{1}{x}\int_0^x e^{-t^2}\,dt .$$

(iii) Für $a = 1$ und $b = 2$ gilt die folgende Identität:

$$F(1,2;2z) = \underbrace{\frac{\Gamma(2)}{\Gamma(1)\Gamma(1)}}_{=\,1} \int_0^1 e^{2zt}\,dt = \frac{1}{2z}(e^{2z}-1) = e^z\,\frac{\sinh z}{z} . \qquad (2.66)$$

(iv) In Beispiel 1.2 haben wir bereits die Bessel-Funktion mit dem ganzzahligen Parameter kennengelernt. Die entsprechende Reihe lässt sich auch für nichtganzzahlige Parameter verallgemeinern. Auf diese Weise entsteht die *modifizierte Bessel-Funktion* der ersten Gattung, die durch die Reihe[14]

$$I_\nu(z) = \left(\frac{z}{2}\right)^\nu \sum_{k=0}^{\infty} \frac{z^{2k}}{2^{2k}\,k!\,\Gamma(\nu+k+1)} \qquad (2.68)$$

---

[14] Die Bessel-Funktionen sind die Lösungen $y(z)$ der Differentialgleichung [28]

$$\frac{d^2 y}{dz^2} + \frac{1}{z}\frac{dy}{dz} + \left(1 - \frac{\nu^2}{z^2}\right)y = 0 .$$

definiert ist. Sie kommt in vielen Problemen der angewandten Physik vor und kann bei $\mathrm{Re}(\nu + 1/2) > 0$ mithilfe der Kummer'schen Funktion ausgedrückt werden:

$$F\left(\frac{1}{2} + \nu, 1 + 2\nu; 2z\right) = \Gamma(\nu + 1)e^z \left(\frac{2}{z}\right)^\nu I_\nu(z) . \tag{2.69}$$

Um dies herzuleiten, betrachten wir das Integral

$$\mathcal{I} = \int_{-1}^{1} dt \, e^{zt} (1 - t^2)^{\nu - \frac{1}{2}} .$$

Wir möchten weiterhin darauf hinweisen, dass nach der Substitution $t \to (t+1)/2$ die Integraldarstellung (2.60) auf folgende Weise umgeschrieben werden kann:

$$F(a, c; z) = \frac{2^{1-c} e^{\frac{z}{2}}}{B(a, c - a)} \int_{-1}^{1} e^{\frac{z}{2}t} (1 - t)^{c-a-1} (1 + t)^{a-1} dt .$$

Die Bessel-Funktion der ersten Gattung, die in der Umgebung von $z = 0$ regulär ist, ist durch die folgende Reihe definiert:

$$J_\nu(z) = \left(\frac{z}{2}\right)^\nu \sum_{k=0}^{\infty} (-1)^k \frac{z^{2k}}{2^{2k} k! \, \Gamma(\nu + k + 1)} , \quad |\arg z| < \pi .$$

Für nicht-ganzzahlige ν sind die Funktionen $J_\nu(z)$ und $J_{-\nu}(z)$ linear unabhängig, sodass $J_{-\nu}(z)$ als die zweite Lösung angesehen werden kann, die bei $z = 0$ eine Singularität hat. Die Bessel-Funktionen der zweiten Gattung werden durch $N_\nu(z)$ bezeichnet und manchmal auch *Neumann-Funktionen* genannt. Sie stehen in folgender Relation zu $J_{-\nu}(z)$:

$$N_\nu(z) = \frac{1}{\sin \nu \pi} \left[\cos \nu \pi J_\nu(z) - J_{-\nu}(z) \right], \quad |\arg z| < \pi .$$

Für ganzzahlige Parameter $\nu = n$ gilt die natürliche Definition $\lim_{\nu \to n} N_\nu(z)$. Für den Spezialfall des rein imaginären Argumenten reduziert sich die Bessel-Gleichung auf

$$\frac{d^2 y}{dz^2} + \frac{1}{z} \frac{dy}{dz} - \left(\frac{\nu^2}{z^2} + 1\right) y = 0 .$$

Die entsprechenden Lösungen – die modifizierten Bessel-Funktionen der ersten und zweiten Gattung – sind definiert durch

$$I_\nu(z) = i^{-\nu} J_\nu(iz) \quad \text{bzw.} \quad K_\nu(z) = \frac{\pi}{2 \sin \nu \pi} [I_{-\nu}(z) - I_\nu(z)] . \tag{2.67}$$

Die Funktion $K_\nu(z)$ wird auch *Macdonald-Funktion* genannt. Für rein reelle große Argumente $|z|$ sind sowohl $I_\nu(z)$ als auch $K_\nu(z)$ exponentiell anwachsende bzw. abfallende Funktionen: $I_\nu(z) \sim z^{-1/2} e^{|z|}$, $K_\nu(z) \sim z^{-1/2} e^{-|z|}$. Weitere Details könnten in [27] gefunden werden.

Bei $c = 2a = 2\nu + 1$ und $z \to 2z$ lassen sich die beiden letzten Resultate aufeinander abbilden und man erhält

$$\mathcal{I} = \frac{\sqrt{\pi}\ \Gamma(\nu + \frac{1}{2})\ e^{-z}}{\Gamma(\nu + 1)}\ F\left(\frac{1}{2} + \nu, 1 + 2\nu; 2z\right). \qquad (2.70)$$

Andererseits lässt sich das Integral $\mathcal{I}$ bei $\mathrm{Re}(\nu + \frac{1}{2}) > 0$ ausdrücken wie

$$\mathcal{I} = \left(\frac{2}{z}\right)^{\nu} \sqrt{\pi}\ \Gamma\left(\nu + \frac{1}{2}\right)\ I_\nu(z). \qquad (2.71)$$

Dieses Ergebnis erreicht man, indem man den Integranden in $\mathcal{I}$ (der eine gerade Funktion von z ist) in z entwickelt und anschließend die Reihenfolge der Summation und Integration vertauscht,

$$\mathcal{I} = 2\int_0^1 (1 - t^2)^{\nu - \frac{1}{2}} \sum_{k=0}^{\infty} \frac{(zt)^{2k}}{(2k)!}\ dt = \sum_{k=0}^{\infty} \frac{(z)^{2k}}{(2k)!}\ B\left(k + \frac{1}{2}, \nu + \frac{1}{2}\right)$$

$$= \sum_{k=0}^{\infty} \frac{(z)^{2k}}{(2k)!}\ \frac{\overbrace{\Gamma\left(k + \frac{1}{2}\right)}^{\sqrt{\pi}(2k)!/2^{2k}k!}\ \Gamma\left(\nu + \frac{1}{2}\right)}{\Gamma(\nu + k + 1)} = \sqrt{\pi}\Gamma\left(\nu + \frac{1}{2}\right) \underbrace{\sum_{k=0}^{\infty} \frac{z^{2k}}{2^{2k}k!\ \Gamma(k + \nu + 1)}}_{I_\nu(z)\ (2/z)^{\nu}}.$$

Vergleicht man nun die rechte Seite von (2.70) und (2.71), so ergibt sich die Identität (2.69). Ein sehr interessantes Ergebnis erhält man für $\nu = 1/2$ mithilfe von (2.69) und (2.66):

$$I_{\frac{1}{2}}(z) = \sqrt{\frac{z}{2}}\ \frac{e^{-z}}{\underbrace{\Gamma\left(1 + \frac{1}{2}\right)}_{\sqrt{\pi}/2}}\ \underbrace{F(1, 2; 2z)}_{e^z \sinh z/z} = \sqrt{\frac{2}{\pi z}}\ \sinh z. \qquad (2.72)$$

Weitere wichtige Spezialfälle werden wir in Abschn. 4.10 diskutieren.

2.7   Verallgemeinerte hypergeometrische Reihe

Die gewöhnliche hypergeometrische Reihe (2.35) lässt sich dahingehend verallgemeinern, dass man p verschiedene Parameter vom a- und b-Typ sowie q verschiedene Parameter vom Typ c einführt,

$$_pF_q[(a); (b); z] = \sum_{n=0}^{\infty} \frac{(a_1)_n \cdots (a_p)_n}{(b_1)_n \cdots (b_q)_n}\ \frac{z^n}{n!}, \qquad (2.73)$$

wobei $(a) = a_1, \ldots, a_p$, $(a_i)_n = a_i(a_i + 1) \cdots (a_i + n)$ und $(b_i)_n = b_i(b_i + 1) \cdots (b_i + n)$ die Pochhammer-Symbole sind. Die dabei entstehende Reihe konvergiert für alle endlichen z, solange $p \leq q$ ist, für alle $|z| < 1$ mit $p = q + 1$, und divergiert für alle $z \neq 0$, wenn $p > q + 1$. Man kann zeigen, dass diese Reihe dann der folgenden DGL genügt:

$$\Delta(\Delta + b_1 - 1)(\Delta + b_2 - 1) \cdots (\Delta + b_q - 1)F$$
$$= z(\Delta + a_1)(\Delta + a_2) \cdots (\Delta + a_p)F , \qquad (2.74)$$

wobei

$$\Delta = z \frac{d}{dz} .$$

Die am weitesten verbreitete Klasse solcher Funktionen ist die mit $p = q + 1$. Die gewöhnliche hypergeometrische Funktion $F(\ldots) = {}_2F_1(\ldots)$ gehört offensichtlich ebenfalls dazu. Eine analytische Fortsetzung aus dem Einheitskreis über die Singularität bei $z = 1$ hinaus zu $|z| > 1$ kann mithilfe des Integrals von Barnes (2.5) konstruiert werden. Um dies durchzuführen, definieren wir

$$A(s) = \frac{\prod_{i=1}^{p} \Gamma(a_i + s)}{\prod_{j=1}^{q} \Gamma(b_j + s)} .$$

Für $|z| < 1$ können wir die Integrationskontur nach rechts in Richtung $+\infty$ verschieben,[15] dann ergibt sich

$$I = \frac{\prod_{i=1}^{q} \Gamma(a_j)}{\prod_{j=1}^{p} \Gamma(b_i)} \, {}_pF_q[(a);(b);z] .$$

Bei $|z| > 1$ verschieben wir die Kontur in entgegengesetzter Richtung zu $-\infty$. Dann müssen wir die Integrale um die Pole $s = -a_k - n$ berücksichtigen, die sich zu

$$I = \sum_{k=1}^{p} \sum_{n=0}^{\infty} \frac{\prod_{i=1}^{\prime p} \Gamma(a_i - a_k - n)}{\prod_{j=1}^{q} \Gamma(b_j - a_k - n)} \, \Gamma(a_k + n) \frac{(-1)^n}{n!} (-z)^{-a_k - n}$$

summieren (der Apostroph an der Summe bedeutet, dass der Term $i = k$ weggelassen werden muss). Nun möchten wir die Identität (2.6) in der folgenden Form:

$$\Gamma(c - n) = \pi(-1)^n / [\sin(\pi c) \, \Gamma(1 - c + n)]$$

benutzen, um das Integral oben umzuschreiben wie

$$I = \sum_{k=1}^{p} (-z)^{-a_k} \sum_{n=0}^{\infty} \prod_{i=1}^{\prime p} \left[\frac{\pi(-1)^n}{\sin[\pi(a_i - a_k)]} \frac{1}{\Gamma(1 - a_i + a_k + n)} \right]$$

$$\times \prod_{j=1}^{q} \left[\frac{(-1)^n}{\pi} \sin[\pi(b_j - a_k)] \Gamma(1 - b_j + a_k - n) \right] \frac{\Gamma(a_k + n)}{n!} (1/z)^n .$$

---

[15] Oder alternativ durch einen sehr großen Halbkreisbogen in der rechten Halbebene ergänzen.

Ferner erinnern wir uns, dass $p = q + 1$ und ersetzen n mithilfe der Gamma-Funktion und ihrer Funktionalgleichung $\Gamma(c + n) = \Gamma(c)(c)_n$. Als Ergebnis erhalten wir

$$
\begin{aligned}
I &= \sum_{k=1}^{p} (-z)^{-a_k} \sum_{n=0}^{\infty} {\prod_{i=1}^{p}}' \frac{\Gamma(a_i - a_k)}{(1 - a_i + a_k)_n} \prod_{j=1}^{q} \frac{(1 - b_j + a_k)_n}{\Gamma(b_j - a_k)} \frac{\Gamma(a_k)(a_k)_n}{n!} (1/z)^n \\
&= \sum_{k=1}^{p} (-z)^{-a_k} \left[{\prod_{i=1}^{p}}' \Gamma(a_i - a_k) \right] \Gamma(a_k) \left[\prod_{j=1}^{q} \frac{1}{\Gamma(b_j - a_k)} \right] \\
&\quad \times \sum_{n=0}^{\infty} (a_k)_n \left[{\prod_{i=1}^{p}}' \frac{1}{(1 - a_i + a_k)_n} \right] \left[\prod_{j=1}^{q} (1 - b_j + a_k)_n \right] \frac{1}{n!} (1/z)^n \\
&= \sum_{k=1}^{p} \frac{\Gamma(a_k) {\prod_{i=1}^{p}}' \Gamma(a_i - a_k)}{\prod_{j=1}^{q} \Gamma(b_j - a_k)} (-z)^{-a_k} \\
&\quad \times {}_pF_q \left[a_k, 1 - b_1 + a_k, \ldots, 1 - b_q + a_k; 1 + a_1 + a_k, \ldots, 1 - a_p + a_k; 1/z \right].
\end{aligned}
$$

Wie erwartet, hat die Funktion F $1 + q = p$ Parameter vom a- und b-Typ sowie $p - 1 = q$ Parameter vom c-Typ (weil $1 = 1 - a_k + a_k$ keinen Parameter darstellt). Zusammenfassend erhalten wir also die folgende Vorschrift für die analytische Fortsetzung:

$$
\begin{aligned}
{}_pF_q[(a_i); (b_j); z] &= \sum_{k=1}^{p} {\prod_{i=1}^{p}}' \left[\frac{\Gamma(a_i - a_k)}{\Gamma(a_i)} \right] \prod_{j=1}^{q} \left[\frac{\Gamma(b_j)}{\Gamma(b_j - a_k)} \right] (-z)^{-a_k} \\
&\quad \times {}_pF_q \left[a_k, 1 - b_1 + a_k, \ldots, 1 - b_q + a_k; 1 + a_1 + a_k, \ldots, 1 - a_p + a_k; 1/z \right],
\end{aligned}
\tag{2.75}
$$

wobei $p = q + 1$. Insbesondere im Fall $q = 1$ erhalten wir die uns bereits bekannte Formel (2.57) für die gewöhnliche hypergeometrische Reihe.

2.8 Beispiele aus der mathematischen Physik

2.8.1 Impulsverteilung in wechselwirkenden Systemen

Eine der wichtigsten Problemstellungen der Vielteilchenphysik ist die Berechnung der Verteilungsfunktionen der konstituierenden Teilchen. Während in den nicht wechselwirkenden Systemen die Besetzungswahrscheinlichkeiten durch die Bose- bzw. Fermi-Verteilungsfunktionen gegeben sind, ändert sich das auf eine entscheidende Weise, sobald die Teilchen zu wechselwirken anfangen. Die Impulsverteilungsfunktion $n(k)$ wird meistens aus der Einteilchen-Green-Funktion mittels einer

Abb. 2.4 Deformation der Kontur zur Berechnung von $n(k)$ in Abschn. 2.8.1

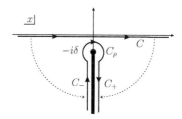

Fourier-Transformation ausgerechnet [1]. In einer Dimension und für einige Wechselwirkungsarten lässt sich diese Green-Funktion analytisch exakt ausrechnen und ist gegeben durch

$$G(x) = \frac{1}{2\pi} \frac{1}{(-ix+\delta)^\alpha} , \qquad (2.76)$$

wobei δ eine positive Infinitesimalkonstante und α eine dimensionslose Wechselwirkungskonstante darstellt. In einem wechselwirkungslosen System ist $\alpha = 1$, und die Impulsverteilung wird durch der Relation

$$n(k) = \int\limits_{-\infty}^{\infty} dx\, e^{ikx}\, G(x) = \int\limits_{-\infty}^{\infty} \frac{dx}{2\pi} \frac{e^{ikx}}{-ix+\delta}$$

gegeben. Dieses Integral kann mit den in Abschn. 1.2.6 vorgestellten Methoden berechnet werden. Alternativ kann es auch als die Fourier-Rücktransformation der Heaviside-Funktion interpretiert werden, s. (1.40). Das Ergebnis ist die bekannte Fermi-Verteilungsfunktion $n(k) = \Theta(-k)$.[16]

Im Fall eines beliebigen α (meistens treten nur Werte $0 < \alpha < 1$ auf) ist man mit einem mehrwertigen Integranden konfrontiert. Um einen analytischen Zweig auswählen zu können, schneiden wir $\mathbb{C}$ entlang der negativen imaginären Achse auf $[-i\delta, -i\infty)$. Dann deformieren wir die Integrationskontur für negative k so, dass die negative reelle Halbachse zu C_- während die positive Halbachse zu C_+ wird, s. Abb. 2.4. Auf $C_\pm$ gilt dann $(-z)^\alpha = z^\alpha\, e^{\mp i\pi\alpha}$. Das Integral auf C_ρ verschwindet für $0 < \alpha < 1$. Dann erhalten wir mit $ix = z$

$$n(k < 0) = \frac{-i}{2\pi} \left[\int\limits_{\infty}^{0} dz\, \frac{e^{kz}}{(-z)^\alpha} + \int\limits_{0}^{\infty} dz\, \frac{e^{kz}}{(-z)^\alpha} \right]$$

$$= -\frac{i}{2\pi} \left[-\int\limits_{0}^{\infty} dz\, e^{kz}\, \frac{e^{-i\pi\alpha}}{z^\alpha} + \int\limits_{0}^{\infty} dz\, e^{kz}\, \frac{e^{i\pi\alpha}}{z^\alpha} \right]$$

$$= \frac{\sin(\pi\alpha)}{\pi} \int\limits_{0}^{\infty} dz\, e^{kz}\, z^{-\alpha} = \frac{\sin(\pi\alpha)}{\pi} |k|^{\alpha-1}\, \Gamma(1-\alpha)\, e^{-|k|\delta} . \qquad (2.77)$$

---

[16] Die Fermi-Kante liegt hier bei $k = 0$.

Für positive k dagegen kann die Kontur entlang der positiven imaginären Halbachse nach Unendlich geschickt werden, und das Integral ist dann identisch null. Also
hat das obige Ergebnis formal gesehen noch einen Vorfaktor $\Theta(-k)$. Das nicht
wechselwirkende Resultat wird ebenfalls sehr schön wiedergegeben, wenn man
berücksichtigt, dass $\sin(\pi\alpha)\Gamma(1-\alpha) = \pi$, wenn $\alpha \to 1$. Das unphysikalische
Verhalten von (2.77) bei $k \to -\infty$ erklärt sich dadurch, dass die Green-Funktion
(2.76) lediglich das langwellige (niederenergetische) Verhalten adäquat beschreibt.
Damit gilt (2.77) nur in der Nähe der Fermi-Kante.

2.8.2   Die eindimensionale Schrödinger-Gleichung

In einer Dimension ist die Wellenfunktion $\psi(x)$ eines quantenmechanischen Teilchens die Lösung der Schrödinger-Gleichung[17]

$$-\frac{1}{2}\frac{d^2\psi}{dx^2} + [U(x) - E]\psi = 0. \tag{2.78}$$

Hier setzen wir voraus, dass $x \in (-\infty, \infty)$. Außerdem möchten wir nur Lösungen
betrachten, die in den Grenzfällen $x \to \pm\infty$ beschränkt bleiben. Im Einklang mit
dem Satz von Liouville (s. Abschn. 1.2.5) kann eine solche Funktion nicht überall
analytisch sein. In den meisten Problemen ist die entsprechende Schrödinger-Gleichung tatsächlich eine Gleichung mit mehreren Singularitäten, deren Lösung nicht
selten durch hypergeometrische Funktionen ausgedrückt werden kann.

Für ein generisches $U(x)$ kann die Lösung nicht angegeben werden. Aus diesem
Grund werden wir zunächst auf allgemeine Eigenschaften der Lösungen eingehen,
um sie dann anschließend an einigen Beispielen detaillierter zu diskutieren. Wir
nehmen an, dass $U(x)$ eine stetige Funktion ist, die in beiden Grenzfällen $x \to \pm\infty$
endliche Werte $U_{1(2)}$ annimmt,

$$\lim_{x\to\pm\infty} U(x) = U_{1(2)}.$$

O. B. d. A. setzen wir weiterhin voraus, dass $U_1 \le U_2$. Dann können wir das Potenzial $U(x)$ bei großen x einfach durch diese asymptotischen Werte annähern. Daher
muss die Wellenfunktion das folgende asymptotische Verhalten aufweisen:

$$\psi(x) = A_1 e^{ik_1 x} + B_1 e^{-ik_1 x} \quad \text{für} \quad x \to -\infty \tag{2.79}$$

und

$$\psi(x) = A_2 e^{ik_2 x} + B_2 e^{-ik_2 x} \quad \text{für} \quad x \to +\infty,$$

wobei $k_{1,2} = \sqrt{2(E - U_{1,2})}$. Der Einfachheit halber nehmen wir außerdem an,
dass $E > U_2$. Dadurch, dass die beiden letzten Relationen asymptotische Formen

---

[17] Wir benutzen Einheiten in welchen $\hbar^2/m = 1$.

ein und derselben Lösung $\psi(x)$ sind, müssen die Koeffizienten in einer einfachen Verbindung zueinander stehen:

$$A_2 = \alpha A_1 + \beta B_1 \, ,$$

und ähnlich $B_2 = \alpha' A_1 + \beta' B_1$, wobei α und β im allgemeinen Fall komplexe Koeffizienten sind (die Relation zwischen α', β' und α, β werden wir in Kürze aufstellen).

Da die Gleichung (2.78) reell ist, folgt daraus, dass wenn $\psi(x)$ eine Lösung davon ist, dann ist ihre komplex Konjugierte[18] $\psi^*(x)$ ebenfalls eine. Diese Tatsache hat zwei Konsequenzen. Zum einen unterscheidet sich die asymptotische Form von $\psi^*(x)$,

$$\psi^*(x) = A_1^* e^{-ik_1 x} + B_1^* e^{ik_1 x} \quad \text{für} \quad x \to -\infty$$

und

$$\psi^*(x) = A_2^* e^{-ik_2 x} + B_2^* e^{ik_2 x} \quad \text{für} \quad x \to +\infty \, ,$$

von der von $\psi(x)$ nur durch Umbenennung der jeweiligen Konstanten. Wenn $A_2 = \alpha A_1 + \beta B_1$ für A_2 gilt, so muss zwangsläufig $B_2^* = \alpha B_1^* + \beta A_1^*$ oder $B_2 = \beta^* A_1 + \alpha^* B_1$ für B_2 gelten. Daraus schließen wir, dass $\alpha' = \beta^*$ und $\beta' = \alpha^*$. Zum anderen, da $\psi(x)$ und $\psi^*(x)$ linear unabhängig sind (es sei denn $A_{1(2)} = \pm B_{1(2)}$), lässt sich die folgende *Wronski-Determinante* definieren:

$$W[\psi, \psi^*] = \psi \frac{d\psi^*}{dx} - \psi^* \frac{d\psi}{dx} \, .$$

Für die Schrödinger-Gleichung ist sie konstant,

$$\frac{d}{dx} W[\psi, \psi^*] = \psi \frac{d^2\psi^*}{dx^2} - \psi^* \frac{d^2\psi}{dx^2} = 2[E - U(x)]|\psi|^2 - 2[E - U(x)]|\psi|^2 = 0 \, .$$

Aus dem asymptotischen Verhalten von $\psi(x)$ und $\psi^*(x)$ folgt daher, dass

$$k_1(|A_1|^2 - |B_1|^2) = k_2(|A_2|^2 - |B_2|^2) \tag{2.80}$$

gilt. Die physikalische Bedeutung von $W[\psi, \psi^*]$ ist sehr interessant: Sie ist gleich dem Wahrscheinlichkeitsdichtefluss und (2.80) ist der entsprechende Erhaltungssatz. Drückt man nun A_2 und B_2 durch A_1 und B_1 aus, so erhält man eine Einschränkung

$$|\alpha|^2 - |\beta|^2 = \frac{k_1}{k_2} \, .$$

Wir sehen also, dass es für $E > U_2$ zwei linear unabhängige beschränkte Lösungen der Schrödinger-Gleichung gibt. In der Quantenmechanik wird die Lösung e^{ikx} ($k > 0$) als eine sich nach rechts ausbreitende Teilchenwelle und die Lösung e^{-ikx}

---

[18] In diesem Beispiel benutzen wir die in der Physik übliche Notation für die komplexe Konjugation.

($k > 0$) als eine sich in entgegengesetzter Richtung ausbreitende Welle interpretiert. Deshalb beschreibt die Situation mit $B_2 = 0$ eine von links einlaufende Welle mit der Amplitude A_1, die dann am Potenzial $U(x)$ teilweise mit der Amplitude B_1 reflektiert und teilweise mit der Amplitude A_2 durchgelassen wird. Der Reflexionskoeffizient R lässt sich dann als Betragsquadrat des Quotienten der reflektierten und einlaufenden Amplituden definieren,

$$R = \frac{|B_1|^2}{|A_1|^2} = \frac{|\beta|^2}{|\alpha|^2} \, , \qquad (2.81)$$

während der Transmissionskoeffizient wie folgt definiert wird:

$$T = 1 - R = \frac{k_1}{k_2} \frac{1}{|\alpha|^2} \, .$$

Die Streuung der aus der entgegengesetzten Richtung einlaufenden Welle wird durch die andere linear unabhängige Lösung beschrieben. Aus diesem Grund erhält man auch die gleichen R und T.

Nun möchten wir diese Erkenntnisse auf ein Problem mit einem realistischen Potenzial anwenden, z. B. auf

$$U(x) = \frac{U_0}{2} \left[1 + \tanh\left(\frac{x}{2a}\right) \right] \, . \qquad (2.82)$$

Dies ist ein glattes Potenzial, das im Grenzfall $a \to 0$ zu einer perfekten Stufe wird. Hier gilt $U_1 = 0$ und $U_2 = U_0$. Für ein Teilchen mit Energie $E = \hbar^2 k^2 / 2m = k^2 / 2$ erhalten wir dann

$$\psi''(x) + \left[k^2 - 2U(x) \right] \psi(x) = 0 \, .$$

Im nächsten Schritt führen wir die Substitution $y = 1/(1 + e^{x/a})$ durch, um eine Gleichung mit polynomiellen Koeffizienten zu erhalten. Anschließend führen wir neue Parameter $\kappa^2 = (ka)^2 = 2a^2 E$, $\lambda^2 = 2a^2 U_0$ ein. Da wir für die Ableitung

$$\frac{d}{dx} = -\frac{y(1 - y)}{a} \frac{d}{dy}$$

haben, erhalten wir

$$y(1 - y)\psi'' + (1 - 2y)\psi' + \left[\frac{\kappa^2}{y(1 - y)} - \frac{\lambda^2}{y} \right] \psi = 0 \, .$$

Diese Gleichung hat Pole bei 0, 1 und ∞, und deswegen wird sie durch hypergeometrische Funktionen gelöst. Um es explizit sehen zu können, nehmen wir eine weitere Substitution $\psi(y) = y^\alpha (1 - y)^\beta f(y)$ vor, wobei $\alpha^2 = \lambda^2 - \kappa^2$ und $\beta^2 = -\kappa^2$. Diese Prozedur liefert

$$y(1 - y) f'' + [(2\alpha + 1) - (2\beta + 2\alpha + 2)y] f' - (\alpha + \beta)(\alpha + \beta + 1) f = 0 \, .$$

Hier erkennen wir die Gleichung (2.53), weswegen eine mögliche Lösung durch

$$f(y) = C\, F(\alpha + \beta, \alpha + \beta + 1; 2\alpha + 1; y)$$

gegeben ist. Hierbei ist C eine noch unbekannte Konstante. Wir möchten nun zeigen, dass diese Lösung alle Anforderungen an das ‚richtige‘ asymptotische Verhalten erfüllt. Für $x \to \infty$ haben wir $y \to e^{-x/a} \to 0$, deswegen gilt $f(y) \to C$. Für die gesuchte Wellenfunktion haben wir dann $\psi(x) \to C y^{\alpha} \approx C e^{-\alpha x/a}$. Nun sind wir mit zwei verschiedenen Situationen konfrontiert:

- $\lambda > \kappa$, dann ist α eine positive reelle Zahl. In diesem Fall fällt die Wellenfunktion für wachsende x exponentiell ab, wie man es auch bei $E < U_0$ erwarten würde.
- $\lambda < \kappa$, dann ist $\alpha = -ik'a$ rein imaginär. Hier gilt $\psi(x) \to C e^{ik'x}$, wobei $k'^2 = 2(E - U_0)$. Wir haben es hier also mit einer sich frei ausbreitenden ebenen Welle zu tun.

Andererseits gilt für $x \to -\infty$ $y \to 1$, weshalb $1 - y \approx e^{x/a} \to 0$. In diesem Fall muss man sich der analytischen Fortsetzung (2.56) der hypergeometrischen Funktion bedienen. Damit ergibt sich

$$F(\alpha + \beta, \alpha + \beta + 1; 2\alpha + 1; y)$$
$$= \frac{\Gamma(2\alpha + 1)\,\Gamma(-2\beta)}{\Gamma(\alpha - \beta)\,\Gamma(\alpha - \beta + 1)}\, F(\alpha + \beta, \alpha + \beta + 1; 2\alpha + 1; 1 - y)$$
$$+ (1 - y)^{-2\beta}\, \frac{\Gamma(2\alpha + 1)\,\Gamma(2\beta)}{\Gamma(\alpha + \beta)\,\Gamma(\alpha + \beta + 1)}\, F(\alpha - \beta, \alpha - \beta + 1; -2\beta + 1; 1 - y).$$

Erinnert man sich an $1 - y = e^{x/a}$, so erhält man für $x \to -\infty$

$$\psi(x) \to C \left[\frac{\Gamma(2\alpha + 1)\,\Gamma(-2\beta)}{\Gamma(\alpha - \beta)\,\Gamma(\alpha - \beta + 1)}\, e^{\beta x/a} + \frac{\Gamma(2\alpha + 1)\,\Gamma(2\beta)}{\Gamma(\alpha + \beta)\,\Gamma(\alpha + \beta + 1)}\, e^{-\beta x/a} \right].$$

Da $\beta = ika$, ergibt sich für das asymptotische Verhalten der Lösung eine lineare Superposition der sich nach links und rechts ausbreitenden ebenen Wellen. Aus dem Vergleich mit (2.79) können wir dann den durch (2.81) definierten Reflexionskoeffizienten ausrechnen,

$$R = \left| \frac{\Gamma(2\beta)\,\Gamma(\alpha - \beta)\,\Gamma(\alpha - \beta + 1)}{\Gamma(-2\beta)\,\Gamma(\alpha + \beta)\,\Gamma(\alpha + \beta + 1)} \right|^2 . \tag{2.83}$$

Nun möchten wir wieder zwei verschiedene Situationen getrennt betrachten.

- $E < U_0$, dann ist $\beta = i\kappa$ rein imaginär, während α eine positive reelle Zahl ist. In diesem Fall sind der Zähler und Nenner von (2.83) zueinander komplex konjugierte Zahlen, was $R = 1$ liefert, wie erwartet.

- $E > U_0$, dann bleibt β gleich, jedoch wird $\alpha = -i\sigma$ rein imaginär. Dann gilt $|\Gamma(2\beta)/\Gamma(-2\beta)|^2 = 1$. Für den Rest benutzen wir die Formel (2.2) und erhalten

$$R = \left|\frac{(\alpha+\beta)\,\Gamma^2(\alpha-\beta+1)}{(\alpha-\beta)\,\Gamma^2(\alpha+\beta+1)}\right|^2 = \left(\frac{\kappa-\sigma}{\kappa+\sigma}\right)^2 \left[\left|\frac{\Gamma(1-i(\kappa+\sigma))}{\Gamma(1+i(\kappa-\sigma))}\right|^2\right]^2.$$

Im nächsten Schritt benutzen wir die folgende sehr nützliche Folgerung aus dem Ergänzungssatz (2.6):

$$|\Gamma(1+ix)|^2 = \frac{\pi x}{\sinh(\pi x)},$$

um das Resultat auf folgende Weise umzuschreiben:

$$R = \left[\frac{\sinh\pi(\kappa-\sigma)}{\sinh\pi(\kappa+\sigma)}\right]^2 = \left[\frac{\sinh\pi(k-k')a}{\sinh\pi(k+k')a}\right]^2. \tag{2.84}$$

Hier sind k und k' die Wellenzahlen auf der linken/rechten Seite der Barriere.

Im Grenzfall $a \to 0$ wird das Streupotenzial zu einer scharfen Stufe. In dieser Situation ist die Lösung wesentlich einfacher, s. z. B. [15]. Sie wird natürlich auch als Grenzfall $a \to 0$ von (2.84) korrekt wiedergegeben.

2.8.3 Probleme, die sich auf eine 1D-Schrödinger-Gleichung abbilden lassen

In manchen Situationen lassen sich die Lösungen der eindimensionalen Schrödinger-Gleichung nur mithilfe der verallgemeinerten hypergeometrischen Funktionen explizit hinschreiben. Zum Beispiel bei der Lösung des Drei-Bosonen-Problems entsteht die folgende Gleichung [9]:

$$\left[\hat{T}(-i\partial_x) - E + e^x\right]\psi(x) = 0, \tag{2.85}$$

wobei $\hat{T}(-i\partial_x)$ einen Differentialoperator bezeichnet, der auf eine Funktion $\psi(x)$ auf folgende Weise wirkt: $\hat{T}(-i\partial_x)\psi(x) = \int dx'\, T(x-x')\psi(x')$. T ist hier die Fourier-Transformierte von $\hat{T}$ und kann formal als kinetische Energie verstanden werden. Man nehme an, dass die Fourier-Transformierte von $\hat{L}(x) = \hat{T}(-i\partial_x) - E$ eine rationale Funktion ist,

$$L(k) = P(k)/Q(k),$$

und sei $F(k)$ die Fourier-Transformierte von $\psi(x)$. Dann ist die Fourier-Transformierte von (2.85) gegeben durch:

$$P(k)F(k) + Q(k)F(k+i) = 0.$$

Die Rücktransformation liefert dann

$$[P(-i\,\partial_x) + e^x\,Q(-i\,\partial_x - i)]\,\psi(x) = 0\,.$$

Von nun an möchten wir uns auf

$$L(k) = \bar{\alpha}_0^2\,\frac{k^2 - s_0^2}{k^2 + \alpha_0^2}\,\frac{k^2 + \beta_1^2}{k^2 + \alpha_1^2}$$

konzentrieren. $L(0) = -E = -\bar{\alpha}_0^2 s_0^2 \beta_1^2/(\alpha_0\alpha_1)^2$ ist dann der Energieeigenwert. Dass die oben aufgeführte Gleichung tatsächlich eine Einteilchen-Schrödinger-Gleichung ist, lässt sich durch die folgende Beobachtung beweisen: Entwickelt man T bei $k \to 0$, so stellt man fest, dass der Term führender Ordnung proportional zu $\sim k^2$ ist. Genau dieses Verhalten erwartet man von einem freien Teilchen. Andererseits, bei großen k saturiert die Dispersionsrelation T auf eine Konstante. Diese Situation ist auch nicht ungewöhnlich und findet z. B. in elektronischen Bandzuständen in der Festkörperphysik statt.

Unter den oben aufgeführten Annahmen erhalten wir aus (2.85) in der Koordinatendarstellung die Gleichung

$$\{\bar{\alpha}_0^2\,(-\partial_x^2 - s_0^2)(-\partial_x^2 + \beta_1^2) + e^x\,[-(\partial_x + 1)^2 + \alpha_0^2][-(\partial_x + 1)^2 + \alpha_1^2]\}\,\psi(x) = 0\,.$$

Im nächsten Schritt führen wir die Substitution $z = e^x/\bar{\alpha}_0^2$ und $\partial_x = z\partial_z \equiv \Delta$ durch, die dann

$$(\Delta + is_0)(\Delta - is_0)(\Delta + \beta_1)(\Delta - \beta_1)\psi(z) = z\prod_{r=0}^{1}(\Delta + 1 + \alpha_r)(\Delta + 1 - \alpha_r)\psi(z)$$

liefert. Definiert man $\psi(z) = z^{i\alpha}\,\phi(z)$, wobei α ein neuer Parameter ist, so ergibt sich

$$(\Delta + is_0 + i\alpha)(\Delta - is_0 + i\alpha)(\Delta + i\alpha + \beta_1)(\Delta + i\alpha - \beta_1)\phi(z)$$
$$= z\prod_{r=0}^{1}(\Delta + 1 + \alpha_r + i\alpha)(\Delta + 1 - \alpha_r + i\alpha)\phi(z)\,.$$

Wird nun α auf vier verschiedene Werte gesetzt, so entstehen vier linear unabhängige Lösungen der Ausgangsgleichung:

- Man setze $\alpha = s_0$, dann wird die obige Gleichung gegeben durch

$$\Delta(\Delta + i2s_0)(\Delta + \beta_1 + is_0)(\Delta - \beta_1 + is_0)\phi(z)$$
$$= z\prod_{r=0}^{1}(\Delta + 1 + \alpha_r + is_0)(\Delta + 1 - \alpha_r + is_0)\phi(z)\,.$$

Aus dem Vergleich mit (2.74) können wir sofort ihre Lösung hinschreiben:

$$\psi(z) = z^{i s_0} \, {}_4F_3 \left(1 + \alpha_0 + i s_0, 1 - \alpha_0 + i s_0, 1 + \alpha_1 + i s_0, 1 - \alpha_1 + i s_0; \right.$$
$$\left. 1 + i 2 s_0, 1 + \beta_1 + i s_0, 1 - \beta_1 + i s_0; -z \right)$$

- Die zweite unabhängige Lösung ergibt sich nach der komplexen Konjugation des letzten Resultats, alternativ könnte man auch $s_0 \to -s_0$ setzen.
- Nun setzen wir $i\alpha = \beta_1$, dann wird die Gleichung zu

$$\Delta(\Delta + 2\beta_1)(\Delta + \beta_1 + i s_0)(\Delta + \beta_1 - i s_0)\phi(z)$$
$$= z \prod_{r=0}^{1}(\Delta + 1 + \alpha_r + \beta_1)(\Delta + 1 - \alpha_r + \beta_1)\phi(z).$$

In diesem Fall ist die Lösung der Ausgangsgleichung gegeben durch

$$\psi(z) = z^{\beta_1} \, {}_4F_3 \left(1 + \alpha_0 + \beta_1, 1 - \alpha_0 + \beta_1, 1 + \alpha_1 + \beta_1, 1 - \alpha_1 + \beta_1; \right.$$
$$\left. 1 + 2\beta_1, 1 + \beta_1 + i s_0, 1 + \beta_1 - i s_0; -z \right).$$

- Die vierte Lösung erhält man nach der Substitution $i\alpha = -\beta_1$. Allerdings ist sie nicht endlich bei $z = 0$, weswegen sie nicht berücksichtigt werden darf.

Die allgemeine Lösung der Ausgangsgleichung ist eine lineare Kombination dieser drei in $z = 0$ regulären Funktionen. Die Koeffizienten ergeben sich, wie üblich, aus den Randbedingungen. Wir möchten den Leser daran erinnern, dass diese Lösung nur bei $|z| < 1$ analytisch sein wird. Mithilfe der Vorschrift (2.75) lässt sich natürlich eine analytische Fortsetzung ins Gebiet $|z| > 1$ mühelos konstruieren.

2.9 Übungsaufgaben

Aufgabe 2.1 Benutzen Sie die Identitäten (2.2) und (2.6), um $|\Gamma(iy)|$ für reelle y durch elementare Funktionen auszudrücken. Berechnen Sie das asymptotische Verhalten des Resultats bei $y \to \infty$ und vergleichen Sie das Ergebnis mit der Stirling-Formel. Ermitteln Sie den Grenzfall $y \to 0$ und erklären Sie das Resultat.

Aufgabe 2.2 Berechnen Sie das Produkt $\prod_{k=1}^{n-1} \Gamma(k/n)$ für positive ganzzahlige n.

Hinweis: Schreiben Sie das Produkt in der umgekehrten Reihenfolge aus und benutzen Sie die Identität (2.6). Um das resultierende Produkt von sin-Funktionen zu vereinfachen ist es hilfreich, den Grenzfall $\lim_{z \to 1}(z^n - 1)/(z - 1)$ zu betrachten.

Aufgabe 2.3 *Raabe'sches Integral.* Berechnen Sie das Integral

$$I = \int\limits_0^1 dx \, \ln \Gamma(x) \, .$$

Hinweis: Schreiben Sie eine Summe von zwei solchen Integralen auf und nehmen Sie die Transformation $x \leftrightarrow 1 - x$ in einem von denen vor. Formen Sie anschließend den Integranden mithilfe der Relation (2.6) zu einer elementaren Funktion um. Integrieren Sie das Ergebnis durch eine Verdopplung der Variablen und nutzen Sie die Symmetrie des Integranden aus.

Aufgabe 2.4 Führen Sie die folgenden Integrale:

(a)

$$I_1(x, \alpha) = \int\limits_0^\infty t^{x-1} e^{-\lambda t \cos \alpha} \sin(\lambda t \sin \alpha) \, dt \, ,$$

(b)

$$I_2(x, \alpha) = \int\limits_0^\infty t^{x-1} e^{-\lambda t \cos \alpha} \cos(\lambda t \sin \alpha) \, dt \, ,$$

(c)

$$I_3(x, \alpha) = \int\limits_0^\infty \frac{\sin(\alpha t)}{t^x} \, dt \, ,$$

(d)

$$I_4(x, \alpha) = \int\limits_0^\infty \frac{\cos(\alpha t)}{t^x} \, dt$$

bei $\lambda > 0, 0 < x < 1$ und $-\pi/2 < \alpha < \pi/2$ auf die Gamma-Funktion $\Gamma(x)$ zurück.

Aufgabe 2.5 Drücken Sie das Integral

$$I_{\mu\nu} = \int\limits_0^\infty (\sinh x)^\mu (\cosh x)^\nu \, dx$$

durch die Beta-Funktion aus.

Aufgabe 2.6 Zeigen Sie, dass der Quotient

$$\frac{F(a+1, b; c; z) - F(a, b; c; z)}{F(a+1, b+1; c+1; z)}$$

gleich einer elementaren Funktion von z ist und finden Sie sie.

Aufgabe 2.7 Leiten Sie die folgenden Relationen zwischen den hypergeometrischen Funktionen her:

(a)

$$F(a,b;c;z) = (1-z)^{-a} F\left(a,c-b;c;\frac{z}{z-1}\right)$$
$$= (1-z)^{-b} F\left(b,c-a;c;\frac{z}{z-1}\right),$$

(b)

$$F(a,b;c;z) = (1-z)^{c-a-b} F(c-a,c-b;c;z),$$

(c)

$$F\left(-\nu,\nu+1;1;\frac{1-z}{2}\right) = \frac{\sqrt{\pi}}{\Gamma(\frac{1-\nu}{2})\Gamma(\frac{2+\nu}{2})} F\left(-\frac{\nu}{2},\frac{\nu+1}{2};\frac{1}{2};z^2\right)$$
$$+ \frac{\sqrt{\pi}\nu z}{\Gamma(\frac{1+\nu}{2})\Gamma(\frac{2-\nu}{2})} F\left(\frac{\nu-1}{2},\frac{\nu+2}{2};\frac{3}{2};z^2\right).$$

Aufgabe 2.8 Drücken Sie die folgenden hypergeometrischen Funktionen

(a)

$$F\left(a,b;\frac{a+b+1}{2};\frac{1}{2}\right),$$

(b)

$$F(a,b;a-b+1;-1)$$

durch die Gamma-Funktionen aus.

Aufgabe 2.9 Die sechs Funktionen $F(a\pm 1,b;c;z)$, $F(a,b\pm 1;c;z)$, $F(a,b;c\pm 1;z)$ werden *benachbarte Funktionen* zu $F(a,b;c;z)$ gennant. Es existieren lineare Relationen zwischen $F(a,b;c;z)$ und jeweils zwei ihrer benachbarten Funktionen. Die entsprechenden Koeffizienten sind entweder linear in z oder konstant. Als Beispiel verifizieren Sie die folgenden zwei dieser Relationen:

(a)

$$cF(a,b;c;z) - (c-a)F(a,b;c+1;z) - aF(a+1,b;c+1;z) = 0,$$

(b)

$$cF(a,b-1;c;z) - cF(a-1,b;c;z) + (a-b)zF(a,b;c+1;z) = 0.$$

Aufgabe 2.10 Beweisen Sie die folgenden quadratischen Transformationen:

(a)

$$F(2a,2a+1-c;c;z) = (1+z)^{-2a} F\left(a,a+\frac{1}{2};c;\frac{4z}{(1+z)^2}\right),$$

(b)

$$F\left(a,a-b+\frac{1}{2};b+\frac{1}{2};z^2\right) = (1+z)^{-2a} F\left(a,b;2b;\frac{4z}{(1+z)^2}\right).$$

Aufgabe 2.11 Berechnen Sie die Mellin-Transformierten der folgenden Funktionen:

(a)
$$f(t) = (1+t)^{-a} \,,$$

(b)
$$f(t) = \ln(1+t) \,,$$

(c)
$$f(t) = (1-t)^{-1}$$

und bestimmen Sie die jeweiligen Fundamentalstreifen.

Aufgabe 2.12 Die Funktion

$$f(x) = \sum_{n=1}^{\infty} \frac{e^{-nx}}{1 + e^{-2nx}}$$

wurde von Ramanujan eingeführt. Benutzen Sie die Methode aus dem Abschn. 2.2, um die folgende Identität herzuleiten:

$$f(x) = \frac{\pi}{4x} - \frac{1}{4} + \frac{\pi}{x} \, f(\pi^2/x) \,.$$

Aufgabe 2.13 Benutzen Sie die Definitionen der modifizierten Bessel-Funktion und der Macdonald-Funktion (2.67),

(a) Zeigen Sie, dass für $\mathrm{Re}(\nu + 1/2) > 0$ die Funktion $I_\nu(z)$ die folgende Integraldarstellung hat:

$$I_\nu(z) = \frac{z^\nu}{2^\nu \, \Gamma\left(\nu + \frac{1}{2}\right) \Gamma\left(\frac{1}{2}\right)} \int_0^\pi \cosh(z \cos \varphi) \sin^{2\nu} \varphi \, d\varphi \,, \qquad (2.86)$$

(b) Drücken Sie

$$I_{\frac{1}{2}}(z) \,, \quad I_{-\frac{1}{2}}(z) \,, \quad K_{\pm\frac{1}{2}}(z)$$

durch elementare Funktionen aus.

Aufgabe 2.14 Betrachten Sie das Integral

$$\mathcal{I}_{i\alpha}(\xi) = \int_1^\infty e^{-\xi t} P_{-\frac{1}{2}+i\alpha}(t) \, dt \,,$$

wobei $P_\nu(t) \equiv F(\nu + 1, -\nu; 1; \frac{1-t}{2})$ ein Spezialfall der hypergeometrischen Funktion ist.[19] Drücken Sie es für $\mathrm{Re}\,\xi > 0$ durch die modifizierte Bessel-Funktion aus.

---

[19] Diese Notation ist absichtlich gewählt, s. Abschn. 4.10 und insbesondere Glg. (4.57).

Aufgabe 2.15 Die Macdonald-Funktion besitzt die folgende Integraldarstellung:

$$K_\nu(z) = \frac{\sqrt{\pi}}{\Gamma(\nu + \frac{1}{2})} \left(\frac{z}{2}\right)^\nu \int\limits_1^\infty e^{-zt} (t^2 - 1)^{\nu - 1/2} dt \; .$$

Benutzen Sie sie, um das Integral

$$g(\nu) = \int\limits_0^\infty e^{-at} K_\nu(\beta t) t^{\mu - 1} dt$$

für $\mathrm{Re}(\mu \pm \nu) > 0$ und $\mathrm{Re}\, a > 0$ auszurechnen.

2.10 Lösungen

Aufgabe 2.1

$$|\Gamma(iy)|^2 = \pi/y \sinh \pi y,$$
$$|\Gamma(iy)| = \sqrt{2\pi/y}\, e^{-\pi y/2} [1 + O(y)] \quad \text{für } y \to \pm\infty,$$
$$|\Gamma(iy)| = 1/y + O(y^0) \quad \text{für } y \to 0^+.$$

Aufgabe 2.2

$$(2\pi)^{(n-1)/2}/\sqrt{n}.$$

Aufgabe 2.3

$$\ln \sqrt{2\pi}.$$

Aufgabe 2.4

(a)

$$\Gamma(x) \sin(\alpha x)/\lambda^x,$$

(b)

$$\Gamma(x) \cos(\alpha x)/\lambda^x,$$

(c)

$$\mathrm{sgn}(\alpha) \Gamma(1 - x)|\alpha|^{x-1} \cos(\pi x/2),$$

(d)

$$\Gamma(1 - x)|\alpha|^{x-1} \sin(\pi x/2).$$

Aufgabe 2.5

$$\frac{1}{2} B \left(\frac{\mu + 1}{2}, \frac{-\nu - \mu}{2}\right).$$

Aufgabe 2.6

$$bz/c.$$

Aufgabe 2.8

(a)

$$\frac{\sqrt{\pi}\,\Gamma(\frac{a+b+1}{2})}{\Gamma(\frac{a+1}{2})\Gamma(\frac{b+1}{2})},$$

(b)

$$\frac{2^{-a}\sqrt{\pi}\,\Gamma(1+a-b)}{\Gamma(1+\frac{a}{2}-b)\Gamma(\frac{a+1}{2})}.$$

Aufgabe 2.11

(a)

$$F_M(s) = \Gamma(s)\Gamma(a-s)/\Gamma(a), \quad 0 < \mathrm{Re}(s) < a,$$

(b)

$$F_M(s) = \pi/s\sin(\pi s), \quad -1 < \mathrm{Re}(s) < 0,$$

(c)

$$F_M(s) = \pi\cot(\pi s), \quad 0 < \mathrm{Re}(s) < 1.$$

Aufgabe 2.13

(b)

$$\sqrt{2/\pi z}\,\sinh z, \quad \sqrt{2/\pi z}\,\cosh z, \quad \sqrt{\pi/2z}\,e^{-z}.$$

Aufgabe 2.14

$$\sqrt{2/\pi\xi}\,K_{i\alpha}(\xi).$$

Aufgabe 2.15

$$\frac{\sqrt{\pi}(2\beta)^\nu}{\Gamma(\mu+\frac{1}{2})(a+\beta)^{\nu+\mu}}\Gamma(\mu+\nu)\Gamma(\mu-\nu)F\left(\nu+\mu,\nu+\frac{1}{2};\mu+\frac{1}{2};\frac{a-\beta}{a+\beta}\right).$$

Kapitel 3
Integralgleichungen

Integralgleichungen kommen in vielen Problemen der mathematischen Physik vor und es gibt für sie zahlreiche effiziente Lösungsstrategien. In diesem Kapitel möchten wir uns auf die Techniken konzentrieren, die sehr stark auf den Methoden der komplexen Integration aufbauen. Besonders detailliert möchten wir auf die Wiener-Hopf-Theorie und ihre Anwendungen auf die singulären Integralgleichungen eingehen.

3.1 Einführung

3.1.1 Klassifikation der Integralgleichungen

Wir konzentrieren uns auf den eindimensionalen Fall und betrachten die Gleichung

$$\varphi(x)f(x) = g(x) + \lambda \int_a^b k(x, y)f(y)dy \,, \tag{3.1}$$

wobei die Funktion $\varphi(x)$, der *Kern* dieser Integralgleichung $k(x, y)$, und der *Quellterm* (auch *inhomogener Term* genannt) $g(x)$ vorgegeben sind und $f(x)$ die unbekannte Funktion ist. Dies ist die allgemeine Form einer Integralgleichung.[1] Sind a und b konstant und x-unabhängig, so ist das die sogenannte *Fredholm-Gleichung*. Wenn jedoch der Kern $k(x, y) = 0$ für alle $y > x$, so kann b durch x ersetzt werden und es entsteht eine *Volterra-Gleichung*.

---

[1] Der Integrationspfad von Punkt a zu Punkt b entlang der reellen Achse kann auf einen beliebigen Weg in der komplexen Ebene erweitert werden.

A.O. Gogolin, *Komplexe Integration*, DOI 10.1007/978-3-642-41747-4_3,
© Springer-Verlag Berlin Heidelberg 2014

Wenn die Funktion $\varphi(x)$ verschwindet, ist es sinnvoll $g(x) \to -g(x)$ umzudefinieren, dann ist (wir verzichten hier auf λ, s. die Erklärung unten)

$$\int_a^b k(x,y)f(y)dy = g(x)$$

eine Integralgleichung der 1. Art. Wir werden sie auch *homogene Gleichung* nennen. Offensichtlich kann sie auch als ein inverses Problem interpretiert werden, setzt
man z. B. $a,b \to \pm\infty$ und $k(x,y) = e^{ixy}$, so ist es in der Tat die Inversion der
Fourier-Transformation.

Wenn die Funktion $\varphi(x)$ für alle $x \in [a,b]$ positiv ist, lässt sie sich durch die
Substitution $f \to f/\sqrt{\varphi}$ komplett entfernen. Dabei entsteht eine *Integralgleichung
der zweiten Art*,

$$f(x) = \tilde{g}(x) + \int_a^b \tilde{k}(x,y)f(y)dy ,$$

wobei der neue Kern und der Quellterm gegeben sind durch (λ ist absichtlich weggelassen worden, s. unten)

$$\tilde{k}(x,y) = \frac{k(x,y)}{\sqrt{\varphi(x)\varphi(y)}} , \quad \tilde{g}(x) = \frac{g(x)}{\sqrt{\varphi(x)}} .$$

Wenn der Kern symmetrisch ist, d. h. $k(x,y) = k(y,x)$ gilt, bleibt er nach der
Reskalierung ebenfalls symmetrisch. Offensichtlich bleibt auch die eventuell vor-
handene *Hermitizität* $k(x,y) = \bar{k}(y,x)$ erhalten, solange $\varphi(x)$ reell ist. Deswegen
können wir in der allgemeinen Theorie der Gleichungen mit den Hermiteschen
Kernen auf die Funktion $\varphi(x)$ verzichten. Man beachte jedoch, dass wenn der
Kern einer engeren Funktionsklasse angehört, z. B. wenn er von der Differenz oder
dem Produkt von x und y abhängt, so wird die Reskalierung diese Eigenschaften
beeinträchtigen und die Behandlung der Situation mit dem endlichen $\varphi(x)$ wird
schwieriger.

Wenn $g(x)$ verschwindet, so entsteht die Gleichung

$$\varphi(x)f(x) = \lambda \int_a^b k(x,y)f(y)dy ,$$

die als ein Eigenwertproblem verstanden werden kann. λ hat dann die Bedeutung
eines Spektralparameters. Formal gesehen kann er im Kern absorbiert werden, weswegen wir des Öfteren auch so verfahren werden, es sei denn, es ist nützlich, λ
explizit zu behalten. Dies ist der Fall in zwei Situationen: Wenn man das Eigenwertproblem löst und für die Störungstheorie, die wir in den kommenden Abschnitten
diskutieren möchten.

3.1.2   Die Resolventenmethode

Obwohl eine allgemeine Abhandlung der Fredholm-Theorie nicht unser Ziel ist, werden einige ihrer Konzepte und Resultate später sehr nützlich sein. Diese möchten wir im vorliegenden Abschnitt vorstellen.

Bei $\lambda = 0$ sieht eine Fredholm-Gleichung am einfachsten aus und ihre Lösung ist offensichtlich durch $f(x) = g(x)/\varphi(x)$ gegeben. Aus diesem Grund ist es ganz natürlich, zu versuchen, die allgemeinere Gleichung für $\lambda \neq 0$ mithilfe einer iterativen Methode zu finden (alternativ kann man sie als eine Störungstheorie in λ auffassen). Alles, was wir nun konstruieren werden, gilt für eine große Klasse der Gleichungen mit nicht-singulären Kernen, weswegen wir auf $\varphi(x)$ verzichten möchten.

Eine systematische iterative Untersuchung von

$$f(x) = g(x) + \lambda \int_a^b k(x, y) f(y) dy$$

wird mithilfe der folgenden λ-Entwicklung:

$$f(x) = f_0(x) + \lambda f_1(x) + \lambda^2 f_2(x) + \dots$$

durchgeführt. Durch die Substitution dieser Reihe in die Originalgleichung und den anschließenden Koeffizientenvergleich erhalten wir die folgenden iterativen Relationen für $f_n(x)$,

$$f_0(x) = g(x) , \quad f_1(x) = \int_a^b k(x, y) f_0(y) dy , \quad f_2(x) = \int_a^b k(x, y) f_1(y) dy,$$

und allgemein

$$f_n(x) = \int_a^b k(x, y) f_{n-1}(y) dy .$$

Die Gleichungsstruktur legt die Einführung der iterierten Kerne nahe,

$$k_1(x, y) = k(x, y) , \quad k_n(x, y) = \int_a^b k_{n-1}(x, y_1) k(y_1, y) dy_1 ,$$

was zu

$$k_2(x, y) = \int_a^b k(x, y_1) k(y_1, y) dy_1 ,$$

$$k_3(x, y) = \int\limits_a^b k_2(x, y_1)k(y_1, y)dy_1 = \int\limits_a^b \left[\int\limits_a^b k(x, y_2)k(y_2, y_1)dy_2 \right] k(y_1, y)dy_1$$

$$= \int\limits_a^b \int\limits_a^b k(x, y_2)k(y_2, y_1)k(y_1, y)dy_1 dy_2$$

führt. Zusammenfassend erhält man

$$k_n(x, y) = \int\limits_a^b \int\limits_a^b \dots \int\limits_a^b k(x, y_{n-1})k(y_{n-1}, y_{n-2})\dots k(y_2, y_1)k(y_1, y)dy_1 dy_2 \dots dy_{n-1} \ .$$

Solange der Gleichungskern nicht-singulär bleibt, kann hier die Reihenfolge der Integrationen beliebig sein.

Es ist nicht schwer zu erkennen, dass die folgende Identität gilt:

$$k_{n+m}(x, y) = \int\limits_a^b k_n(x, t)k_m(t, y)dt \ .$$

k_n enthält tatsächlich $n - 1$ Integrationen, und k_m enthält $m - 1$ davon. Die explizite Integration über t sorgt dafür, dass k_{n+m} die notwendigen $n + m - 1$ Integrationen aufweist.

Aufgrund der Konstruktion gilt

$$f_n(x) = \int\limits_a^b k_n(x, y)g(y)dy \ ,$$

sodass, wenn wir die Funktion

$$R(x, y; \lambda) = k_1(x, y) + k_2(x, y)\lambda + k_3(x, y)\lambda^2 + \dots = \sum_{n=0}^{\infty} k_{n+1}(x, y)\lambda^n$$

definieren, die auch *Resolvente* oder *Neumann'sche Reihe* genannt wird, sich die Lösung in folgender Form schreiben lässt:

$$f(x) = g(x) + \lambda \int\limits_a^b R(x, y; \lambda)g(y)dy \ . \tag{3.2}$$

Diese Lösung ist eindeutig, solange die Resolvente wohldefiniert ist. Es lässt sich außerdem zeigen, dass die Resolvente wohldefiniert ist, solange λ nicht zu nahe an die Eigenwerte der Gleichung

$$f(x) = \lambda \int_a^b k(x, y) f(y) dy$$

herankommt. Andernfalls wird die Gleichung singulär und ihre Lösung wird einen Pol oder einen Verzweigungspunkt aufweisen (was einen Schnitt der komplexen Ebene nach sich zieht), je nachdem, ob das Spektrum diskret oder kontinuierlich wird. Diese sehr interessante Situation setzt jedoch Kenntnisse der Spektraltheorie voraus, auf die wir noch nicht eingehen möchten. Dem interessierten Leser empfehlen wir die Werke [22, 4].

3.2 Produktkerne der Form $k(x, y) = k(xy)$

Alleine die Tatsache, dass der Kern der Fourier-Transformation durch e^{ixy} gegeben ist, weist darauf hin, dass solche Integralgleichungen näher betrachtet werden sollten. Die allgemeine Gestalt ist dann

$$\varphi(x) f(x) = g(x) + \lambda \int_a^b k(xy) f(y) dy .$$

Im generischen Fall ist sie nicht lösbar, weswegen wir uns nur auf die lösbaren Situationen konzentrieren möchten. In den meisten davon gilt $\varphi = 1$ und die Integration erstreckt sich entweder über die ganze reelle Achse oder ist auf die Halbachse beschränkt.

Entarteter Kern: Das einfachste Beispiel ist die Gleichung mit dem entarteten Kern $k(xy) = h(x)w(y)$. In diesem Fall kann die Gleichung sehr einfach gelöst werden:

$$f(x) = g(x) + \frac{\lambda \lambda_1}{\lambda_1 - \lambda} g_1 h(x) , \quad \lambda_1 = \left[\int_a^b w(t)h(t)dt \right]^{-1} , \quad g_1 = \int_a^b g(t)w(t)dt .$$

Hierbei nimmt man an, dass beide Integrale existieren und $\lambda_1 \neq \lambda$. Wenn $\lambda_1 = \lambda$, reduziert sich die Lösung bei $g_1 = 0$ auf $f(x) = g(x) + Ch(x)$ mit einer beliebigen Konstante C. Für $g_1 \neq 0$ dagegen existieren keine Lösungen.

3.2.1 Die Fourier-Integralgleichung

Man nennt die Gleichung

$$f(x) = g(x) + \lambda \int_{-\infty}^{\infty} e^{ixy} f(y) dy \tag{3.3}$$

Fourier-Integralgleichung. Zu ihrer Lösung gibt es zahlreiche Techniken. Wir fangen mit der Resolventenmethode aus dem letzten Abschnitt an. Der erste Term der Resolventenentwicklung ist gegeben durch

$$k_1(x, y) = e^{ixy} .$$

Damit lassen sich alle Koeffizienten einzeln ausrechnen:

$$k_2(x, y) = \int_{-\infty}^{\infty} e^{ixy_1} e^{iy_1 y} dy_1 = 2\pi \delta(x + y) ,$$

$$k_3(x, y) = \int_{-\infty}^{\infty} [2\pi \delta(x + y_1)] e^{iy_1 y} dy_1 = (2\pi) e^{-ixy} ,$$

$$k_4(x, y) = \int_{-\infty}^{\infty} \left[(2\pi) e^{-ixy_1} \right] e^{iy_1 y} dy_1 = (2\pi)^2 \delta(x - y) ,$$

$$k_5(x, y) = \int_{-\infty}^{\infty} \left[(2\pi)^2 \delta(x - y_1) \right] e^{iy_1 y} dy_1 = (2\pi)^2 e^{ixy} ,$$

$$k_6(x, y) = \int_{-\infty}^{\infty} \left[(2\pi)^2 e^{ixy_1} \right] e^{iy_1 y} dy_1 = (2\pi)^3 \delta(x + y) ,$$

$$k_7(x, y) = \int_{-\infty}^{\infty} \left[(2\pi)^3 \delta(x + y_1) \right] e^{iy_1 y} dy_1 = (2\pi)^3 e^{-ixy} ,$$

$$k_8(x, y) = \int_{-\infty}^{\infty} \left[(2\pi)^3 e^{-ixy_1} \right] e^{iy_1 y} dy_1 = (2\pi)^4 \delta(x - y) .$$

Hier erkennen wir die folgenden Rekursionsrelationen:

$$k_{4m+1}(x, y) = (2\pi)^{2m} e^{ixy} ,$$
$$k_{4m+2}(x, y) = (2\pi)^{2m+1} \delta(x + y) ,$$
$$k_{4m+3}(x, y) = (2\pi)^{2m+1} e^{-ixy} ,$$
$$k_{4m+4}(x, y) = (2\pi)^{2m+2} \delta(x - y) ,$$

wobei $m = 0, 1, 2 \ldots$ ganze Zahlen sind. Die Resolvente erhält man dann durch die Aufsummation einer geometrischen Reihe:

$$R(x, y; \lambda) = \sum_{m=0}^{\infty} \left[(2\pi)^{2m} e^{ixy} \lambda^{4m} + (2\pi)^{2m+1} \delta(x + y) \lambda^{4m+1} \right.$$
$$\left. + (2\pi)^{2m+1} e^{-ixy} \lambda^{4m+2} + (2\pi)^{2m+2} \delta(x - y) \lambda^{4m+3} \right]$$

$$= \frac{1}{1 - (2\pi\lambda^2)^2} \left[e^{ixy} + 2\pi\lambda\delta(x + y) + 2\pi\lambda^2 e^{-ixy} \right.$$
$$\left. + (2\pi)^2\lambda^3\delta(x - y) \right] .$$

Für $(2\pi\lambda^2)^2 \neq 1$ erhalten wir dann die Lösung der Fourier-Integralgleichung in folgender Form [$G(x)$ ist die Fourier-Transformierte von $g(x)$]:

$$f(x) = \frac{1}{1 - (2\pi\lambda^2)^2} \left\{ g(x) + 2\pi\lambda^2 g(-x) + \lambda[G(x) + 2\pi\lambda^2 G(-x)] \right\} .$$

Ihre Gültigkeit lässt sich sehr einfach durch ein direktes Einsetzen in die Originalgleichung (3.3) zeigen. Wie man leicht erkennen kann, besitzt diese Lösung interessante Eigenschaften bezüglich der Spiegelung um den Koordinatenursprung $x \leftrightarrow -x$ (*Paritätstransformation*). Das legt eine Untersuchung der Originalgleichung bezüglich dieser Transformation nahe, was wir im nächsten Abschnitt durchführen möchten.

3.2.2 Reduktion auf ein halbunendliches Integrationsgebiet

Hier möchten wir eine allgemeinere Gleichung untersuchen:

$$f(x) = g(x) + \lambda \int\limits_{-\infty}^{\infty} k(xy) f(y) dy . \tag{3.4}$$

Als Erstes benutzen wir die besonderen Eigenschaften des Produktkerns, um die Integration auf die positive reelle Halbachse $x \in [0, \infty)$ einzuschränken.

Es ist bekannt, dass jede Funktion, ob reellwertig oder komplex, sich als eine Summe von einer geraden $f_c(x)$- und einer ungeraden $f_s(x)$-Funktion schreiben lässt,

$$f(x) = f_c(x) + f_s(x) ,$$

wobei

$$f_c(x) = \frac{1}{2}[f(x) + f(-x)] , \qquad f_s(x) = \frac{1}{2}[f(x) - f(-x)] .$$

Setzt man diese Zerlegung zurück in die Integralgleichung (3.4) ein und ersetzt $y \rightarrow -y$, wo es negativ ist, so erhält man

$$f_c(x) + f_s(x) = g_c(x) + g_s(x) + 2\lambda \int\limits_{0}^{\infty} k_c(xy) f_c(y) dy + 2\lambda \int\limits_{0}^{\infty} k_s(xy) f_s(y) dy .$$

Nun ‚spiegeln' wir diese Relation durch die Substitution $x \to -x$, das liefert

$$f_c(x) - f_s(x) = g_c(x) - g_s(x) + 2\lambda \int_0^\infty k_c(xy) f_c(y) dy - 2\lambda \int_0^\infty k_s(xy) f_s(y) dy \ .$$

Bildet man jetzt Summe und Differenz von den beiden letzten Gleichungen, so erhält man die folgenden zwei Relationen:

$$f_c(x) = g_c(x) + 2\lambda \int_0^\infty k_c(xy) f_c(y) dy \ ,$$

$$f_s(x) = g_s(x) + 2\lambda \int_0^\infty k_s(xy) f_s(y) dy \ . \tag{3.5}$$

Man beachte, dass (3.4) und (3.5) vollständig äquivalent sind: (3.5) folgt aus (3.4) und umgekehrt. Das Gleichungssystem (3.5) kann nun mithilfe der Mellin-Transformation (s. Abschn. 2.2) gelöst werden.

Als Beispiel möchten wir die Fourier-Gleichung (3.3) aus dem letzten Abschnitt anschauen. (3.5) schreibt sich dann wie folgt:

$$f_c(x) = g_c(x) + 2\lambda \int_0^\infty \cos(xy) f_c(y) dy \ ,$$

$$f_s(x) = g_s(x) + 2i\lambda \int_0^\infty \sin(xy) f_s(y) dy \ ,$$

und die Lösung lässt sich in zwei Beiträge zerlegen,

$$f(x) = \frac{1}{1 - 2\pi\lambda^2} [g_c(x) + \lambda G_c(x)] + \frac{1}{1 + 2\pi\lambda^2} [g_s(x) + \lambda G_s(x)] \ .$$

Berücksichtigt man, dass

$$G(x) = \int_{-\infty}^\infty e^{ixy} [g_c(y) + g_s(y)] dy = 2 \int_0^\infty \cos(xy) g_c(y) dy + 2i \int_0^\infty \sin(xy) g_s(y) dy$$

gilt, so ergibt sich

$$f_c(x) = \frac{1}{1 - 2\pi\lambda^2} \left[g_c(x) + 2\lambda \int_0^\infty \cos(xy) g_c(y) dy \right] ,$$

$$f_s(x) = \frac{1}{1 + 2\pi\lambda^2} \left[g_s(x) + 2i\lambda \int_0^\infty \sin(xy) g_s(y) dy \right] .$$

Wir möchten anmerken, dass die Kosinus-Lösung bis auf die Umbenennung $\lambda \to \lambda/\sqrt{2\pi}$ der entsprechenden Lösung aus [26] gleich ist.

3.2.3 Die Integralgleichung von Fox

Ein entscheidendes Merkmal dieser Klasse von Integralgleichungen ist ihr Produkt-kern und die Integration entlang der positiven reellen Halbachse,

$$f(x) = g(x) + \int_0^\infty k(xy)f(y)dy \,, \tag{3.6}$$

wobei der Spektralparameter λ in die Definition von $k(xy)$ absorbiert ist.

Wendet man die Mellin-Transformation (2.21) an, so erhält man

$$F_M(s) - G_M(s) = \int_0^\infty dy f(y) \int_0^\infty dx\, x^{s-1} k(xy) = K_M(s) \int_0^\infty \frac{dy}{y^s} f(y) \,,$$

was zu einer algebraischen Gleichung für die Transformierten führt,

$$F_M(s) = G_M(s) + K_M(s) F_M(1-s) \,.$$

Setzt man nun $s \to 1-s$, so erhält man eine zusätzliche Relation

$$F_M(1-s) = G_M(1-s) + K_M(1-s) F_M(s) \,,$$

welche der vorhergehenden natürlich äquivalent ist. Nun kann $F_M(1-s)$ eliminiert werden und als Ergebnis erhält man

$$F_M(s) = \frac{G_M(s) + K_M(s)G_M(1-s)}{1 - K_M(s)K_M(1-s)} \,.$$

Die Mellin-Rücktransformation liefert dann eine formale Lösung des Problems:

$$f(x) = \frac{1}{2\pi i} \int_{c-i\infty}^{c+i\infty} \frac{G_M(s) + K_M(s)G_M(1-s)}{1 - K_M(s)K_M(1-s)} x^{-s} ds \,. \tag{3.7}$$

3.3 Differenzkerne, nicht-singulärer Fall

Diesen Abschnitt möchten wir den Integralgleichungen mit den Differenzkernen der Form $k(x, y) = k(x-y)$ widmen.

3.3.1 Unendliches Integrationsgebiet

Die einfachste Gleichung mit einem Differenzkern hat die folgende Form:

$$f(x) = g(x) + \int_{-\infty}^{\infty} k(x - y) f(y) dy , \qquad (3.8)$$

wobei die Integration entlang der reellen Achse durchgeführt wird [λ ist in $k(x - y)$ integriert]. Aufgrund der Kerneigenschaften hat man es hier mit einer Faltung zweier Funktionen – $k(x)$ und $f(y)$ zu tun. Es ist aus der Theorie der Fourier-Transformation bekannt, dass eine solche Faltung einem Produkt der Fourier-Transformierten entspricht. Nach der Anwendung von (1.29) erhält man also

$$F(q) = G(q) + K(q) F(q) . \qquad (3.9)$$

Die Lösung der Integralgleichung findet sich dann aus der Fourier-Rücktransformation

$$f(x) = \int_{-\infty}^{\infty} \frac{dq}{2\pi} e^{-iqx} \frac{G(q)}{1 - K(q)} . \qquad (3.10)$$

Im Allgemeinen ist es nicht immer ersichtlich, ob eine vorgegebene Integralgleichung in die sehr bequeme Form (3.8) gebracht werden kann. In manchen Situationen ist es mithilfe einer einfachen Substitution möglich, das Integrationsgebiet auf die ganze reelle Achse zu erstrecken, sodass die Fourier-Transformation zumindest formal erlaubt wäre. In Beispiel 3.1 ist das der Fall. Zusätzlich dazu wird auch der Kern zu einem Differenzkern.

Beispiel 3.1 Man löse die Integralgleichung

$$f(x) = g(x) + \int_{-\infty}^{0} dy \, k(x, y) \, f(y) ,$$

wobei

$$g(x) = \frac{x}{1 + x^2} \qquad \text{und} \qquad k(x, y) = \frac{4U}{\pi} \frac{x}{(x + y)^2 + U^2(x - y)^2} .$$

U sei eine Konstante. Integralgleichungen mit dieser Struktur entstehen sehr oft bei der Behandlung von integrablen Vielteilchen-Systemen mittels des sogenannten *Bethe-Ansatzes* [11]. Die Variable x ist dann in vielen Fällen der dimensionslose Teilchenimpuls. Allerdings ist es sinnvoll statt dem Impuls die sogenannte *Rapidität*

λ zu benutzen, $x = -e^{-\lambda}$. Nach dieser Substitution sieht die Integralgleichung folgendermaßen aus:

$$f(\lambda) = g(\lambda) + \int\limits_{-\infty}^{\infty} d\lambda'\, k(\lambda - \lambda')\, f(\lambda') \, ,$$

wobei

$$g(\lambda) = -\frac{e^{-\lambda}}{1 + e^{-2\lambda}} \quad \text{und} \quad k(\lambda) = -\frac{4U}{\pi}\, \frac{e^{-\lambda}}{(1 + e^{-\lambda})^2 + U^2(1 - e^{-\lambda})^2} \, .$$

Die Fourier-Transformierte des Quellterms wurde bereits in der Aufgabe 1.7 ausgerechnet, s. (5.1), in der Lösung zur Aufgabe 1.7

$$G(k) = -\int\limits_{-\infty}^{\infty} d\lambda\, \frac{e^{i\lambda k}\, e^{-\lambda}}{1 + e^{-2\lambda}} = -\frac{\pi}{2\cosh(\pi k/2)} \, .$$

Sein Fundamentalstreifen ist $-1 < \text{Im}\, k < 1$. Die Fourier-Transformierte des Kerns kann für beliebige U ausgewertet werden, s. ebenfalls Aufgabe 1.7. Sie ist sehr einfach im Fall $U = 1$ und bis auf einen Vorfaktor identisch mit der Transformierten des Quellterms,

$$K(k) = -\frac{1}{\cosh(\pi k/2)} \, .$$

Laut (3.10) ist die Lösung dann gegeben durch

$$f(\lambda) = -\frac{1}{4} \int\limits_{-\infty}^{\infty} dk\, \frac{e^{-ik\lambda}}{\cosh(\pi k/2) + 1} \, .$$

Hier kann die Kontur in der unteren Halbebene geschlossen werden. Mithilfe der Residuenformel erhalten wir dann[2]

$$f(\lambda) = -\frac{\lambda}{\pi\,\sinh(2\lambda)} \, .$$

Alternativ könnte man das Integral mithilfe der Substitution $z = e^{\pi k/2}$ auf eines der im Abschn. 1.3.2 behandelten Integrale abbilden.

In manchen Situationen lässt sich die Gleichung (3.8) sehr bequem mithilfe der Resolvente $R(x, y, \lambda)$ lösen, s. (3.2):

$$f(x) = g(x) + \lambda \int\limits_{-\infty}^{\infty} R(x - y, \lambda) g(y)\, dy \, . \tag{3.11}$$

---

[2] Das Integral selbst ist konvergent für $-\pi/2 < \text{Im}\,\lambda < \pi/2$.

Für den vorliegenden Fall eines unendlichen Integrationsgebiets und der Gleichung mit einem Differenzkern lässt sich die Funktion $R(t, \lambda)$ problemlos auswerten. Es lässt sich zeigen, das die Relation (3.9) zwischen $F(q)$, $G(q)$ und $K(q)$ in folgender Form hingeschrieben werden kann:

$$F(q) = G(q) + \lambda G(q) \frac{K(q)}{1 - \lambda K(q)} \cdot$$

Nimmt man eine Fourier-Transformation der Resolventen-Relation (3.11) vor, so erhält man

$$F(q) = G(q) + \lambda R(q, \lambda) G(q) \,.$$

Aus dem Vergleich der letzten beiden Relationen ergibt sich die explizite Form der Resolvente:

$$R(q, \lambda) = \frac{K(q)}{1 - \lambda K(q)} \cdot$$

Eine Fourier-Rücktransformation liefert dann

$$R(t, \lambda) = \frac{1}{2\pi} \int\limits_{-\infty}^{\infty} R(q, \lambda) e^{-iqt} dq = \frac{1}{2\pi} \int\limits_{-\infty}^{\infty} e^{-iqt} \frac{K(q)}{1 - \lambda K(q)} dq \,.$$

Beispiel 3.2 Man löse die Integralgleichung (3.8) mit dem Kern

$$k(x - y) = e^{-\alpha|x-y|} \,, \qquad \alpha > 0 \,.$$

Seine Fourier-Transformierte ist gegeben durch

$$K(q) = \int\limits_{-\infty}^{\infty} e^{-\alpha|t|} \, e^{iqt} \, dt = \frac{2\alpha}{\alpha^2 + q^2} \cdot$$

Im Einklang mit der oben angegebenen Formel ist die Fourier-Transformierte der Resolvente gegeben durch

$$R(q, \lambda) = \frac{2\alpha}{q^2 + \alpha^2 - 2\alpha\lambda} \cdot$$

Die Rücktransformierte findet man aus dem Integral

$$R(t, \lambda) = \frac{1}{2\pi} \int\limits_{-\infty}^{\infty} R(q, \lambda) e^{-iqt} dq = \frac{\alpha}{\pi} \int\limits_{-\infty}^{\infty} \frac{e^{-iqt}}{q^2 + \alpha^2 - 2\alpha\lambda} \, dq \,.$$

Es ist konvergent für $\lambda < \alpha/2$ und kann mithilfe des Residuensatzes berechnet werden. Der Integrand hat auf der imaginären Achse bei $q = \pm i \sqrt{\alpha^2 - 2\alpha\lambda}$ zwei einfache Pole. Schließt man die Integrationskontur in der unteren/oberen Halbebene für $t > 0$ bzw. $t < 0$, so erhält man folgendes Ergebnis:

$$R(t, \lambda) = \alpha \frac{e^{-|t|\sqrt{\alpha^2 - 2\alpha\lambda}}}{\sqrt{\alpha^2 - 2\alpha\lambda}} \ ,$$

was schließlich auf

$$f(x) = g(x) + \frac{\alpha\lambda}{\sqrt{\alpha^2 - 2\alpha\lambda}} \int\limits_{-\infty}^{\infty} e^{-|x-y|\sqrt{\alpha^2 - 2\alpha\lambda}} g(y) dy$$

führt.

Wenn der Quellterm $g(x)$ der Gleichung (3.8) verschwindet (homogene Integralgleichung),

$$f(x) = \lambda \int\limits_{-\infty}^{\infty} k(x - y) f(y) dy \ , \tag{3.12}$$

hat man es mit einem Eigenwertproblem zu tun. Es erfordert in der Regel alternative Lösungsmethoden. Wir möchten es hier mit dem folgenden euristischen Ansatz:

$$f(x) = e^{ax}$$

versuchen, wobei a ein komplexer Parameter ist. Setzt man diese Funktion in beide Seiten der Gleichung (3.12) ein und führt die Substitution $s = x - y$ durch, so erhält man die folgende Gleichung für den Parameter a:

$$\lambda \int\limits_{-\infty}^{\infty} k(s) e^{-as} ds = 1 \ . \tag{3.13}$$

Nehmen wir nun an, einem a entsprächen r verschiedene Lösungsfunktionen $f(x)$, d.h. a hätte die Multiplizität r. Um diese zu identifizieren, leiten wir die letzte Gleichung mehrmals nach a ab,

$$\int\limits_{-\infty}^{\infty} k(s) e^{-as} s^m ds = 0 \ , \qquad (m = 1, 2, \ldots, r - 1) \ . \tag{3.14}$$

Diese Gleichung impliziert, dass nicht nur e^{ax}, sondern auch die Funktionen $x e^{ax}, \ldots, x^{r-1} e^{ax}$ Lösungen der homogenen Gleichung (3.12) sind. Um es zu zeigen, setzen wir $x^m e^{ax}$ in die Gleichung (3.12) ein. Führt man die gleiche Variablensubstitution wie oben angegeben durch und benutzt man die Relation (3.14), so erhält man tatsächlich die Originalgleichung (3.13):

$$1 = \lambda \int\limits_{-\infty}^{\infty} k(s)e^{-as}\left(1 - \frac{s}{x}\right)^m ds = \lambda \sum_{p=0}^{m} \frac{m!}{p!(m-p)!}\frac{(-1)^p}{x^p} \int\limits_{-\infty}^{\infty} k(s)e^{-as}s^p ds$$

$$= \lambda \int\limits_{-\infty}^{\infty} k(s)e^{-as} ds + \lambda \sum_{p=1}^{m} \frac{m!}{p!(m-p)!}\frac{(-1)^p}{x^p} \underbrace{\int\limits_{-\infty}^{\infty} k(s)e^{-as}s^p ds}_{=\,0}$$

$$= \lambda \int\limits_{-\infty}^{\infty} k(s)e^{-as} ds \;.$$

Beispiel 3.3 Man löse die Integralgleichung

$$f(x) = \lambda \int\limits_{-\infty}^{\infty} e^{-|x-y|} f(y)\, dy \;.$$

Wir suchen eine Lösung der Form $f(x) \sim e^{ax}$. Die Konstante a bestimmt sich aus der Gleichung

$$\lambda \int\limits_{-\infty}^{\infty} e^{-|s|}e^{-as}\, ds = 1 \qquad \text{oder} \qquad \frac{2\lambda}{(1-a^2)} = 1.$$

Wir erhalten also zwei einfache Lösungen $a = \pm\sqrt{1-2\lambda}$, die bei $\lambda = 1/2$ zu einer Doppellösung $a = 0$ zusammenfallen. Die gesuchte Funktion ist deswegen gegeben durch

$$f(x) = C_1 e^{\sqrt{1-2\lambda}\,x} + C_2 e^{-\sqrt{1-2\lambda}\,x} \quad \text{für} \ \lambda \neq \frac{1}{2}$$

und

$$f(x) = C_1 + C_2 x \quad \text{für} \ \lambda = \frac{1}{2} \;,$$

wobei C_1, C_2 beliebige Konstanten sind. Wir möchten darauf hinweisen, dass für alle Lösungen $\mathrm{Re}(\sqrt{1-2\lambda}) < 1$ gelten muss, damit das Integral auf der rechten Seite der Originalgleichung wohldefiniert bleibt.

Das asymptotische Verhalten von $f(x)$ bei großen $|x|$ ist durch den Wert von λ bestimmt. Für $\lambda > 1/2$ sind die Eigenfunktionen beschränkt und können in folgender Form hingeschrieben werden:

$$\sin\left(\sqrt{2\lambda-1}\,x\right), \qquad \cos\left(\sqrt{2\lambda-1}\,x\right) \;.$$

Man beachte, dass beide Lösungen für $\lambda < 1/2$ in den Grenzfällen $x \to \pm\infty$ unabhängig von der Wahl von C_1 und C_2 exponentiell ansteigen.

Beispiel 3.4 Man löse die Integralgleichung

$$f(x) = \frac{\lambda}{2} \int\limits_{-\infty}^{\infty} \frac{f(y)}{\cosh\left[\frac{1}{2}(x-y)\right]}\, dy \; .$$

Setzt man $f(y) \sim e^{-ay}$ und anschließend $z = x - y$, so ergibt sich für den Parameter a die folgende Gleichung:

$$\frac{\lambda}{2} \int\limits_{-\infty}^{\infty} \frac{e^{-az}}{\cosh(z/2)}\, dz = 1 \; .$$

Mithilfe der Substitution $e^z = (1-t)/t$ können wir die linke Seite auf die folgende Weise umformen,[3]

$$\frac{1}{2} \int\limits_{-\infty}^{\infty} \frac{e^{-az}}{\cosh(z/2)}\, dz = \int\limits_{0}^{1} t^{a-\frac{1}{2}}(1-t)^{-a-\frac{1}{2}}\, dt = B\left(\frac{1}{2}+a, \frac{1}{2}-a\right) \; ,$$

wobei $B(\ldots, \ldots)$ die Beta-Funktion bezeichnet [s. Definition (2.10)]. Benutzt man die Darstellung der Beta-Funktion durch die Gamma-Funktionen (2.11), so erhalten wir

$$\frac{1}{2} \int\limits_{-\infty}^{\infty} \frac{e^{-az}}{\cosh(z/2)}\, dz = \Gamma\left(\frac{1}{2}+a\right)\Gamma\left(\frac{1}{2}-a\right) = \frac{\pi}{\cos(\pi a)} \; .$$

Deswegen ist a durch die Lösung der Gleichung

$$\frac{\pi\lambda}{\cos(\pi a)} = 1 \; , \quad |\mathrm{Re}\, a| < 1/2$$

gegeben. Für den Spezialfall $\lambda = 1/\pi$ ist es eine Doppellösung $a = 0$ und die gesuchte Funktion ist

$$f(x) = C_1 + C_2\, x \; .$$

Andererseits bei $\lambda = 1/2\pi$ ist die gesuchte Funktion gegeben durch

$$f(x) = C_1 e^{x/3} + C_2 e^{-x/3} \; .$$

3.3.2 Die Wiener-Hopf-Methode

Erstaunlicherweise gestaltet sich das Lösen einer Gleichung der Form (3.8), in der nur entlang der Halbachse integriert wird, wesentlich komplizierter. Die entsprechende Lösungstechnik – die sogenannte *Wiener-Hopf-Methode* – ist tief in der

---

[3] Dieses Integral kann natürlich mithilfe einer Konturintegration auch direkt ausgewertet werden.

Funktionentheorie und insbesondere in den Methoden der komplexen Integration verwurzelt. Eine solche Gleichung entsteht zum Beispiel bei der Beschreibung des Strahlungstransports und des Strahlungsgleichgewichts in den Sternenatmosphären. Ihr Kern ist gegeben durch

$$k(x) = \frac{1}{2} \int\limits_{|x|}^{\infty} \frac{e^{-\xi}}{\xi} \, d\xi \, , \qquad (3.15)$$

s. [12].[4] Eine detaillierte und höchst interessante Herleitung dieser Gleichungen ist in [5] vorgestellt.

Von nun an möchten wir uns diesem Gleichungstyp widmen. Manchmal werden sie auch Wiener-Hopf-Integralgleichungen genannt. Als Erstes betrachten wir die homogene Wiener-Hopf-Gleichung der Form

$$f(x) = \int\limits_{0}^{\infty} dy \, k(x - y) f(y) \, . \qquad (3.17)$$

Hierbei ist die unbekannte Funktion $f(x)$ auf der Halbachse $x > 0$ definiert, wohingegen der Gleichungskern $k(x)$ für alle x der reellen Achse $-\infty < x < \infty$ angegeben ist. Genauso wie im vorherigen Abschnitt möchten wir diese Gleichung auf eine algebraische Gleichung für die einseitigen Fourier-Transformierten F_+, F_- [s. Definitionen (1.44)–(1.45)] reduzieren. Da $f(x)$ nur für $x > 0$ existiert, definiert der Ausdruck

$$\int\limits_{0}^{\infty} dy \, k(x - y) f(y) = g_-(x)$$

eine zusätzliche, nur auf $x < 0$,lebende' Funktion $g_-(x)$. Damit erhalten wir

$$\int\limits_{0}^{\infty} dy k(x - y) f(y) = \begin{cases} f(x) \, , & x > 0 \\ g_-(x) \, , & x < 0 \, . \end{cases}$$

Benutzt man die in (1.46) eingeführte Notation für $f_+(x)$, lässt sich das umformen zu

$$\int\limits_{0}^{\infty} dy \, k(x - y) f_+(y) = f_+(x) + g_-(x) \, , \qquad (3.18)$$

---

[4] In einer leicht abweichenden Form, nämlich als

$$f(x) = (1/2) \int\limits_{0}^{\infty} dy \int\limits_{0}^{1} e^{-|x-y|/\mu} \, \frac{d\mu}{\mu} \, f(y) \, , \qquad (3.16)$$

wird es als *Milne'sches Problem* bezeichnet [18].

Abb. 3.1 Analytizitätsgebiete der Funktionen in der
Gleichung (3.19)

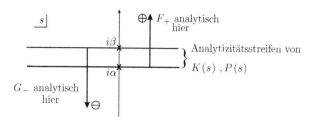

weil laut Definition $f_+(x < 0) = 0$ und $g_-(x > 0) = 0$. Wendet man auf beide
Seiten von (3.18) die Fourier-Transformation (1.29) an, so ergibt sich

$$K'(s)\, F_+(s) = F_+(s) + G_-(s)\,,$$

wobei wir hier eine leichte Notationsänderung vorgenommen haben – die Fourier-
Transformierte von $k(x)$ bezeichnen wir nun $K'(s)$. F_+ und G_- sind, wie üblich,
die Transformierten von f_+ bzw. g_-. Durch eine triviale Umbenennung $K(s) =
1 - K'(s)$ vereinfacht sich die Gleichung zu

$$K(s)\, F_+(s) + G_-(s) = 0.$$

Sollte die Integralgleichung einen Quellterm enthalten, wird seine Fourier-Transformierte $P(s)$ auf der rechten Seite auftauchen,

$$K(s) F_+(s) + G_-(s) = P(s)\,. \tag{3.19}$$

Dies ist die allgemeine algebraische Gestalt des Wiener–Hopf–Problems. Die
Funktionen, die in beiden Seiten vorkommen, haben folgende Eigenschaften (s.
Abb. 3.1):

(i) $F_+(s)$ sei analytisch für $s_2 > \alpha$ (wir benutzen die in Abschn. 1.4.2 eingeführte
   Notation: $s = s_1 + i s_2$ mit rein reellen $s_{1,2}$, α ist der exponentielle Schrankenparameter), d. h. mehr oder weniger in der oberen Halbebene oder, genauer
   ausgedrückt, im Gebiet, welches wir von nun an durch $\oplus$ bezeichnen werden,
   s. Abb. 3.1. Im Rest der komplexen Ebene ist $F_+(s)$ unbekannt.
(ii) $G_-(s)$ sei dagegen analytisch für $s_2 < \beta$, d. h. in der unteren Halbebene. Dieses
   Gebiet werden wir ab jetzt durch $\ominus$ bezeichnen, s. Abb. 3.1. Wie sich diese
   Funktion außerhalb dieses Gebiets verhält, ist unbekannt.
(iii) $K'(s)$ und $P(s)$ seien gegeben und analytisch im Streifen $\alpha < s_2 < \beta$. Für
   $s \to \infty$ in diesem Streifen verlangen wir weiterhin, dass K', P ein Wachstum
   aufweisen, das nicht schneller als algebraisch ist, d. h. es gilt $K', P \le A|s|^N$
   für endliche A und N.

Unser Ziel ist die Berechnung von $f_+(x)$, was wir durch die Ermittlung von
$F_+(s)$ mit anschließender Rücktransformation erreichen. Jedoch haben wir zwei
unbekannte Funktionen: F_+ und G_- und scheinbar nur eine einzige Gleichung –

Abb. 3.2 Analytizitätsstreifen des Kerns (3.20)

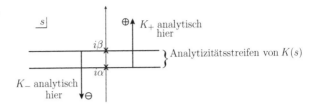

(3.19). Wir werden aber feststellen, dass die Wiener-Hopf-Gleichung in Wirklich-
keit zwei ‚kodierte' Gleichungen enthält, sodass sowohl F_+ als auch G_- berechnet
werden können.

Die Wiener-Hopf-Methode beruht auf zwei wichtigen Ideen: der Faktorisierung
oder Produktaufspaltung einerseits und der Summenaufspaltung einer in einem
Streifen definierten analytischen Funktion andererseits. Die Lösung besteht in
der Regel aus mehreren Schritten. Als Erstes nimmt man die Faktorisierung des
Kerns vor. Für eine im Streifen $\alpha < s_2 < \beta$ analytische Funktion existiert eine
Faktorisierung der Art:

$$K(s) = K_+(s)\, K_-(s), \tag{3.20}$$

wobei $K_+(s)$ in $\oplus$-Gebiet analytisch ist, für $s_2 > \alpha$, und $K_-(s)$ in $\ominus$-Gebiet analytisch ist, für $s_2 < \beta$, s. Abb. 3.2. Die genauen Bedingungen, wann das möglich ist,
und das allgemeine Verfahren für die Bestimmung von $K_\pm(s)$ möchten wir etwas
später diskutieren. Stattdessen fangen wir mit einigen einfachen Beispielen an.

Beispiel 3.5 Die Funktion

$$K(s) = \frac{1}{s^2 + 1}$$

ist analytisch im Streifen $-1 < s_2 < 1$, s. Abb. 3.3. Sie kann auf folgende Weise
geschrieben werden:

$$K(s) = \frac{1}{s^2 + 1} = \frac{1}{s + i}\,\frac{1}{s - i},$$

sodass

$$K_+(s) = \frac{1}{s + i}$$

Abb. 3.3 Analytizitätsstreifen der Funktion aus dem
Beispiel 3.5

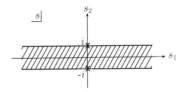

Abb. 3.4 Analytizitätsgebiete der Funktion aus
Beispiel 3.6

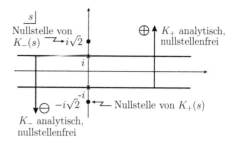

analytisch für $s_2 > -1$ im $\oplus$-Gebiet ist, s. Abb. 3.2 mit $\alpha = -1$, während

$$K_-(s) = \frac{1}{s - i}$$

analytisch für $s_2 < 1$ in $\ominus$-Gebiet ist, s. Abb. 3.2 mit $\beta = 1$.

Beispiel 3.6 Man faktorisiere die folgende Funktion:

$$K(s) = \frac{s^2 + 2}{s^2 + 1}.$$

$K(s)$ hat Nullstellen bei $s = \pm i\sqrt{2}$, s. Abb. 3.4. Im Allgemeinen möchten wir
verlangen (wir werden später sehen, warum), dass: **(i)** alle Nullstellen von $K(s)$
außerhalb des Analytizitätsstreifens liegen; **(ii)** $K_\pm(s)$ nicht nur analytisch in $\oplus$-,
$\ominus$-Gebieten sind, d.h. frei von Singularitäten, sondern auch keine Nullstellen dort
besitzen, s. Abb. 3.4. Diese Anforderungen werden durch die folgende Aufspaltung
erfüllt:

$$K(s) = \frac{s^2 + 2}{s^2 + 1} = \frac{s + i\sqrt{2}}{s + i} \frac{s - i\sqrt{2}}{s - i} = K_+(s)\, K_-(s).$$

Beispiel 3.7 Man faktorisiere die Funktion

$$K(s) = \frac{s^2}{s^2 + 1}.$$

Würde man die Nullstellen bei $s = 0$ nicht berücksichtigen, so wäre der Analytizitätsstreifen einfach durch $-1 < s_2 < 1$ gegeben, s. Abb. 3.5a. Entfernt man die
Nullstellen, so entsteht ein neuer Analytizitätsstreifen, s. Abb. 3.5b. Die entsprechende Faktorisierung ist dann gegeben durch

$$K(s) = \frac{s^2}{s^2 + 1} = \underbrace{\frac{s^2}{s + i}}_{K_+(s)} \quad \underbrace{\frac{1}{s - i}}_{K_-(s)}.$$

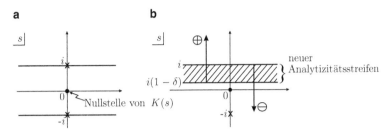

Abb. 3.5 Analytizitätsgebiete für die Funktion aus dem Beispiel 3.7

Abb. 3.6 Analytizitätsgebiete für die Funktionen aus dem
Beispiel 3.8

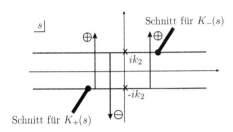

Mithilfe der gerade demonstrierten Methoden lassen sich beliebige rationale
Funktionen bequem faktorisieren. Ähnliche Verfahren können benutzt werden, um
die Kerne mit Verzweigungspunkten aufzuspalten. Dies möchten wir anhand des
nächsten Beispiels verdeutlichen.

Beispiel 3.8 Man faktorisiere die folgende Funktion:

$$K(s) = \sqrt{s^2 - k^2},$$

wobei $k = k_1 + ik_2, k_{1,2} > 0$. Sei

$$K(s) = (s + k)^{1/2} (s - k)^{1/2},$$

sodass eine offensichtliche Wahl wäre

$$K_+(s) = (s + k)^{1/2} \quad \text{und} \quad K_-(s) = (s - k)^{1/2},$$

s. Abb. 3.6.

Nun möchten wir zu unserer Originalgleichung (3.19) zurückkehren. Unter Benutzung der Faktorisierung (3.20) erhalten wir

$$K_+(s) K_-(s) F_+(s) + G_-(s) = P(s).$$

Teilt man sie durch $K_-(s)$, so ergibt sich

$$K_+(s) F_+(s) + \frac{G_-(s)}{K_-(s)} = \frac{P(s)}{K_-(s)} \equiv R(s).$$

Wir sehen hier, warum die Nullstellenfreiheit von $K_\pm$ wichtig ist. Praktischerweise ist dieses Ergebnis nun eine Summe von einer ‚Plus'- und einer ‚Minus'-Funktion. Die analytischen Eigenschaften von $R(s)$ sind jedoch noch nicht klar.

Offensichtlich wäre jetzt eine folgende Aufspaltung der Funktion $R(s)$:

$$R(s) = R_+(s) + R_-(s) \,,$$

die analytisch im Streifen $\alpha < s_2 < \beta$ ist, sehr hilfreich. Es stellt sich heraus, dass das Aufstellen einer solchen Aufspaltung für eine vorgegebene Funktion in den meisten Fällen nicht schwieriger als die Berechnung der $\pm$-Faktorisierung ist. Eine allgemeine Vorschrift dafür werden wir später vorstellen und schauen uns stattdessen ein aufschlussreiches Beispiel an.

Beispiel 3.9 Die Funktion

$$R(s) = \frac{1}{s^2 + 1}$$

ist analytisch im Streifen $-1 < s_2 < 1$. Führt man eine Partialbruchzerlegung durch, so erhält man

$$R(s) = \frac{1}{(s + i)(s - i)} = \frac{-1/2i}{s + i} + \frac{1/2i}{s - i} \,.$$

Das legt die folgende Wahl der $\pm$-Funktionen nahe:

$$R_+(s) = \frac{i}{2(s + i)} \qquad \text{und} \qquad R_-(s) = -\frac{i}{2(s - i)} \,.$$

Die Geometrie des Analyzitätsstreifens ist in Abb. 3.3 gezeigt. Wir möchten darauf hinweisen, dass weder durch R_+ noch durch R_- geteilt wird, weswegen die Nullstellenfreiheit dieser Funktionen nicht verlangt werden muss.

Mithilfe dieser Aufspaltung können wir nun den nächsten Schritt der Wiener-Hopf-Methode angehen. Jetzt haben wir

$$K_+(s)F_+(s) + \frac{G_-(s)}{K_-(s)} = R_+(s) + R_-(s).$$

Bringt man nun die ‚Plus'- und 'Minus'-Funktionen auf jeweils eine Seite der Gleichung, so ergibt sich

$$K_+(s)F_+(s) - R_+(s) = R_-(s) - \frac{G_-(s)}{K_-(s)} \equiv E(s) \,. \qquad (3.21)$$

Jede Seite dieser Gleichung stellt eine analytische Fortsetzung der jeweils anderen dar. Damit ist eine auf der gesamten komplexen Ebene analytische Funktion $E(s)$ definiert, s. Abb. 3.7. Das ist ein bemerkenswertes Ergebnis.

Abb. 3.7 Analytizitätsgebiete der linken bzw. rechten
Seite der Gleichung (3.21)

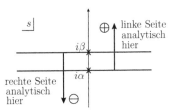

Die Analytizität von $E(s)$ hilft uns einige ihrer Eigenschaften zu ermitteln. Laut Satz von Liouville ist $E(s) = $ const, wenn $E(s)$ überall in $\mathbb{C}$ analytisch und beschränkt ist. Insbesondere gilt $E(s) = 0$ für alle s, solange $E(s) \to 0$ bei $s \to \infty$ gilt. Sollte jedoch die Funktion $E(s)$ überall analytisch mit Ausnahme der Punkte $s = \infty$ sein und dort nicht schneller als algebraisch ansteigen, d. h. $E(s) = O(s^N)$ für $s \to \infty$, so ist $E(s)$ ein Polynom N-ten Grades, weswegen $E(s)$ oft *Liouville-Polynom* genannt wird. Einen rigorosen Beweis dieser Aussage kann man dem Kap. V von [28] entnehmen.

In der Praxis findet man das Polynom $E(s)$ mithilfe der Asymptotik von F_+/G_- im Grenzfall $s \to \infty$. Wenn z. B. sowohl die linke als auch die rechte Seite von (3.21) von der Größenordnung $O(s)$ ist, so ist auch $E(s) = O(s)$. Das Verhalten der Fourier-Transformierten bei großen s wird wiederum durch die Asymptotik der Originalfunktionen bei kleinen Argumenten $f_+(x \to 0^+)$ und $g_-(x \to 0^-)$ bestimmt. Um die Funktionsweise der Methode besser verstehen zu können, betrachten wir nun ein paar Beispiele.

Beispiel 3.10 Man löse die Integralgleichung:

$$f(x) = \frac{1}{2} \int_0^\infty e^{-|x-t|} f(t) dt , \quad x \ge 0 \qquad \text{mit} \qquad k(x) = \frac{1}{2} e^{-|x|} . \qquad (3.22)$$

Das ist ein homogenes Problem, deswegen lässt sich f nur bis auf eine multiplikative Konstante A bestimmen, $f \to Af$. Wir möchten feststellen, ob diese Gleichung eine nichttriviale Lösung ($f \ne 0$) besitzt und wenn ja, ob sie bis auf A eindeutig ist. Wir benutzen die folgende Notation:

$$f_+(x) = \begin{cases} f(x) , & x > 0 \\ 0 , & x < 0 \end{cases}$$

und

$$g_-(x) = \begin{cases} 0 & , \ x > 0 \\ \frac{1}{2} \int_0^\infty dt\, e^{-|x-t|} f(t) & , \ x < 0 . \end{cases}$$

Dann gilt:

$$\frac{1}{2} \int\limits_0^\infty dt\, e^{-|x-t|} f_+(t) = f_+(x) + g_-(x) = \begin{cases} f_+(x), & x > 0 \\ g_-(x), & x < 0. \end{cases}$$

Wendet man die konventionelle Fourier-Transformation an beide Seiten dieser Gleichung an, so erhält man:

$$\int\limits_0^\infty dx\, e^{isx} f_+(x) + \int\limits_{-\infty}^0 dx\, e^{isx} g_-(x) = F_+(s) + G_-(s)$$

und

$$\frac{1}{2} \int\limits_{-\infty}^\infty dx\, e^{isx} \int\limits_0^\infty dt\, e^{-|x-t|} f_+(t) = \int\limits_0^\infty dt\, f_+(t) \frac{1}{2} \int\limits_{-\infty}^\infty dx\, e^{isx} e^{-|x-t|} \,.$$

Im letzten Schritt haben wir die Reihenfolge der Integrationen vertauscht. Als Nächstes nehmen wir die Substitution $x \to x + t$ vor und erhalten

$$= \int\limits_0^\infty dt\, f_+(t) e^{ist} \frac{1}{2} \int\limits_{-\infty}^\infty dx\, e^{isx} e^{-|x|} = F_+(s)\, K'(s) \,.$$

Die Fourier-Transformierte des Kerns haben wir bereits in Beispiel 1.16 berechnet, s. (1.52):

$$K'(s) = \frac{1}{s^2 + 1} \,. \tag{3.23}$$

Diese Funktion ist analytisch im Streifen $-1 < s_2 < 1$, s. Abb. 3.3. Das entsprechende Wiener-Hopf-Problem sieht dann im Fourier-Raum folgendermaßen aus:

$$\frac{1}{s^2 + 1} F_+(s) = F_+(s) + G_-(s)$$

oder, anders ausgedrückt,

$$\frac{s^2}{s^2 + 1} F_+(s) + G_-(s) = 0. \tag{3.24}$$

Die Funktion $K(s) = 1 - K'(s)$ ist zwar analytisch im gleichen Streifen, hat jedoch dort eine Nullstelle. Um eine geeignete Aufspaltung aufstellen zu können, müssen wir die Analytizitätsgebiete von $G_-(s)$ und $F_+(s)$ kennen.

Wir erinnern uns, dass

$$g_-(x) = \frac{1}{2} \int\limits_0^\infty dt \, e^{-|x-t|} f_+(t) \quad \text{für } x < 0.$$

Bei $x < 0, t > 0$ haben wir $x - t < 0$, sodass $|x - t| = t - x$ gilt und

$$g_-(x) = \frac{1}{2} \int\limits_0^\infty dt \, e^{-(t-x)} f_+(t) = e^x \frac{1}{2} \int\limits_0^\infty dt \, e^{-t} f_+(t) = e^x \, C \, ,$$

wobei C eine noch unbekannte Konstante ist. Das Integral

$$G_-(s) = \int\limits_{-\infty}^0 dx \, e^{isx} C e^x = \frac{-i \, C}{s - i}$$

konvergiert für $s_2 < 1$, und $G_-(s)$ ist analytisch für $\text{Im } s < 1$. Das bedeutet, dass der exponentielle Schrankenparameter gegeben ist durch $\beta = 1$.

Damit $F_+(s)$ wohldefiniert ist, muss das Integral

$$\frac{1}{2} \int\limits_0^\infty dt \, e^{-|x-t|} f_+(t)$$

konvergieren. Solange $f_+(x)$ für alle endlichen x integrabel ist (z. B. stetig ist), existiert dieses Integral nur dann, wenn $f_+(x)$ bei $x \to \infty$ einerseits nicht allzu schnell wächst, andererseits nicht divergent bei $x \to 0^+$ ist. Schauen wir uns die beiden Grenzfälle genauer an.

- $x \to \infty$: Hier sollte $f_+(x)$ nicht schneller als $\sim e^x$ zunehmen, deswegen verlangen wir
$$|f_+(x)| < A e^{+(1-\delta)x}$$
für $x \to \infty$ und $0 < \delta < 1$. Folglich ist $F_+(s)$ analytisch für $\text{Im } s > 1 - \delta$, d. h. der exponentielle Schrankenparameter ist $\alpha = 1 - \delta$.
- $x \to 0^+$: Hier darf $f_+(x)$ nur schwächer divergieren als $1/x$, weswegen wir $f_+(x \to 0^+) = \text{const.}$ annehmen. Dies hat $F_+(s) \sim i f_+(0)/s$ bei $s \to \infty$ zur Folge.

Nun kehren wir zu unserem Wiener-Hopf-Problem (3.24) zurück. Der Analytizitätsstreifen ist jetzt $\alpha < \text{Im } s < \beta$; $\alpha = 1 - \delta, \beta = 1$, s. Abb. 3.8, und wir faktorisieren auf die folgende Weise:

$$K(s) = \frac{s^2}{s^2 + 1} = \frac{s^2}{s + i} \frac{1}{s - i} \, .$$

Abb. 3.8 Analytizitätsgebiete für die Funktionen aus
Beispiel 3.10

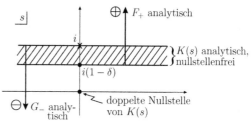

Abb. 3.9 Illustration zur
Rücktransformation (3.26)

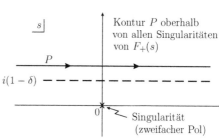

Die Faktoren $K_+(s)$ und $K_-(s)$ sind in den gleichen Gebieten analytisch wie $F_+(s)$ bzw. $G_-(s)$ und sind dort nullstellenfrei:

$$K_+(s) = \frac{s^2}{s+i} \quad \text{und} \quad K_-(s) = \frac{1}{s-i}.$$

Die doppelte Nullstelle ist nun in K_+ ‚eingebaut‘, da sie bei $s = 0$ im $\ominus$-Gebiet liegt. Die Gleichung hat jetzt also die folgende Gestalt:

$$\frac{s^2}{s+i} \frac{1}{s-i} F_+(s) + G_-(s) = 0 \,.$$

Wir teilen sie nun durch $K_-(s) = 1/(s-i)$ und erhalten

$$\frac{s^2}{s+i} F_+(s) + (s-i)G_-(s) = 0.$$

Im nächsten Schritt trennen wir die $\pm$-Funktionen voneinander und erhalten die Relation

$$\frac{s^2}{s+i} F_+(s) = -(s-i)G_-(s) \equiv E(s)\,, \tag{3.25}$$

die die Funktion $E(s)$ definiert. Sie ist analytisch auf der ganzen komplexen Ebene, mit Ausnahme von evtl. $s = \infty$. Laut Satz von Liouville ist $E(s)$ ein Polynom, dessen Grad wir aus der Asymptotik der Gleichung (3.25) ablesen können. Wir wissen bereits, dass $G_-(s) \sim 1/s$ für $s \to \infty$, deswegen strebt die rechte Seite der obigen Gleichung gegen

$$-(s-i)G_-(s) = O(|s|^0) \quad \text{für } s \to \infty\,,$$

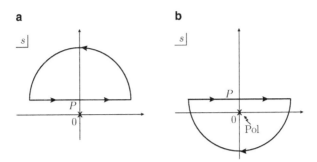

Abb. 3.10 Verschiedene Varianten der Kontur zur Berechnung des Integrals im Beispiel 3.10

und ist somit im Wesentlichen eine Konstante. Andererseits wissen wir, dass $F_+ \sim$ $1/s$ gilt. Da bei $s \to \infty$ die Abschätzung $s^2/(s+i) = O(|s|)$ gilt, erhalten wir

$$\frac{s^2}{s+i} \, F_+(s) = O(|s|^0) \quad \text{für} \quad s \to \infty \,,$$

was ebenfalls eine Konstante ist. Daraus folgt, dass $E(s)$ eine Konstante $E(s) = A$ für alle s ist. Deswegen ist die Lösung von (3.25) gegeben durch

$$F_+(s) = A \, \frac{s+i}{s^2}.$$

Um nun $f_+(x)$ auszurechnen, wenden wir die Rücktransformation an,

$$f_+(x) = \frac{1}{2\pi} \int_P ds \, e^{-isx} F_+(s) \,, \tag{3.26}$$

wobei die Kontur P oberhalb aller Singularitäten von $F_+(s)$ liegt, wie auf Abb. 3.9 gezeigt. Wir möchten zwischen den positiven und negativen x unterscheiden:

- Bei $x < 0$, $|e^{-isx}| = e^{s_2 x} \to 0$ in der oberen Halbebene $\operatorname{Im} s > 0$. Aus diesem Grund schließen wir die Kontur oben, s. Abb. 3.10a, dann erhalten wir $f_+(x) = 0$, wie erwartet.
- Für $x > 0$ dagegen schließen wir die Kontur in der unteren Halbebene, s. Abb. 3.10b. Hier brauchen wir das Residuum beim Doppelpol bei $s = 0$ zu kennen,

$$f_+(x) = \frac{A}{2\pi} \int_P ds \, e^{-isx} \frac{s+i}{s^2} = \frac{A}{2\pi} (-2\pi i) \operatorname{Res}\left(\frac{s+i}{s^2} \, e^{-isx} \right)\bigg|_{s=0} .$$

Es ist, wie immer, gleich dem Koeffizienten beim Term $\sim 1/s$ der Laurent-Entwicklung:

$$\frac{s+i}{s^2}\, e^{-isx} = \frac{s+i}{s^2}\left(1-isx+\dots\right) = \frac{i+s+sx+\dots}{s^2} = \frac{i}{s^2} + \frac{1+x}{s} + \dots$$

und ist durch $1+x$ gegeben.

Deswegen erhalten wir für die Lösung von (3.22)

$$f(x) = A_0(1+x)\,, \tag{3.27}$$

wobei $A_0\ (=-iA)$ eine beliebige Konstante ist, die wir für die vorliegende homogene Gleichung nicht näher spezifizieren können.

Beispiel 3.11 Nun möchten wir die inhomogene Gleichung

$$y(x) - 2\int\limits_0^\infty dt\, e^{-|x-t|} y(t) = -2xe^{-x} \tag{3.28}$$

für $x > 0$ lösen. Wir definieren die unbekannte Funktion $y(x)$ durch

$$y_+(x) = \begin{cases} y(x)\,, & x > 0 \\ 0\,, & x < 0. \end{cases}$$

Dann lässt sich die Gleichung in die folgende Gestalt bringen:

$$2\int\limits_0^\infty dt\, e^{-|x-t|} y_+(t) = \begin{cases} y_+(x) + 2xe^{-x}\,, & x > 0 \\ g_-(x) & ,\ x < 0, \end{cases} \tag{3.29}$$

wobei $g_-(x)$ eine weitere unbekannte Funktion ist. Die Fourier-Transformierte von $y_+(x)$ ist

$$Y_+(s) = \int\limits_0^\infty dx\, e^{isx} y_+(x)$$

und die Funktion $y_+(x)$ unterliegt den im vorherigen Beispiel angegebenen Einschränkungen. Insbesondere muss das Integral

$$\int\limits_0^\infty dt\, e^{-|x-t|} y_+(t)$$

konvergent sein. Dies führt zu den folgenden asymptotischen Eigenschaften:

- für $x \to 0^+$: Berechnet man diesen Grenzfall in (3.28), so stellt man fest, dass $y_+(x)$ konstant ist. Deswegen gilt $Y_+(s) \to 0$ für $s \to \infty$, was mithilfe einer partiellen Integration verifiziert werden kann.
- für $x \to \infty$: $|y_+(x)| < A e^{(1-\delta)x}$, $0 < \delta < 1$, deswegen ist $Y_+(s)$ analytisch für $\mathrm{Im}\, s > 1 - \delta = \alpha$.

Genauso wie im vorhergehenden Beispiel können wir die Betragsklammer weglassen,

$$g_-(x) = 2 \int_0^\infty dt\, e^{-|x-t|}\, y_+(t) = 2e^x \int_0^\infty dt\, e^{-t}\, y_+(t)\,,$$

da hier $x < 0$ und $t > 0$. Deswegen $g_-(x) = C_1 e^x$ und $G_-(s) = C_1/(s - i)$, wobei C_1 eine Konstante ist. Daraus folgern wir:

- $G_-(s) = O(1/s)$ für $s \to \infty$,
- $G_-(s)$ ist überall dort analytisch, wo $\int_{-\infty}^0 dx\, e^{isx}\, e^x$ absolut konvergiert, d. h. für $\mathrm{Im}\, s < 1 = \beta$.

Die Fourier-Transformierte des Quellterms $p(x) = -2x e^{-x}$ ist gegeben durch

$$P(s) = -2 \int_0^\infty dx\, e^{isx}\, x\, e^{-x}\,.$$

Da $|e^{isx} e^{-x}| = e^{-(\mathrm{Im}\,s+1)x}$ ist, konvergiert dieses Integral für $\mathrm{Im}\, s > -1$ und ist somit eine ‚Plus'-Funktion. Mithilfe der partiellen Integration erhalten wir

$$P(s) = -\frac{2}{(s + i)^2}\,.$$

Wir wissen bereits, dass die Fourier-Transformierte des Kerns bis auf den Vorfaktor durch (3.23) gegeben ist. Damit erhalten wir für die Fourier-Transformierte von (3.29) das folgende Ergebnis:

$$\frac{4}{s^2 + 1}\, Y_+(s) = Y_+(s) - \frac{2}{(s + i)^2} + G_-(s)\,.$$

Nun müssen wir das Wiener-Hopf-Problem für die Gleichung

$$\frac{s^2 - 3}{s^2 + 1}\, Y_+(s) + G_-(s) = \frac{2}{(s + i)^2}$$

lösen. $Y_+(s)$ und $G_-(s)$ sind in der oberen bzw. unteren Halbebene analytisch. Der Analytizitätsstreifen des Kerns und des inhomogenen Terms ist $(1 - \delta) < \mathrm{Im}\, s < 1$, s. Abb. 3.11. Im nächsten Schritt faktorisieren wir den Kern in eine ‚Plus'- und eine ‚Minus'-Funktion:

$$K(s) = 1 - K'(s) = \frac{s^2 - 3}{s^2 + 1} = K_+(s)\, K_-(s)\,,$$

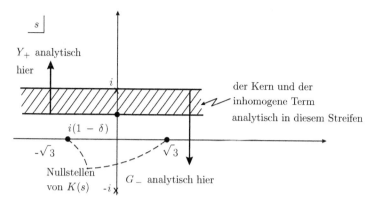

Abb. 3.11 Analytizitätsgebiet der Funktion aus Beispiel 3.11

sodass

$$K_+(s) = \frac{s^2 - 3}{s + i} \quad \text{und} \quad K_-(s) = \frac{1}{s - i} \; .$$

Wir möchten darauf hinweisen, dass die Nullstellen, die auf der reellen Achse liegen, nun in $K_+(s)$ ‚integriert‘ sind. Setzt man diese Faktorisierung in die Originalgleichung ein und teilt durch $K_-(s)$, so erhält man

$$\frac{s^2 - 3}{s + i} Y_+(s) + (s - i) \, G_-(s) = \frac{2(s - i)}{(s + i)^2} \equiv R(s) \; .$$

An dieser Stelle brauchen wir die Aufspaltung von $R(s)$ in $R_\pm(s)$-Funktionen. Sie ist trivial, denn $R(s)$ ist bereits eine ‚Plus‘-Funktion. Das sieht man auf folgende Weise: $P(s) = 2/(s + i)^2 = P_+(s)$ ist eine in $\text{Im}\, s > -1$ analytische ‚Plus‘-Funktion. Obwohl $K_-(s)$ eine ‚Minus‘-Funktion ist, ist ihr Kehrwert $1/K_-(s) = s - i$ eine ‚Plus‘-Funktion. Daraus schließen wir, dass [5]

$$R(s) = \frac{2(s - i)}{(s + i)^2} = R_+(s) \; , \quad R_-(s) = 0 \; .$$

Bringt man alle $\pm$-Funktionen auf jeweils eine Seite der Gleichung, so erhält man

$$\frac{s^2 - 3}{s + i} Y_+(s) - \frac{2(s - i)}{(s + i)^2} = -(s - i)G_-(s) \; ,$$

was gleichzeitig die Definition der Funktion $E(s)$ ist. Im Grenzfall $s \to \infty$ nähert sich die rechte Seite der Gleichung einer Konstante, da dort die Abschätzung

---

[5] Es sei angemerkt, dass die Nullstelle bei $s = i$ unwichtig ist, weil wir nicht durch $R_+(s)$ teilen müssen.

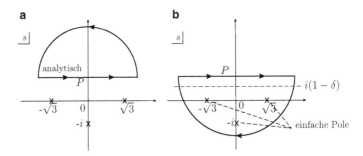

Abb. 3.12 Zur Berechnung der Rücktransformation im Beispiel 3.11

$G_-(s)|_{s\to\infty} \sim 1/s$ gilt. Das gleiche Verhalten findet man für die linke Seite aufgrund der Asymptotik $Y_+(s)|_{s\to\infty} \sim 1/s$. Deswegen ist $E(s) \equiv A$ eine Konstante für alle s.

Die Lösung der Gleichung ist also

$$Y_+(s) = A\,\frac{s+i}{s^2-3} + \frac{2(s-i)}{(s+i)(s^2-3)} = \frac{(A-i)(s+i)^2 + i(s^2-3)}{(s+i)(s^2-3)}\,. \qquad (3.30)$$

Um $y_+(x)$ auszurechnen, benutzen wir die Fourier-Rücktransformation:

$$y_+(x) = \frac{1}{2\pi}\int_P ds\, e^{-isx}\,Y_+(s)\,,$$

wobei die Kontur P oberhalb aller Singularitäten von $Y_+(s)$ liegt. Wir möchten die Fälle von positiven und negativen x getrennt betrachten.

- Für $x < 0$, $|e^{-isx}| = e^{\mathrm{Im}\,sx} \to 0$, solange $\mathrm{Im}\,s > 0$, deswegen schließen wir die Kontur in der oberen Halbebene, s. Abb. 3.12a. Da der Integrand dort keine Singularitäten aufweist, erhalten wir $y_+(x) = 0$ wie erwartet.
- Im Fall $x > 0$, $|e^{-isx}| = e^{\mathrm{Im}\,sx} \to 0$ für $\mathrm{Im}\,s < 0$, weswegen wir die Kontur in der unteren Halbebene schließen. Dabei entsteht der geschlossene Weg $P_\cup$, s. Abb. 3.12b. Innerhalb von $P_\cup$ liegen dann drei einfache Pole: $s = -i, \pm\sqrt{3}$. Deswegen erhalten wir

$$y_+(x) = \frac{1}{2\pi}\int_{P_\cup} ds \left[\frac{(A-i)(s+i)^2 + i(s^2-3)}{(s+i)(s+\sqrt{3})(s-\sqrt{3})}\, e^{-isx}\right]$$

$$= \frac{1}{2\pi}(-2\pi i)\sum \mathrm{Res}\bigl[\dots\bigr]\bigg|_{s=-i,\,\pm\sqrt{3}}\,,$$

wobei $\left[\ldots\right]$ den Integranden bezeichnet. Für die Residuen erhalten wir

$$\mathrm{Res}\left[\ldots\right]\Big|_{s=-i} = i\,e^{-x}\,,$$

$$\mathrm{Res}\left[\ldots\right]\Big|_{s=\pm\sqrt{3}} = (A-i)\frac{\pm\sqrt{3}+i}{\pm 2\sqrt{3}}\,e^{\mp i\sqrt{3}x} = (A-i)\frac{1\pm i/\sqrt{3}}{2}\,e^{\mp i\sqrt{3}x}\,.$$

Fasst man die beiden letzten Residuen zusammen, so ergibt sich

$$\mathrm{Res}\left[\ldots\right]\Big|_{s=-\sqrt{3}} + \mathrm{Res}\left[\ldots\right]\Big|_{s=\sqrt{3}} = (A-i)\left[\cos\sqrt{3}x + \frac{1}{\sqrt{3}}\sin\sqrt{3}x\right].$$

Für die Lösung erhalten wir also

$$y_+(x) = e^{-x} - i(A-i)\left[\cos\sqrt{3}x + \frac{1}{\sqrt{3}}\sin\sqrt{3}x\right]. \tag{3.31}$$

Dies ist eine allgemeine Lösung, die eine noch undefinierte Konstante A enthält. Um sie zu berechnen, sind zusätzliche Bedingungen erforderlich. Manchmal wird verlangt (und es kommt in physikalischen Problemen sehr oft vor), dass der Grenzwert

$$\lim_{x\to+\infty} y_+(x) = 0$$

erfüllt werden muss. Dies hat $A = i$ zur Folge, und die Lösung vereinfacht sich zu

$$y_+(x) = e^{-x}\,. \tag{3.32}$$

Dieses Ergebnis kann auch auf einem alternativen Weg gefunden werden. Wir erinnern uns an die explizite Form von $Y_+(s)$, die in (3.30) angegeben ist. Die oszillatorischen Terme in (3.31) lassen sich auf die auf der reellen Achse liegenden Pole $s = \pm\sqrt{3}$ zurückverfolgen. Durch die Wahl $A = i$ verschwinden diese Pole und man erhält

$$Y_+(s) = \frac{i}{s+i}\,.$$

Eine Rücktransformation führt dann direkt auf (3.32).

Nun möchten wir unseren Zugang verallgemeinern. Es gibt zahlreiche Werke, die die formale Seite der Wiener-Hopf-Methode behandeln, s. z.B. [20, 19]. Statt jedoch diesen Weg einzuschlagen, möchten wir das Problem weniger formal angehen. Als Erstes versuchen wir eine allgemeingültige Vorschrift für die Aufspaltung einer gegebenen Funktion in ihre ‚Plus'- und ‚Minus'-Komponenten herzuleiten. Dabei werden wir an wichtige Hinweise gelangen, die es uns ermöglichen werden, genaue Bedingungen für die Existenz solcher Aufspaltungen zu identifizieren.

Wir fangen mit einer Funktion $R(s)$ an, deren Analytizitätsstreifen durch $\alpha < \mathrm{Im}\,s < \beta$ gegeben ist. Weiterhin setzen wir voraus, dass $R(s) \to 0$ für $s \to \infty$ aus

Abb. 3.13 Die für die Aufspaltung der Funktion $R(s)$
benutzte Kontur

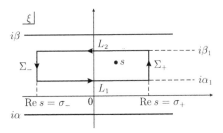

dem Streifen.[6] Betrachtet man eine geschlossene rechteckige Kontur $C = L_1 + L_2 + \Sigma_+ + \Sigma_-$, s. Abb. 3.13 , die vollständig im Analytizitätsstreifen liegt, wenn $\alpha < \alpha_1 < \operatorname{Im} s < \beta_1 < \beta$ und $\sigma_- < \operatorname{Re} s < \sigma_+$, so gilt aufgrund der Cauchy'schen Integralformel die folgende Integraldarstellung:

$$R(s) = \frac{1}{2\pi i} \int\limits_C \frac{d\xi}{\xi - s} \, R(\xi).$$

Als Nächstes schicken wir die beiden Segmente Σ_+ und Σ_- nach ∞ bzw. $-\infty$, d. h. $\sigma_\pm \to \pm\infty$. Da $R(s) \to 0$ für $s \to \infty$, erhalten wir[7]

$$\int\limits_{\Sigma_\pm} \to 0 \qquad \text{bei} \qquad \sigma_\pm \to \pm\infty \, .$$

Deswegen vereinfacht sich das Konturintegral auf

$$R(s) = \frac{1}{2\pi i} \int\limits_A \frac{d\xi}{\xi - s} R(\xi) - \frac{1}{2\pi i} \int\limits_B \frac{d\xi}{\xi - s} R(\xi) \, ,$$

wobei A und B die Reste von $L_{1,2}$-Konturen sind, s. Abb. 3.14. Nun machen wir eine wichtige Beobachtung: Während das Integral

$$R_+(s) = \frac{1}{2\pi i} \int\limits_A \frac{d\xi}{\xi - s} R(\xi) \tag{3.33}$$

eine oberhalb von A analytische Funktion darstellt (s. Abb. 3.15a), ist

$$R_-(s) = -\frac{1}{2\pi i} \int\limits_B \frac{d\xi}{\xi - s} R(\xi) \tag{3.34}$$

---

[6] Diese Bedingung kann man abschwächen, ohne dass sich an den Aussagen etwas ändert. Wir möchten dennoch daran festhalten, da es die Analyse des Problems erheblich erleichtert.
[7] Damit die Integrale entlang dieser Segmente verschwinden, recht natürlich eine einfache Beschränktheit von $R(s)$ völlig aus.

Abb. 3.14 Kontur der Abb.
3.13 nach der Transformation
$\Sigma_\pm \to \pm\infty$

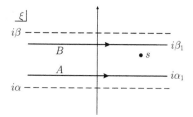

analytisch unterhalb von B (s. Abb. 3.15b). Beide Integrale sind so definiert, dass ein gegebener Punkt s nur jeweils auf einer Seite der Kontur A oder B liegt. Wir verlangen weiterhin, dass ein Überqueren der Geraden nicht erlaubt ist. Unter diesen Voraussetzungen liefern die beiden letzten Formeln die Aufspaltung von $R(s)$ in $R_\pm(s)$, die wir in der Wiener-Hopf-Methode brauchen.

Die Faktorisierung kann aus diesen beiden Formeln hergeleitet werden. Wir nehmen an, dass $K(s)$ in einem Streifen $\alpha < \text{Im } s < \beta$ analytisch ist und suchen $K_\pm(s)$, sodass

$$K(s) = K_+(s)\, K_-(s)$$

gilt. Dabei sollen $K_\pm(s)$ für $\text{Im } s > \alpha$ bzw. $\text{Im } s < \beta$ analytisch sein. Dies ist nun dem oben gelösten Problem völlig äquivalent, denn

$$\ln K(s) = \ln K_+(s) + \ln K_-(s) .$$

Damit bildet man die Faktorisierung von $K(s)$ auf die lineare Aufspaltung von $\ln K(s)$ ab. Die Lösung ist dann offensichtlich gegeben durch:

$$K_+(s) = \exp\left[\frac{1}{2\pi i} \int\limits_A \frac{d\xi}{\xi - s} \ln K(\xi) \right] \tag{3.35}$$

und

$$K_-(s) = \exp\left[-\frac{1}{2\pi i} \int\limits_B \frac{d\xi}{\xi - s} \ln K(\xi) \right] . \tag{3.36}$$

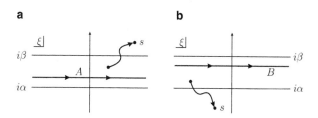

Abb. 3.15 Analytizitätsgebiet der Funktion R_+ aus (3.33) (**a**) und der Funktion R_- definiert durch (3.34) (**b**)

Es ist klar, dass diese Aufspaltung nur möglich ist (existiert), wenn $\ln K(s)$ alle Bedingungen erfüllt, die der Funktion $R(s)$ auferlegt sind, um die Aufspaltung (3.33)–(3.34) möglich zu machen. Aus diesem Grund darf $K(s)$ keine Nullstellen im Analytizitätsstreifen haben. Darüber hinaus darf sich $\arg K(s)$ während der Integration entlang von A oder B nicht um mehr als 2π verändern.

Nun möchten wir die Anwendung der gerade entwickelten Technik an einigen Beispielen demonstrieren.

Beispiel 3.12 Man berechne die Aufspaltung von

$$R(s) = \frac{1}{s^2 + 1}$$

im Streifen $-1 < \operatorname{Im} s < 1$.

Diese Funktion verschwindet im Grenzfall $s \to \infty$ unabhängig von der Richtung, in der der Grenzwert berechnet wird. Um die für $s_2 > -1$ analytische Funktion auszurechnen, benutzen wir die Formel (3.33),

$$R_+(s) = \frac{1}{2\pi i} \int\limits_A \frac{d\xi}{\xi - s} \frac{1}{\xi^2 + 1} \; .$$

Schließt man die Kontur in der unteren Halbebene, s. Abb. 3.16a, so erhält man

$$R_+(s) = \frac{1}{2\pi i} \, (-2\pi i) \, \text{Res}[\ldots]\Big|_{\xi=-i} = -\frac{1}{(-i-s)(-2i)} = \frac{i/2}{s+i} \; .$$

Wir möchten darauf hinweisen, dass man die Kontur auch in der oberen Halbebene schließen kann. In diesem Fall ergibt sich:

$$R_+(s) = \frac{1}{2\pi i}(2\pi i)\Big[\text{Res}[\ldots]\Big|_{\xi=i} + \text{Res}[\ldots]\Big|_{\xi=s}\Big] = \frac{1}{s^2+1} + \frac{1}{(i-s)(2i)}$$

$$= \frac{1}{(s+i)(s-i)} - \frac{1}{(2i)(s-i)} = \frac{2i - (s+i)}{(2i)(s^2+1)} = \frac{-1/2i}{s+i} \; ,$$

was im Bezug auf die analytischen Eigenschaften genau das gleiche Ergebnis ist. Für die „Minus‘-Funktion liefert die Vorschrift (3.34)

$$R_-(s) = -\frac{1}{2\pi i} \int\limits_B \frac{d\xi}{\xi - s} \frac{1}{\xi^2 + 1} \; .$$

Wird die Kontur in der oberen Halbebene geschlossen, s. Abb. 3.16b, so erhält man:[8]

$$R_-(s) = -\frac{1}{2\pi i} \, (2\pi i)\text{Res}[\ldots]|_{\xi=i} = -\frac{1}{(i-s)(2i)} = \frac{-i/2}{s-i} \; .$$

---

[8] Schließt man die Kontur in der unteren Halbebene, so erhält man natürlich das gleiche Ergebnis.

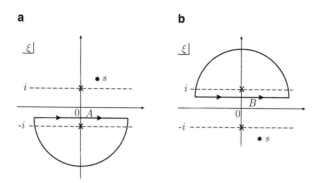

Abb. 3.16 Zwei verschiedene Wege, die Kontur in den Beispielen 3.12 und 3.13 zu schließen

Die Identität $R_+(s) + R_-(s) = R(s)$ wird offensichtlich wiedergegeben. Aufgrund dieser Relation ist die explizite Berechnung von $R_-(s)$ nicht immer notwendig – sie ergibt sich sehr bequem aus $R_-(s) = R(s) - R_+(s)$.

Das nächste Beispiel ist etwas komplizierter.

Beispiel 3.13 Man berechne die Aufspaltung der Funktion

$$R(s) = \frac{e^{-is}}{s^2 + 1} , \qquad (3.37)$$

im Streifen $-1 < \operatorname{Im} s < 1$.

Die ‚Plus‘-Funktion berechnet man aus dem Integral:

$$R_+(s) = \frac{1}{2\pi i} \int_A \frac{d\xi}{\xi - s} \frac{e^{-i\xi}}{\xi^2 + 1} .$$

Für den Exponenten gilt $|e^{-i\xi}| = e^{\operatorname{Im}\xi} \to 0$ für $\operatorname{Im}\xi \to -\infty$. Hier darf also die Kontur nicht in der oberen Halbebene geschlossen werden. Schließt man dagegen in der unteren Halbebene, s. Abb. 3.16a, so ergibt sich:

$$R_+(s) = \frac{1}{2\pi i}(-2\pi i)\operatorname{Res}[\ldots]|_{\xi=-i} = \frac{\frac{i}{2}e^{-1}}{s + i}$$

(vgl. Beispiel 3.12). Die ‚Minus‘-Komponente ist gegeben durch

$$R_-(s) = R(s) - R_+(s) = \frac{e^{-is}}{s^2 + 1} - \frac{\frac{i}{2}e^{-1}}{s + i} .$$

Diese beiden Ergebnisse können wir verstehen, auch ohne das Integral ausrechnen zu müssen. Den Exponenten aus (3.37) kann man schreiben wie $e^{-is} = e^{-i\operatorname{Re} s}e^{\operatorname{Im} s}$.

Abb. 3.17 Zur Berechnung
des Konturintegrals im Beispiel 3.14

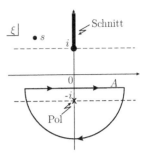

Für $\mathrm{Im}\,s \to -\infty$ fällt er exponentiell ab, divergiert jedoch für $\mathrm{Im}\,s \to +\infty$. Damit ist e^{-is} eine ‚Minus‘-Funktion, die in der unteren Halbebene überall analytisch
einschließlich der Punkte $\mathrm{Im}\,s \to -\infty$ ist (wir möchten den Leser daran erinnern,
dass eine ‚Minus‘-Funktion nicht nur analytisch, sondern auch beschränkt im Unendlichen sein muss). Im nächsten Schritt machen wir eine Partialbruchzerlegung:

$$R(s) = \frac{\frac{i}{2}e^{-is}}{s+i} + \frac{\frac{-i}{2}e^{-is}}{s-i} \,.$$

Der zweite Term ist eine echte ‚Minus‘-Funktion. Der erste Term ist dagegen weder
eine ‚Plus‘- noch eine ‚Minus‘-Funktion. Er wäre jedoch ein ‚Minus‘-Objekt, hätte
er keinen Pol bei $s = -i$. Wir ziehen also diesen Pol auf die folgende Weise ab:

$$\frac{\frac{i}{2}e^{-is}}{s+i} = \frac{\frac{i}{2}e^{-is}}{s+i} - \frac{\frac{i}{2}e^{-1}}{s+i} + \frac{\frac{i}{2}e^{-1}}{s+i} \,.$$

Damit ergibt sich die gesuchte Aufspaltung:

$$R(s) = \underbrace{\frac{\frac{i}{2}e^{-1}}{s+i}}_{R_+(s)} + \underbrace{\frac{\frac{i}{2}(e^{-is} - e^{-1})}{s+i} - \frac{\frac{i}{2}e^{-is}}{s-i}}_{R_-(s)} \,.$$

Die Aufspaltung von mehrdeutigen Funktionen, die einen Schnitt der komplexen Ebene benötigen, gestaltet sich nicht wesentlich komplizierter. Diese Situation
betrachten wir im nächsten Beispiel.

Beispiel 3.14 Man berechne die Aufspaltung der Funktion

$$R(s) = \frac{(s-i)^{1/2}}{s+i}$$

im Streifen $-1 < \mathrm{Im}\,s < 1$. Für die ‚Plus‘-Funktion brauchen wir das folgende
Integral auszurechnen:

$$R_+(s) = \frac{1}{2\pi i} \int\limits_A \frac{d\xi}{\xi - s} \frac{(\xi - i)^{1/2}}{\xi + i} \,.$$

Hier lässt sich die Kontur in der unteren Halbebene schließen, der Schnitt stellt dabei keine Schwierigkeit dar, s. Abb. 3.17:

$$R_+(s) = \frac{1}{2\pi i}(-2\pi i)\text{Res}[\ldots]|_{\xi=-i} = \frac{(-2i)^{1/2}}{s+i}\ .$$

Die ‚Minus'-Funktion berechnet sich aus $R_-(s) = R(s) - R_+(s)$, ihr Definitionsgebiet enthält dann den Schnitt. Andererseits können wir auf die Ideen des letzten Beispiels zurückgreifen. $R(s)$ ist nämlich eine ‚Minus'-Funktion wäre da nicht der Pol bei $s = -i$. Diesen können wir abziehen und erhalten sofort die gesuchte Aufspaltung:

$$R(s) = \frac{(s-i)^{1/2}}{s+i} = \underbrace{\frac{(s-i)^{1/2}}{s+i} - \frac{(-2i)^{1/2}}{s+i}}_{R_-(s)} + \underbrace{\frac{(-2i)^{1/2}}{s+i}}_{R_+(s)}\ .$$

Die Faktorisierung einer gegebenen Funktion lässt sich mithilfe von ähnlichen Techniken sehr effizient aufstellen. Eine Ausnahme bilden die Funktionen $K(s)$, die im Analytizitätsstreifen eine (endliche) Anzahl von Nullstellen s_i der Ordnung (Multiplizität) α_i aufweisen. In diesem Fall ist die Behandlung etwas komplizierter und könnte z. B. mithilfe der folgenden Hilfsfunktion bewerktstelligt werden:

$$\Phi(s) = \ln\left[\frac{(s^2+b^2)^{N/2}}{\prod_i(s-s_i)^{\alpha_i}}\,K(s)\right],\qquad b \geq |\alpha|, |\beta|\ . \tag{3.38}$$

Hier hebt der Nenner $\prod_i(s-s_i)^{\alpha_i}$ die Nullstellen auf, während der Zähler $(s^2+b^2)^{N/2}$ dafür sorgt, dass im Unendlichen die neue Funktion die gleichen analytischen Eigenschaften wie $K(s)$ besitzt. Aus diesem Grund ist N gleich der Gesamtanzahl der Nullstellen einschließlich ihrer Multiplizität. Die positive Konstante b wird so gewählt, dass im Analytizitätsstreifen keine zusätzlichen Nullstellen generiert werden. Mit diesen Vorkehrungen erfüllt $\Phi(s)$ alle für die Faktorisierung benötigten Anforderungen: Sie hat einen wohldefinierten Analytizitätsstreifen ohne Nullstellen und hat die gleiche Asymptotik bei $|s| \to \infty$ wie $K(s)$.

Um zu demonstrieren, wie diese Technik funktioniert, schauen wir uns das Milne'sche Problem (3.16) mit dem Kern

$$K(s) = 1 - \frac{1}{2}\int\limits_{-\infty}^{+\infty} e^{isx}\left(\int\limits_0^1 e^{-\frac{|x|}{\mu}}\,\frac{d\mu}{\mu}\right)dx$$

an. Da $e^{-|x|} = e^{-x}$ bei $x > 0$ und $e^{-|x|} = e^x$ für $x < 0$, lässt sich das Doppelintegral auf die folgende Weise umformen:

$$\frac{1}{2}\int\limits_{-\infty}^{+\infty}\ldots\ dx = \frac{1}{2}\left[\int\limits_{-\infty}^0 e^{isx}\left(\int\limits_0^1 e^{\frac{x}{\mu}}\,\frac{d\mu}{\mu}\right)dx + \int\limits_0^{+\infty} e^{isx}\left(\int\limits_0^1 e^{-\frac{x}{\mu}}\,\frac{d\mu}{\mu}\right)dx\right].$$

Führt man die Integrale über x zuerst aus, so ergibt sich

$$= \frac{1}{2} \int_0^1 \frac{d\mu}{\mu} \left(\frac{1}{is + \frac{1}{\mu}} - \frac{1}{is - \frac{1}{\mu}} \right) = \int_0^1 \frac{d\mu}{s^2\mu^2 + 1} = \frac{\arctan(s)}{s} = \frac{1}{2is} \ln \frac{1 + is}{1 - is} .$$

Die zu faktorisierende Funktion ist also gegeben durch

$$K(s) = \frac{s - \arctan(s)}{s} .$$

Sie ist analytisch im Streifen $-1 < \mathrm{Im}\, s < 1$, d. h. $|\alpha| = |\beta| = 1$, und hat dort eine doppelte Nullstelle bei $s = 0$, d. h. $s_i = 0, \alpha_i = 2, N = 2$. Im Gegensatz zum etwas einfacheren Beispiel 3.7 lässt sich hier die korrekte Faktorisierung nicht erraten. Also stellen wir die Hilfsfunktion

$$\Phi(s) = \ln \left[\frac{s^2 + 1}{s^2} K(s) \right]$$

auf und spalten sie auf in $\Phi(s) = \Phi_+(s) - \Phi_-(s)$. Hierzu benutzen wir die Vorschrift (3.33),

$$\Phi_+(s) = \frac{1}{2\pi i} \int_{-\infty - i\gamma}^{+\infty - i\gamma} \ln \left[\frac{\xi^2 + 1}{\xi^2} \left(1 - \frac{\arctan \xi}{\xi} \right) \right] \frac{d\xi}{\xi - s} . \tag{3.39}$$

Die Formel für $\Phi_-(s)$ unterscheidet sich nur durch andere Integrationsgrenzen: $-\infty + i\gamma$ und $+\infty + i\gamma$. Sind $\Phi_\pm(s)$ bekannt, so ergibt sich für die Kernfaktorisierung $K(s) = K_+(s)\, K_-(s)$ mit

$$K_+(s) = \frac{s^2}{s + i} e^{\Phi_+(s)} , \qquad K_-(s) = \frac{1}{s - i} e^{-\Phi_-(s)} . \tag{3.40}$$

Das Integral (3.39) lässt sich weiter vereinfachen. Da $\Phi(\xi)$ eine gerade Funktion ist, lässt sich das Integral für $s \neq 0$ und $\gamma = 0$ zurückführen auf:

$$\Phi_+(s) = \frac{s}{\pi i} \int_0^\infty \ln \left[\frac{\xi^2 + 1}{\xi^2} \left(1 - \frac{\arctan \xi}{\xi} \right) \right] \frac{d\xi}{\xi^2 - s^2} .$$

Leider kann diese letzte Integration nicht analytisch ausgeführt werden, einer numerischen Auswertung steht jedoch nichts im Wege. Lediglich für den Spezialfall $s = 0$ lässt sich die Singularität bei $\xi = 0$ mithilfe eines kleinen Halbkreisbogens mit Radius ρ in der unteren Halbebene umgehen, und man erhält für das Integral das folgende Ergebnis:

$$\Phi_+(0) = \frac{1}{2} \lim_{\rho \to 0} \ln \left[\frac{\rho^2 + 1}{\rho^2} \left(1 - \frac{\arctan \rho}{\rho} \right) \right] = -\ln \sqrt{3} .$$

Eine sehr interessante Regularisierungsprozedur für den Kern ist in [23, 29] vorgeschlagen. Hier schauen wir sie genauer an.

Abb. 3.18 Das Verhalten
des Kerns der Spitzer'schen
Gleichung bei $s = 0$

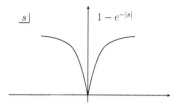

Beispiel 3.15 (*Spitzer'sche Gleichung*) Man löse die folgende Integralgleichung:

$$f(x) = \frac{\lambda}{\pi} \int\limits_0^\infty dy \, \frac{f(y)}{1 + (x - y)^2} \,, \qquad x \geq 0 \qquad (3.41)$$

im Spezialfall $\lambda = 1$.

Wie üblich fangen wir mit der Fourier-Transformation beider Seiten an,

$$K'(s) \, F_+(s) = F_+(s) + G_-(s) \,,$$

wobei die Transformierte des Kerns im Beispiel 1.16 ausgerechnet worden ist:

$$K'(s) = \lambda e^{-|s|} \,.$$

Wir möchten darauf hinweisen, dass wir es hier mit einem rationalen Kern zu tun haben. Deswegen wird der Analytizitätsstreifen zu einer Geraden – der reellen Achse. Also erhalten wir

$$K(s) \, F_+(s) + G_-(s) = 0 \qquad \text{mit} \qquad K(s) = 1 - \lambda e^{-|s|} \,.$$

Im nächsten Schritt müssen wir eine geeignete Faktorisierung von $K(s)$ finden. Bei $\lambda = 1$ sind wir aber mit einem Problem konfrontiert, und zwar besitzt $K(s)$ für $s = 0$ eine Spitze, s. Abb. 3.18. Versucht man nun den Logarithmus davon auszurechnen, wie in (3.35) und (3.36) verlangt wird, ist man mit einer Singularität konfrontiert. Diese Schwierigkeit kann mithilfe einer geschickten Unterfaktorisierung

$$K(s) = \psi_a(s) \, \psi_b(s)$$

mit geeignet gewählten Funktionen $\psi_{a,b}(s)$ umgangen werden. Zum Beispiel könnte man $\psi_a(s) = |s|$ und

$$\psi_b(s) = \frac{1 - e^{-|s|}}{|s|}$$

setzen. Obwohl diese Wahl von $\psi_a(s)$ auch eine Spitze bei $s \to 0$ hat, ist sie nicht essentiell, da eine solche Funktion mit elementaren Mitteln weiter faktorisiert werden kann – eine Auswertung von Integralen der Art (3.35) und (3.36) ist nicht notwendig. Ein entscheidender Vorteil von $\psi_b(s)$ ist ihre Regularität bei $s \to 0$.

Nichtdestotrotz ist es keine so gute Wahl, denn die neue Funktion $\psi_b(s)$ führt im Grenzfall $s \to \infty$ zu logarithmisch divergenten Integralen. Dies lässt sich mit einem verbesserten Satz der Hilfsfunktionen umgehen:

$$\psi_b(s) = \frac{\sqrt{1 + s^2}}{|s|}(1 - e^{-|s|}), \qquad \psi_a(s) = \frac{|s|}{\sqrt{1 + s^2}}.$$

Die Faktorisierung von $\psi_a(s)$ ist mehr oder weniger trivial, und eine der Möglichkeiten wäre die folgende:

$$\psi_a(s) = \psi_{a+}(s)/\psi_{a-}(s), \qquad \psi_{a-}(s) = \frac{\sqrt{s - i}}{\sqrt{s}}, \qquad \psi_{a+}(s) = \frac{\sqrt{s}}{\sqrt{s + i}}.$$

Die Mehrdeutigkeit der letzten beiden Funktionen lässt sich beseitigen, wenn man den Zweig auswählt, auf dem $\pm i = e^{\pm i \pi/2}$ gilt. Um die Faktorisierung von $\psi_b(s)$ durchzuführen, benutzen wir die Formel (3.35), dann erhalten wir[9]

$$\ln \psi_{b+}(s) = \frac{1}{2\pi i} \int_{-\infty}^{\infty} dz \, \frac{1}{z - s} \ln \left[(1 - e^{-|z|}) \frac{\sqrt{1 + z^2}}{|z|} \right]$$

$$= \frac{1}{2} \ln(1 + i/s) + \frac{s}{i\pi} \int_0^{\infty} dz \frac{\ln(1 - e^{-z})}{z^2 - s^2}. \tag{3.42}$$

Das letzte Integral ist etwas komplizierter. Um es auszurechnen, definieren wir zunächst eine parameterabhängige Größe (wir setzen $s = i\zeta$)

$$I(\alpha) = \frac{\zeta}{\pi} \int_0^{\infty} dz \frac{\ln(1 - e^{-\alpha z})}{z^2 + \zeta^2}.$$

Leitet man diesen Ausdruck nach α ab, so entsteht dabei ein Integral, welches sich auf die Psi-Funktion zurückführen lässt,[10]

$$I'(\alpha) = \frac{\zeta}{\pi} \int_0^{\infty} dz \frac{z}{e^{\alpha z} - 1} \frac{1}{\zeta^2 + z^2} = \frac{\zeta}{2\pi} \ln \left(\frac{\alpha \zeta}{2\pi} \right) - \frac{1}{2\alpha} - \frac{\zeta}{2\pi} \Psi \left(\frac{\alpha \zeta}{2\pi} \right).$$

---

[9] Die Berechnung des ersten Beitrags ist einfach, wenn man die folgenden Ergebnisse benutzt:

$$\int_0^{\infty} dz \frac{\ln z^2}{z^2 + \zeta^2} = \frac{\pi}{\zeta} \ln \zeta, \qquad \int_0^{\infty} dz \frac{\ln(1 + z^2)}{z^2 + \zeta^2} = \frac{\pi}{\zeta} \ln(1 + \zeta).$$

[10] Für weitere Details s. z. B. §12.32 von [28].

Integriert man nun über α, so ergibt sich

$$I(\alpha) = \left(\frac{\alpha\zeta}{2\pi} - \frac{1}{2}\right)\ln\left(\frac{\alpha\zeta}{2\pi}\right) - \ln\Gamma\left(\frac{\alpha\zeta}{2\pi}\right) + C\,,$$

wobei C eine α-unabhängige Konstante ist. Da offensichtlich $I(\alpha \to \infty) \to 0$ gilt, lässt sich diese Konstante mithilfe der Asymptotik der Gamma-Funktion und der Formel von Stirling (2.9) ausrechnen. Daraus folgt $C = (1/2)\ln(2\pi)$, und für das letzte Integral von (3.42) erhalten wir schließlich

$$I(1) = \left(\frac{\zeta}{2\pi} - \frac{1}{2}\right)\ln\left(\frac{\zeta}{2\pi}\right) - \frac{\zeta}{2\pi} + \frac{1}{2}\ln(2\pi) - \ln\Gamma\left(\frac{\zeta}{2\pi}\right)\,.$$

Daraus folgt

$$K_+(\zeta) = \psi_{a+}(\zeta)\,\psi_{b+}(\zeta) = \sqrt{\zeta}\left(\frac{\zeta}{2\pi}\right)^{\zeta/2\pi-1} e^{-\zeta/2\pi}\,\Gamma^{-1}(\zeta/2\pi)\,.$$

Damit haben wir alle einzelnen Bestandteile des Wiener-Hopf-Problems

$$K_+(s)\,F_+(s) = -K_-(s)\,G_-(s)$$

in der Hand. Beide Seiten dieser Gleichung definieren eine überall bis evtl. auf den Punkt $s = 0$ (konstruktionsbedingt ist dies unser ‚Spezialpunkt', an dem die Funktion z. B. einen Pol haben kann) analytische Funktion $E(s)$. Nehmen wir an, dass $F_+(s)$ im Grenzfall $s \to \infty$ eine Konstante ist. Da $K_+(\zeta \to \infty) = 1/\sqrt{2\pi}$ gilt, ist $E(s)$ eine Konstante (wir erinnern uns daran, dass $\zeta = is$).

Sollte die Funktion $F_+(s)$ bei $s \to \infty$ verschwinden und im Grenzfall $s \to 0$ so beschaffen sein, dass dort $|s|F_+(s) \sim O(|s|^0)$ gilt, müsste die Funktion $E(s)$ bei kleinen s mindestens eine Divergenz der Art $\sim s^{-1/2}$ aufweisen. Die einzige Möglichkeit, dieser Anforderung zu entsprechen, wäre $E(s)$ mit einem Pol bei $s = 0$. Wir können sie einfach $E(s) = 1/s$ setzen. Dann ist die Lösung der Originalgleichung (3.41) gegeben durch das folgende Integral:

$$f_+(x) \sim \int\limits_{\gamma-i\infty}^{\gamma+i\infty} d\zeta \left(\frac{e}{\zeta}\right)^{\zeta+1/2} e^{2\pi x\zeta}\,\Gamma(\zeta)\,.$$

Es lässt sich leider nicht analytisch auswerten. Die führende Asymptotik bei großen x kann jedoch bestimmt werden und ist gegeben durch $\sim \sqrt{x}$. Dies macht das Integral in (3.41) absolut konvergent.

3.3.3 Gleichungen mit exponentiellen Kernen

An dieser Stelle möchten wir zunächst ein einfaches, aber sehr anschauliches Beispiel diskutieren. Es ist eine verallgemeinerte Version der Gleichung (3.22) aus

Beispiel 3.10 des letzten Abschnitts, die wir nun zu einem Eigenwertproblem machen:

$$f(x) = \lambda \int\limits_0^\infty e^{-|x-y|} f(y) dy \; . \tag{3.43}$$

Wir fangen mit der Wiederholung der ersten Schritte der Wiener-Hopf-Technik an. Die konventionelle Fourier-Transformation dieser Gleichung ist

$$K(s)\, F_+(s) + G_-(s) = 0 \; ,$$

wobei $K(s)$ genauso wie in den vorherigen Abschnitten definiert ist,

$$K(s) = 1 - \lambda \int\limits_{-\infty}^\infty e^{isx - |x|}\, dx = \frac{s^2 + (1 - 2\lambda)}{s^2 + 1} \; .$$

Das entsprechende Integral ist konvergent im Streifen $-1 < \mathrm{Im}\, s < 1$. $F_+(s)$ ist die einseitige Fourier-Transformierte von $f(x)$, während $G_-(s)$ die einseitige Transformierte der Funktion

$$g_-(x) = \lambda \int\limits_0^\infty e^{-|x-y|} f(y) dy = \left[\lambda \int\limits_0^\infty e^{-y} f(y) \right] e^x = f_+(0) e^x$$

ist. Im letzten Schritt haben wir berücksichtigt, dass $x < 0$ und $y > 0$ und folglich $|x - y| = y - x$ gilt, was zu einem faktorisierten Exponenten führt. Die Funktion $g_-(x)$ ist also bis auf einen Vorfaktor bekannt.[11] Für die Fourier-Transformierte erhalten wir deswegen

$$G_-(s) = f_+(0) \int\limits_{-\infty}^0 e^{(is+1)x} dx = -\frac{i f_+(0)}{s - i} \; ,$$

was für $\mathrm{Im}\, s < 1$ absolut konvergent ist und somit eine analytische Funktion darstellt. Damit das Integral in der Originalgleichung (3.43) konvergent ist, muss die Funktion $f_+(x)$ für $x \to +\infty$ folgender Anforderung genügen:

$$|f_+(x)| < A e^{(1 - \delta)x} \; ,$$

wobei A eine positive Konstante ist und $0 < \delta < 1$. Damit ist $1 - \delta < \mathrm{Im}\, s < 1$ der natürliche Analytizitätsstreifen des Problems – dort sind alle Bestandteile der Gleichung analytisch. Nun müssen wir der Frage nachgehen, ob $K(s)$ Nullstellen besitzt und wenn ja, wo sie sich im Bezug auf den Analytizitätsstreifen befinden. Man muss dabei drei verschiedene Situationen unterscheiden:

---

[11] Diese Eigenschaft ist keinesfalls generisch und gilt nicht für kompliziertere Kerne.

(i) $2\lambda - 1 > 0$ ($\lambda > 1/2$), alle Nullstellen liegen auf der reellen Achse und somit unterhalb des Analytizitätsstreifens, $\lambda = 1/2$ ist ein Spezialfall, bei dem zwei Nullstellen zu einer doppelten bei $s = 0$ zusammenschmelzen;

(ii) $-1 < 2\lambda - 1 < 0$ ($0 < \lambda < 1/2$), die Nullstellen liegen auf der imaginären Achse, jedoch immer noch unterhalb des Analytizitätsstreifens;

(iii) $2\lambda - 1 < -1$ ($\lambda < 0$), alle Nullstellen liegen auf der imaginären Achse, jedoch eine davon liegt oberhalb des Analytizitätsstreifens.

Wir möchten alle drei Fälle getrennt diskutieren.

(i) Man definiere $2\lambda - 1 = p^2$, wobei p eine reelle Zahl ist. Die entsprechende Wiener-Hopf-Faktorisierung ist gegeben durch

$$K(s) = \frac{(s-p)(s+p)}{s+i} \frac{1}{s-i} = K_+(s)\, K_-(s)\,.$$

Die ganze Funktion $E(s)$ ist, wie immer, definiert wie

$$\frac{s^2 - p^2}{s+i} F_+(s) = -(s-i)G_-(s) \equiv E(s)\,.$$

Aus dem asymptotischen Verhalten von beiden Seiten dieser Gleichung folgern wir, dass $E(s)$ eine Konstante ist: $E(s) = if_+(0)$ für alle s. Die Lösung ist also gegeben durch

$$F_+(s) = if_+(0)\frac{s+i}{s^2 - p^2}\,.$$

Benutzt man nun die Fourier-Rücktransformation, so erhält man nach einer einfachen Residuenrechnung das folgende Ergebnis:

$$f_+(x) = \frac{if_+(0)}{2\pi} \int_P \frac{(u+i)e^{-iux}}{u^2 - p^2}du = f_+(0)\Big[\cos(px) + \frac{\sin(px)}{p}\Big]. \quad (3.44)$$

Ferner möchten wir anmerken, dass der Grenzfall $p \to 0$, der $\lambda = 1/2$ entspricht, zu

$$f_+(x) = f_+(0)(1+x)$$

führt. Dieses Ergebnis haben wir bereits in (3.27) erhalten.

(ii) In diesem Fall setzen wir $2\lambda - 1 = -\kappa^2$ ein, sodass κ eine reelle Zahl ist: $0 < \kappa < 1$. Der Rest der Lösung ist der aus (i) sehr ähnlich, da die Nullstellen immer noch unterhalb des Analytizitätsstreifens liegen. Insbesondere verläuft die Faktorisierung des Kerns genau gleich, wenn p^2 durch $-\kappa^2$ ersetzt wird. Auf diesem Weg erhalten wir

$$F_+(s) = if_+(0)\frac{s+i}{s^2 + \kappa^2}\,.$$

Die Fourier-Rücktransformation liefert dann

$$f_+(x) = \frac{if_+(0)}{2\pi} \int_P \frac{(s+i)e^{-isx}}{s^2 + \kappa^2}ds = f_+(0)\Big[\cosh(\kappa x) + \frac{1}{\kappa}\sinh(\kappa x)\Big]\,.$$

$$(3.45)$$

Wir möchten darauf hinweisen, dass der Grenzfall $\kappa \to 0$ immer noch wohldefiniert ist.

(iii) Hier setzen wir wieder $2\lambda - 1 = -\kappa^2$, jedoch ist diesmal $\kappa > 1$. Die Nullstelle $s = i\kappa$ liegt nun oberhalb des Analytizitätsstreifens, sodass die geeignete Faktorisierung des Kerns gegeben ist durch

$$K(s) = \frac{s + i\kappa}{s + i} \frac{s - i\kappa}{s - i} . \tag{3.46}$$

Die Funktion $E(s)$ ist deswegen definiert durch den Ausdruck

$$\frac{s + i\kappa}{s + i} F_+(s) = -\frac{s - i}{s - i\kappa} G_-(s) \equiv E(s) .$$

Aus diesem Resultat ist es ersichtlich, dass im Grenzfall $s \to \infty$ beide Seiten der Gleichung verschwinden. Aus diesem Grund ist $E(s)$ identisch null für alle s. Für diese Werte von λ besitzt die Gleichung also keine nichttriviale Lösungen.

Zusammenfassend stellen wir fest, dass das Spektrum der Eigenwerte dieser Gleichung aus dem Intervall $\lambda \in (0, 1/2)$ besteht, in dem die Lösungen zwar mit wachsenden s exponentiell ansteigen, jedoch nicht so schnell, dass das Integral in der Originalgleichung divergiert; aus dem Punkt $\lambda = 1/2$ mit einer Lösung, die lediglich algebraisch anwächst; und dem Intervall $\lambda \in (1/2, \infty)$, dessen Lösungen oszillierende Funktionen sind.

Ein alternativer Zugang, den wir jetzt detailliert diskutieren möchten, wird uns helfen, den Kontakt dieser Ergebnisse zu denen der Spektraltheorie und der Quantenmechanik herzustellen. Zu diesem Zweck betrachten wir eine allgemeinere Gleichung auf einem endlichen Abschnitt (a, b),

$$f(x) = \lambda \int_a^b e^{-|x-y|} f(y) dy . \tag{3.47}$$

Die Originalgleichung erhält man im Grenzfall $a = 0, b \to \infty$. Für die ersten zwei Ableitungen nach x erhält man

$$f'(x) = -\lambda \int_a^b \text{sgn}(x - y) e^{-|x-y|} f(y) dy ,$$

$$f''(x) = \lambda \int_a^b \left[e^{-|x-y|} - 2\delta(x - y) \right] f(y) = (1 - 2\lambda) f(x). \tag{3.48}$$

Damit lässt sich die Integralgleichung auf die folgende DGL zweiter Ordnung abbilden:

$$f''(x) + (2\lambda - 1) f(x) = 0 . \tag{3.49}$$

Dies ist eine Konsequenz aus der Tatsache, dass der Exponentialkern selbst der folgenden DGL genügt:

$$\left(\frac{d^2}{dx^2} - 1\right) e^{-|x|} = -2\delta(x) \, .$$

Die allgemeine Lösung von (3.49) ist gegeben durch

$$f(x) = \begin{cases} Ae^{ipx} + Be^{-ipx} \, , & \lambda > 1/2 \, , \\ A + Bx \, , & \lambda = 1/2 \, , \\ Ae^{\kappa x} + Be^{-\kappa x} \, , & \lambda < 1/2 \, . \end{cases}$$

Jede Funktion $f(x)$, die eine Lösung der Integralgleichung ist, wird automatisch eine Lösung der obigen DGL sein. Eine Umkehrung dieser Aussage ist jedoch nicht immer korrekt. Für einen generischen Kern lassen sich die Randbedingungen, die für die Lösung der DGL notwendig sind, nicht immer eindeutig bestimmen. Der einzige zuverlässige Weg, auf dem man sie identifizieren kann, erfordert ein direktes Einsetzen der Probefunktion zurück in die Integralgleichung. Die Situation vereinfacht sich jedoch deutlich für den Fall der Exponentialkerne. Aus der ersten Ableitung (3.48) erkennt man, dass an den Intervallenden gilt

$$f'(a) = -\lambda \int\limits_a^b \mathrm{sgn}(a - y) e^{-|a-y|} f(y) dy = \lambda \int\limits_a^b e^{-|a-y|} f(y) dy = f(a)$$

und

$$f'(b) = -\lambda \int\limits_a^b \mathrm{sgn}(b - y) e^{-|b-y|} f(y) dy = -f(b) \, .$$

Damit erlauben die Randbedingungen

$$f'(a)/f(a) = 1 \, , \quad f'(b)/f(b) = -1$$

die Einschränkung aller Lösungen der DGL auf solche, die auch der Integralgleichung genügen. Für unsere Zwecke ist es jetzt hilfreich, eine leichte Abwandlung dieser Randbedingungen zu benutzen:

$$f'(a)/f(a) = -f'(b)/f(b) = \eta \, ,$$

Abb. 3.19 Grafische Lösung
der Gleichung (3.51) für
$\lambda > 1/2$ (reelle p)

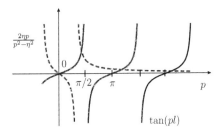

wobei $\eta > 0$.[12] Eine Anpassung an die Randbedingungen ist nicht schwierig. Startet man mit dem Fall $\lambda > 1/2$, so erhält man

$$f'(a) = ip\left(Ae^{ipa} - Be^{-ipa}\right) = \eta\left(Ae^{ipa} + Be^{-ipa}\right) .$$

Formt man diesen Ausdruck um und stellt einen ähnlichen bei $x = b$ auf, so ergibt sich das folgende Gleichungssystem:

$$(\eta - ip)e^{ipa}A + (\eta + ip)e^{-ipa}B = 0 ,$$
$$(\eta + ip)e^{ipb}A + (\eta - ip)e^{-ipb}B = 0 . \tag{3.50}$$

Damit es lösbar ist, muss die entsprechende Determinante verschwinden (wir definieren $l = b - a$),

$$\tan(pl) = \frac{2\eta p}{p^2 - \eta^2} . \tag{3.51}$$

Dies ist eine transzendente Gleichung für p und somit auch für λ. Aus der grafischen Darstellung, s. Abb. 3.19, ist es ersichtlich, dass diese Gleichung unendlich viele Lösungen besitzt, die eine aufsteigende Sequenz $\{\lambda\} = \{\lambda_0 < \lambda_1 < \lambda_2 \ldots\}$ bilden. Dies ist nicht unerwartet und ist im Einklang mit den Vorhersagen der klassischen Fredholm-Theorie der Integralgleichungen. Für $\lambda < 1/2$ führt eine ähnliche Rechnung auf die Gleichung:

$$\tanh(\kappa l) = -\frac{2\eta\kappa}{\kappa^2 + \eta^2} , \tag{3.52}$$

die keine Lösungen besitzt (es sei daran erinnert, dass $\eta > 0$), es sei denn $\kappa = 0$. Dies ist allerdings keine wirkliche Lösung, denn es soll gleichzeitig $A = -B$ erfüllt

---

[12] Diese Randbedingungen werden durch die folgende Integralgleichung erzeugt:

$$f(x) = \lambda \int_a^b e^{-\eta|x-y|} f(y)dy .$$

Um die DGL anzupassen, müssen wir die Relation zwischen λ und p zu $\eta^2 - 2\eta\lambda = p^2$ ändern und ähnlich für κ. Der Faktor η kann, solange er positiv ist, mithilfe der Umskalierungen $x \to x/\eta$, $p \to \eta p$ und $\lambda \to \eta\lambda$ aus der Gleichung eliminiert werden.

Abb. 3.20 Grafische Lösung
der Gleichung (3.52) für
$\lambda < 1/2$ (imaginäre $p = i\kappa$)

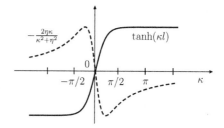

werden, s. Abb. 3.20. Im Spezialfall $\lambda = 1/2$ erhalten wir $f(x) = A + Bx$ und
$f'(x) = B$, sodass das Verschwinden der Determinante $l = -2/\eta$ verlangt. Dies
ist im Widerspruch zur Bedingung $l > 0$.

Nun möchten wir die Lösungen der Originalgleichung (3.43) wiedergeben, indem wir $a = 0$ setzen, was sehr einfach ist, und indem wir den Grenzfall $b = l \rightarrow$
∞ auswerten, was deutlich schwieriger ist. Für $l \rightarrow \infty$ werden nämlich die Lösungen p_n von (3.51) sehr dicht im Intervall $p \in (0, \infty)$, was dem Fall $\lambda \in (1/2, \infty)$
entspricht. Dennoch bleibt die Randbedingung $f'(0)/f(0) = \eta$ intakt. Um zu se-
hen, was mit der anderen Randbedingung passiert, berechnen wir die rechte Seite
von (3.47) für die Lösung e^{ipy} (der Einfachheit halber setzen wir $\eta = 1$):

$$\lambda \int_a^b e^{-|x-y|} e^{ipy} dy = e^{ipx} - \frac{1}{2}(1 - ip)e^{ipa}e^{a-x} - \frac{1}{2}(1 + ip)e^{ipb}e^{x-b} .$$

Benutzt man nun dieses Ergebnis für die Auswertung von $\int_a^b e^{-|x-y|}(Ae^{ipy} +$
$Be^{-ipy})dy$, so erhält man statt (3.50) das folgende Gleichungssystem:

$$e^a(1 - ip)e^{ipa}A + e^a(1 + ip)e^{-ipa}B = 0 ,$$
$$e^{-b}(1 + ip)e^{ipb}A + e^{-b}(1 - ip)e^{-ipb}B = 0 . \tag{3.53}$$

Für endliche a und b sind die beiden Gleichungssysteme äquivalent. Jedoch ist
(3.53) im Grenzfall $b \rightarrow \infty$ dem System (3.50) vorzuziehen und die zweite Randbedingung verschwindet. In diesem Grenzfall haben wir also keine Determinanten-
Bedingung mehr, sondern nur $f'(0)/f(0) = \eta$ [die erste Zeile von (3.53)]. Sie wird
für alle p erfüllt, solange die Bedingung

$$\frac{B}{A} = \frac{p + i\eta}{p - i\eta}$$

gilt. Schreibt man jetzt die Lösung aus, so ergibt sich

$$f(x) = f_p(x) = \cos(px) + \frac{\eta}{p}\sin(px) ,$$

bis auf einen unwichtigen Vorfaktor. Da wir keine zweite Randbedingung mehr
haben, können wir die Anforderung $f'(0)/f(0) = \eta$ durch $f(x) = 1 + \eta x$ für den

Spezialfall $\lambda = 1/2$ und durch

$$f_\kappa(x) = \cosh(\kappa x) + \frac{\eta}{\kappa}\sinh(\kappa x) \tag{3.54}$$

für $0 < \lambda < 1/2$ erfüllen.

Dies sind genau die Lösungen (3.45), die wir mithilfe der Wiener-Hopf-Methode gefunden haben. Wir haben jedoch die DGL nicht umsonst gelöst. Es stellte sich nämlich dabei heraus, dass die Lösungen für $\lambda \in (0, 1/2]$ auf einem endlichen Intervall nicht existieren und spezifisch für halbunendliche Integrationsgebiete in der Integralgleichung sind. Auf der anderen Seite entwickeln sich die Lösungen für $\lambda \in (1/2, \infty)$ beim Übergang von einem endlichen zum halbunendlichen Gebiet mehr oder weniger kontinuierlich. Deswegen erwartet man, dass die letzteren Lösungen die Quantenmechanik eines freien Teilchens in einem halbunendlichen Raum mit einer Randbedingung $f'(0)/f(0) = \eta$ beschreiben. Die entsprechende Gleichung lautet natürlich

$$\psi''(x) + p^2\psi(x) = 0 \, . \tag{3.55}$$

Solche Lösungen müssen dann ein vollständiges und orthonormiertes System bilden und somit muss

$$\int_0^\infty \psi_p^*(x)\psi_{p'}(x)dx = \delta(p - p') \tag{3.56}$$

gelten. Den Normierungsfaktor N_p, definiert durch

$$\psi_p(x) = N_p f_p(x) = N_p\left[\cos(px) + \frac{\eta}{p}\sin(px)\right] \, ,$$

müssen wir noch bestimmen. Mithilfe der Resultate des Abschnitts 1.4 lässt es sich leicht feststellen, dass die Kosinus-Funktionen auf dem Gebiet $x > 0$ zueinander orthogonal sind:

$$\int_0^\infty \cos(px)\cos(p'x)dx = \frac{\pi}{2}\delta(p - p') \, .$$

Eine ähnliche Relation gilt auch für die Sinus-Funktionen. Mithilfe dieser beiden Ausdrucke lässt es sich leicht feststellen, dass

$$\int_0^\infty \psi_p^*(x)\psi_{p'}(x)dx = \frac{\pi}{2}\left(1 + \frac{\eta^2}{p^2}\right)N_p^2\delta(p - p')$$

gilt. Wenn wir also die folgende Normierung wählen:

$$N_p = \sqrt{\frac{2}{\pi}}\frac{p}{\sqrt{p^2 + \eta^2}} \, ,$$

so wird die konventionelle Vollständigkeitsrelation

$$\int_0^\infty \psi_p^*(x)\psi_p(y)dp = \delta(x - y) \tag{3.57}$$

erfüllt. Nun multiplizieren wir beide Seiten dieser Gleichung mit $f(y)$ und integrieren über y zwischen 0 und ∞, dann erhalten wir

$$f(x) = \frac{2}{\pi} \int_0^\infty \frac{p^2 f_p(x)}{p^2 + \eta^2} dp \int_0^\infty f_p(y) f(y) dy . \tag{3.58}$$

Nachdem man $p^2 = \lambda$ und $\eta = \cot\alpha$ gesetzt hat, ist diese Entwicklungsformel der Gleichung (3.1.1), die in Abschn. 4.1 von [25] angegeben ist, sehr ähnlich. Die Entwicklung (3.58) gilt für beliebige (physikalisch sinnvolle) Funktionen $f(y)$ nur dann, wenn die Funktionensysteme $\{f_p\}$ bzw. $\{\psi_p\}$ vollständig sind. Dies werden wir in Kürze auf einem unabhängigen Weg überprüfen. Zunächst machen wir jedoch einen kleinen Umweg und versuchen eine andere Frage zu beantworten.

Die Integralgleichung hat sinnvolle Lösungen nur bei $\eta > 0$, andernfalls divergiert ihr Kern. Anderseits erlaubt das entsprechende quantenmechanische Problem (3.55) beliebige η als Randbedingung. Eine natürliche Frage wäre deswegen: Wie unterscheiden sich die quantenmechanischen Lösungen bei $\eta < 0$ und $\eta > 0$? Offensichtlich genügen die Funktionen $\{\psi_p\}$ der DGL und der Randbedingung auch für $\eta < 0$. Sie sind außerdem immer noch orthonormal zueinander. Die einzige neue Eigenschaft im Vergleich zur Situation bei $\eta > 0$ ist die Lösung bei $\kappa = \eta$, die laut (3.54) gegeben ist durch

$$f_\eta(x) = e^{\eta x} = e^{-|\eta|x} .$$

In der Quantenmechanik entspricht sie einem lokalisierten gebundenen Zustand. In der normierten Version erhält man

$$\psi_\eta(x) = \sqrt{2|\eta|}e^{-|\eta|x} , \quad \int_0^\infty |\psi_\eta(x)|^2 dx = 1 .$$

Wie jede sinnvolle quantenmechanische Lösung sollte diese Funktion orthogonal zum Kontinuumsspektrum der Lösungen $\psi_p(x)$ sein. Durch eine elementare Rechnung lässt sich zeigen, dass es tatsächlich für alle p stimmt:

$$\int_0^\infty e^{-|\eta|x} \left[\cos(px) - \frac{|\eta|}{p} \sin(px)\right] dx = 0 .$$

Der Funktionensatz $\{\psi_p(x)\}$ kann deswegen nicht vollständig sein, da $\psi_\eta(x)$ nicht nach $\{\psi_p(x)\}$ entwickelt werden kann. Stattdessen ist $\{\psi_\eta(x), \psi_p(x)\}$ ein vollständiges System, es sei denn, wir haben irgendwelche zusätzlichen Lösungen übersehen. Um dies zu überprüfen, müssen wir das folgende Integral auswerten [vgl. mit

(3.58)] :

$$I(x, y) = \frac{2}{\pi} \int\limits_0^\infty \frac{p^2 dp}{p^2 + \eta^2} \left[\cos(px) + \frac{\eta}{p} \sin(px) \right] \left[\cos(py) + \frac{\eta}{p} \sin(py) \right] \ .$$

Nach dem Öffnen der Klammern und einer Vereinfachung ergibt sich

$$I(x, y) = \frac{1}{\pi} \int\limits_0^\infty \left[\cos p(x - y) + \cos p(x + y) - \frac{2\eta^2}{p^2 + \eta^2} \cos p(x + y) \right.$$

$$\left. + \frac{2\eta p}{p^2 + \eta^2} \sin p(x + y) \right] dp \ . \tag{3.59}$$

Während der erste Term eine Delta-Funktion $\delta(x - y)$ erzeugt, verschwindet der zweite Term (wir erinnern uns, dass wir das Problem auf einer Halbachse lösen und $x, y > 0$). Der dritte Term ist ein Standardintegral, nach der Substitution $t = x + y$ ergibt sich dann

$$\frac{2}{\pi} \int\limits_0^\infty \frac{\cos(pt) dp}{p^2 + \eta^2} = \frac{1}{|\eta|} e^{-|\eta| t} \ .$$

Leitet man dieses Resultat nach t ($t > 0$) ab, so erhält man das letzte Integral aus (3.59):

$$\frac{2}{\pi} \int\limits_0^\infty \frac{p \sin(pt) dp}{p^2 + \eta^2} = e^{-|\eta| t} \ .$$

Fasst man nun alle Terme zusammen, so ergibt sich:

$$I(x, y) = \delta(x - y) + \eta[1 - \text{sgn}(\eta)] e^{-|\eta|(x+y)} \ .$$

Damit lässt sich die Vollständigkeitsrelation für alle η auf die folgende Weise formulieren:

$$\int\limits_0^\infty \psi_p(x) \psi_p(y) dp + \left\{ \begin{array}{ll} 0 \ , & \eta > 0 \\ \psi_\eta(x) \psi_\eta(y) \ , & \eta < 0 \end{array} \right\} = \delta(x - y) \ .$$

Die Formel (3.58) ist demnach nicht richtig bei $\eta < 0$ und muss korrigiert werden,

$$f(x) = 2|\eta| f_\eta(x) \int\limits_0^\infty f_\eta(y) f(y) dy + \frac{2}{\pi} \int\limits_0^\infty \frac{p^2 f_p(x)}{p^2 + \eta^2} dp \int\limits_0^\infty f_p(y) f(y) dy \ .$$

Um die Diskussion der Gleichung (3.43) abzuschließen, möchten wir noch die inhomogene Variante anschauen:

$$f(x) = p(x) + \lambda \int_0^\infty e^{-|x-y|} f(y) dy \ . \tag{3.60}$$

Die interessanteste Situation ist der Fall $\lambda < 0$, der außerhalb des Spektrums der homogenen Gleichung liegt. Hier erwartet man, dass die Gleichung (3.60) eine eindeutige Lösung besitzt. Die Faktorisierung des Kerns ist exakt die gleiche wie vorher, s. (3.46). Da $f(x)$ nur für $x > 0$ gesucht wird, ist es konsistent, auch $p(x)$ nur dort zu definieren. Damit ist die Fourier-Transformierte $P_+(s)$ von $p(x)$ eine ,Plus'-Funktion. Das entsprechende Wiener-Hopf-Problem formuliert sich dann wie folgt:

$$K_+(s) \, F_+(s) + \frac{G_-(s)}{K_-(s)} = R(s) = \frac{P_+(s)}{K_-(s)} = \frac{s-i}{s-i\kappa} P_+(s) \ .$$

Nun brauchen wir die Aufspaltung von $R(s)$. Die Funktion $P_+(s)$ ist analytisch in der oberen Halbebene. Da $K_-(s) \to 1$ im Grenzfall $s \to \infty$, ist der Unterschied zwischen $R(s)$ und $P_+(s)$ nur signifikant bei endlichen s. Offensichtlich ist die entsprechende Differenz um so größer, je näher man an den Pol $s = i\kappa$ kommt. Ohne den Pol wäre $R(s)$ eine reine ,Plus'-Funktion. Also ziehen wir ihn ab und erhalten die gesuchte Aufspaltung:

$$R(s) = \underbrace{\frac{s-i}{s-i\kappa} P_+(s) - \frac{i(\kappa-1)}{s-i\kappa} P_+(i\kappa)}_{R_+(s)} + \underbrace{\frac{i(\kappa-1)}{s-i\kappa} P_+(i\kappa)}_{R_-(s)} \ .$$

Das Liouville-Polynom ist also gegeben durch

$$K_+(s) \, F_+(s) - R_+(s) = R_-(s) - G_-(s)/K_-(s) = E(s) \ .$$

Aus der Asymptotik stellt man schnell fest, dass $E(s) = 0$ ist. Im Gegensatz zum Eigenwertproblem ergibt sich für die Lösung

$$F_+(s) = \frac{R_+(s)}{K_+(s)} = \frac{s^2+1}{s^2+\kappa^2} P_+(s) - \frac{i(\kappa-1)(s+i)}{s^2+\kappa^2} P_+(i\kappa) \ .$$

Benutzt man die Rücktransformation und ordnet die entstehenden Terme um, erhält man

$$f(x) = \frac{1}{2\pi} \int_P e^{-isx} \left[P_+(s) - \frac{i(\kappa-1)(s+i)}{s^2+\kappa^2} P_+(i\kappa) \right.$$

$$\left. + \frac{2\lambda}{s^2+\kappa^2} \int_0^\infty e^{isy} p(y) dy \right] ds \ .$$

Die Kontur P muss oberhalb aller Singularitäten von $F_+(s)$ liegen und kann deswegen als im Analytizitätsstreifen liegend angenommen werden. Schließt man die Kontur in Abhängigkeit davon, ob der jeweilige Integrand in der oberen bzw. unteren Halbebene konvergiert, so ergibt sich

$$f(x) = p(x) + \frac{\lambda}{\kappa} \frac{\kappa-1}{\kappa+1} P(i\kappa)e^{-\kappa x} + \frac{\lambda}{\kappa} \int\limits_0^\infty e^{-\kappa|x-y|} p(y)dy \ .$$

Diese Lösung impliziert die folgende Resolvente:

$$R(x,y;\lambda) = \frac{1}{\kappa} \frac{\kappa-1}{\kappa+1} e^{-\kappa(x+y)} + \frac{1}{\kappa}e^{-\kappa|x-y|} \ .$$

Hier erkennen wir die *Green-Funktion* des Operators $\left(\frac{d^2}{dx^2} + \kappa^2\right)$:

$$\left(\frac{d^2}{dx^2} + \kappa^2\right) R(x,y;\lambda) = -\delta(x-y)$$

mit der Randbedingung

$$[dR(x,y;\lambda)/dx]/R(x,y;\lambda)|_{x=0} = 1 \ .$$

Mithilfe des vorher ausgerechneten Eigenfunktionensatzes $\{\psi_p(x)\}$ kann die Green-Funktion hingeschrieben werden als

$$R(x,y;\lambda) = \int\limits_0^\infty \frac{\psi_p(x)\psi_p(y)}{p^2 + \kappa^2} dp \ .$$

Damit möchten wir die Diskussion der Wiener-Hopf-Methode abschließen. Sehr viele andere interessante Anwendungen können im Werk [20] gefunden werden.

3.4 Singuläre Integralgleichungen

Wie wir im letzten Abschnitt gesehen haben, sind die Integralgleichungen der Form

$$f(x) = p(x) + \int\limits_0^\infty dt\, k(x-t)\, f(t)$$

mithilfe der Wiener-Hopf-Methode (λ ist nun in den Kern integriert) lösbar. Diese Technik verlangt, dass $k(x) = O(e^{-\alpha|x|})$, $\alpha > 0$ bei $x \to \pm\infty$, d.h. der Kern

Abb. 3.21 Ein glatter Integrationsweg in $\mathbb{C}$. Das Integral (3.63) definiert eine Funktion $F(z)$, die mit Ausnahme der Punkte auf diesem Weg überall analytisch ist

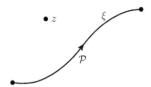

sollte exponentiell beschränkt sein, damit der Analytizitätsstreifen existiert. Sollte $k(x)$ jedoch bei ∞ nicht exponentiell schnell abfallen, sondern algebraisch, $k(x) = O(1/|x|^\mu)$, $\mu > 0$, schrumpft der Analytizitätsstreifen zu einer Geraden. Dies ist einer der Gründe, warum diese Situation näher untersucht werden soll.

Der andere Grund wird klar, wenn man die folgende Gleichung genauer betrachtet:

$$f(x) = p(x) + \int\limits_a^b dt\, k(x - t)\, f(t)\,, \tag{3.61}$$

wobei sowohl a als auch b endlich sind. Es stellt sich heraus, dass solche Integralgleichungen im Allgemeinen nicht lösbar sind. Die einzige Ausnahme bilden die Situationen mit dem Kern spezieller Gestalt:

$$k(x - t) = \frac{1}{x - t}\,. \tag{3.62}$$

Aus ersichtlichen Gründen werden solche Gleichungen *singuläre Integralgleichungen* genannt. Um sie lösen zu können, müssen wir die Wiener-Hopf-Technik erweitern. Das ist die gleiche Weiterentwicklung, die für die Lösung der Integralgleichungen mit einer Analytizitätsgeraden statt eines Analytizitätsstreifens notwendig ist.

Wir möchten mit einer Verallgemeinerung des Konzepts eines Hauptwertintegrals, welches wir im Abschn. 1.3.3 eingeführt haben, beginnen. Man betrachte einen glatten Weg $\mathcal{P}$, s. Abb. 3.21, und eine stetige Funktion $f(\xi)$ auf diesem Weg, $\xi \in \mathcal{P}$. Man definiere eine neue Funktion $F(z)$ mithilfe eines Integrals vom Cauchy-Typ:

$$F(z) = \frac{1}{2\pi i} \int\limits_{\mathcal{P}} \frac{d\xi}{\xi - z}\, f(\xi)\,. \tag{3.63}$$

Aufgrund des Cauchy-Theorems ist $F(z)$ überall analytisch, mit Ausnahme der Punkte auf $\mathcal{P}$.

Nun möchten wir das Verhalten von $F(z)$ beim Annähern an die Kurve $\mathcal{P}$ untersuchen, für $z \to z_0$ mit $z_0 \in \mathcal{P}$, wobei z_0 kein Endpunkt ist. Man erhält verschiedene Ergebnisse, je nachdem von welcher Seite man sich $\mathcal{P}$ nähert (die Orientierung von $\mathcal{P}$ selbst ist natürlich durch die Integrationsrichtung eindeutig festgelegt). Diese zwei Werte bezeichnen wir durch $F_\pm(z_0)$, s. Abb. 3.22. Um $F_+(z_0)$ genauer zu untersuchen, deformieren wir $\mathcal{P}$, wie in Abb. 3.22a aufgezeichnet. Die Funktion F_+

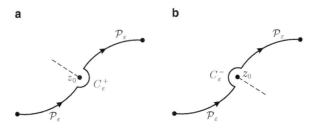

a **b**

Abb. 3.22 Der Integrationsweg wird so deformiert, dass der Punkt z_0 einmal auf der linken (**a**) und einmal auf der rechten (**b**) Seite bleibt

hat dann zwei Beiträge:

$$F_+(z_0) = \frac{1}{2\pi i} \lim_{\varepsilon \to 0^+} \int_{\mathcal{P}_\varepsilon} \frac{d\xi}{\xi - z_0} f(\xi) + \frac{1}{2\pi i} \lim_{\varepsilon \to 0^+} \int_{C_\varepsilon^+} \frac{d\xi}{\xi - z_0} f(\xi) \,,$$

wobei C_ε^+ ein Halbkreisbogen mit dem Radius ε um den Punkt z_0 herum ist und $\mathcal{P}_\varepsilon$ der ursprüngliche Weg $\mathcal{P}$ ist, aus dem das Stück der Länge 2ε um z_0 herum ausgeschnitten ist. Das erste Integral ist offensichtlich ein Hauptwertintegral, wie in (1.22) definiert,

$$\frac{1}{2\pi i} \lim_{\varepsilon \to 0^+} \int_{\mathcal{P}_\varepsilon} \frac{d\xi}{\xi - z_0} f(\xi) = \frac{1}{2\pi i} \mathrm{P} \int_{\mathcal{P}} \frac{d\xi}{\xi - z_0} f(\xi) \equiv F_p(z_0) \,,$$

während das zweite Integral durch ein ‚Halbresiduum' gegeben ist:

$$\lim_{\varepsilon \to 0^+} \int_{C_\varepsilon^+} \frac{d\xi}{\xi - z_0} f(\xi) \Big|_{\xi = z_0 + \varepsilon e^{i\varphi}} = \lim_{\varepsilon \to 0^+} \int_{\varphi_0}^{\pi + \varphi_0} \frac{i\varepsilon d\varphi e^{i\varphi}}{\varepsilon e^{i\varphi}} f(z_0 + \varepsilon e^{i\varphi}) = i\pi f(z_0) \,.$$

Wenn man sich also $\mathcal{P}$ von links nähert, erhält man als Ergebnis:

$$F_+(z_0) = F_p(z_0) + \frac{1}{2} f(z_0) \,.$$

Um $F_-(z_0)$ zu bestimmen, deformieren wir die Kontur, wie in Abb. 3.22b gezeigt, damit ergibt sich für die Integrale

$$F_-(z_0) = \frac{1}{2\pi i} \lim_{\varepsilon \to 0^+} \int_{\mathcal{P}_\varepsilon} \frac{d\xi}{\xi - z_0} f(\xi) + \frac{1}{2\pi i} \lim_{\varepsilon \to 0^+} \int_{C_\varepsilon^-} \frac{d\xi}{\xi - z_0} f(\xi) \,.$$

Das erste Integral ist gleich dem Hauptwert wie vorher. Das zweite Integral ist ebenfalls gleich dem Halbresiduum, allerdings mit dem umgekehrten Vorzeichen. Das kommt daher, dass man in diesem Fall im Uhrzeigersinn integrieren muss. Also erhalten wir:

$$F_-(z_0) = F_p(z_0) - \frac{1}{2} f(z_0) \, .$$

Bildet man lineare Kombinationen von $F_\pm$, so erhält man die sogenannten *Plemelj-Formeln*:

$$\begin{cases} F_+(z_0) + F_-(z_0) = 2F_p(z_0) \, , \\ F_+(z_0) - F_-(z_0) = f(z_0) \, . \end{cases} \tag{3.64}$$

Die gerade vorgestellte Prozedur löst das folgende Problem: Für eine auf einem glatten Weg $\mathcal{P}$ angegebene stetige Funktion $f(\xi)$ finde man eine überall in $z \notin \mathcal{P}$ analytische Funktion $G(z)$, die im Unendlichen verschwindet, $G(z \to \infty) \to 0$, und die einen Sprung der Form

$$f(z_0) = G_+(z_0) - G_-(z_0) \tag{3.65}$$

an den Punkten z_0 des Wegs $\mathcal{P}$ aufweist. Die Lösung dieses Problems ist eindeutig und gegeben durch das folgende Integral:

$$G(z) = \frac{1}{2\pi i} \int_{\mathcal{P}} \frac{d\xi}{\xi - z} f(\xi) \, .$$

Diese Funktion ist tatsächlich analytisch nach Cauchy-Theorem, sie verschwindet im Unendlichen, weil sie so konstruiert ist, $G(z) = O(1/z)$ bei $z \to \infty$, und der Sprung (3.65) folgt aus den Plemelj-Formeln (3.64). Die Eindeutigkeit der Lösung kann auf dem üblichen Weg gezeigt werden. Man nehme an, es gäbe zwei verschiedene Lösungen $G_1(z)$ und $G_2(z)$. Dann ist die Funktion $G_1(z) - G_2(z)$ überall analytisch, einschließlich der Punkte auf $\mathcal{P}$, und verschwindet im Unendlichen. Aufgrund des Satzes von Liouville gilt dann $G_1(z) - G_2(z) \equiv 0$.

Bis jetzt haben wir immer verlangt, dass $G(z) \to 0$ bei $z \to \infty$. Man kann jedoch auch ein polynomielles Wachstum erlauben:

$$G(z) = O(|z|^N) \quad \text{für } z \to \infty \, .$$

In diesem Fall lässt sich $G(z)$ bis auf ein Polynom der N-ten Ordnung $P_N(z)$ bestimmen:

$$G(z) = \frac{1}{2\pi i} \int_{\mathcal{P}} \frac{d\xi}{\xi - z} f(\xi) + P_N(z) \, .$$

Es ist klar, dass ein solches Polynom das Verhalten der Funktion $G(z)$ in der Nähe der Kontur $\mathcal{P}$ nicht beeinflussen kann. Die genaue Gestalt von $P_N(z)$ wird durch zusätzliche Anforderungen beim Formulieren des entsprechenden Problems bestimmt, wie wir in Kürze sehen werden.

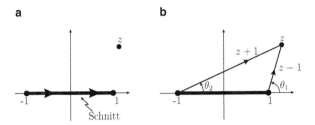

Abb. 3.23 Illustration zu Beispiel 3.16

Beispiel 3.16 Wir möchten eine Funktion finden, die auf einem Abschnitt $-1 <$ $x < 1$ der reellen Achse einen Sprung $f(\xi) \equiv 1$ aufweist, s. Abb. 3.23a. Die Lösung des Problems ist gegeben durch

$$F(z) = \frac{1}{2\pi i} \int_{-1}^{1} \frac{dx}{x - z} \, .$$

Das Hauptwertintegral haben wir bereits in Abschn. 1.3.3 ausgerechnet, es ist gegeben durch

$$F_p(x) = \frac{1}{2\pi i} \, \mathrm{P} \int_{-1}^{1} \frac{dx'}{x' - x} = \frac{1}{2\pi i} \ln\left(\frac{1 - x}{1 + x}\right), \quad z = x \in [-1, 1] \, .$$

Für $z = x > 1$ auf der reellen Achse erhält man dann

$$F(x) = \frac{1}{2\pi i} \int_{-1}^{1} \frac{dx'}{x' - x} = \frac{1}{2\pi i} \, \ln |x' - x| \Big|_{-1}^{1} = \frac{1}{2\pi i} \, \ln\left|\frac{1 - x}{1 + x}\right|$$

$$= \frac{1}{2\pi i} \, \ln\left(\frac{x - 1}{x + 1}\right) = \frac{1}{2\pi i} \Big[\ln(x - 1) - \ln(x + 1)\Big] \, .$$

Aufgrund des Theorems über analytische Fortsetzung aus Abschn. 1.3.6 gilt diese Relation auch auf der ganzen komplexen Ebene:

$$F(z) = \frac{1}{2\pi i} \Big[\ln(z - 1) - \ln(z + 1)\Big] \, .$$

Nun möchten wir dieses Ergebnis verifizieren. Hierzu werten wir die Grenzfälle $F_\pm(x)$ für $z \to x \pm i0$ aus. Um den analytischen Zweig des Logarithmus festzulegen, schreiben wir $z - 1 = |z - 1| \, e^{i\theta_1}$ und $z + 1 = |z + 1| \, e^{i\theta_2}$, s. Abb. 3.23b. Dann erhalten wir

$$\ln(z \mp 1) = \ln |z \mp 1| + i \, \theta_{1,2} \, ,$$

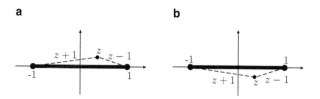

Abb. 3.24 Berechnung der Argumente im Beispiel 3.16

wobei $-\pi < \theta_{1,2} < \pi$. Nun setzen wir $z \to x + i\delta$ $(-1 < x < 1)$, $\delta \to 0^+$, sodass $\theta_1 \to \pi$, und $\theta_2 \to 0$, s. Abb. 3.24a. Dies führt auf

$$F_+(x) = \frac{1}{2\pi i} \left[\ln(1-x) + i\pi - \ln(1+x)\right].$$

Im nächsten Schritt setzen wir $z \to x - i0^+$, sodass $\theta_1 \to -\pi$ und $\theta_2 \to 0$, s. Abb. 3.24b. Das liefert

$$F_-(x) = \frac{1}{2\pi i} \left[\ln(1-x) - i\pi - \ln(1+x)\right].$$

Zusammenfassend ergibt sich

$$F_\pm(x) = \frac{1}{2\pi i} \ln\left(\frac{1-x}{1+x}\right) \pm \frac{1}{2}.$$

Wir sehen also, dass die Plemelj-Formeln perfekt wiedergegeben werden:

$$F_+(x) + F_-(x) = \frac{1}{\pi i} \ln\left(\frac{1-x}{1+x}\right) = 2F_p(x),$$
$$F_+(x) - F_-(x) = 1 = f(x).$$

Nun möchten wir zum Lösen der Integralgleichungen übergehen. Die folgende Gleichung erster Art kommt in der mathematischen Theorie der Flugzeugtragflächen vor (s. z. B. [8]):

$$\frac{1}{\pi} \, \mathrm{P} \int_{-1}^{1} \frac{f(t)dt}{t-x} = g(x). \tag{3.66}$$

Man möchte die Funktion $f(x)$ für eine auf dem Intervall $-1 < x < 1$ vorgegebene Funktion $g(x)$ ermitteln. Zunächst definieren wir auf der ganzen komplexen Ebene, s. Abb. 3.23a, die folgende Hilfsfunktion:

$$F(z) = \frac{1}{2\pi i} \int_{-1}^{1} \frac{f(t)\,dt}{t-z}.$$

Wenn wir voraussetzen, dass

$$\int\limits_{-1}^{1} dt\, f(t)$$

konvergiert, dann gilt $F(z) = O(1/z)$ für $z \to \infty$, denn

$$F(z)\Big|_{z\to\infty} = -\frac{1}{z}\,\frac{1}{2\pi i}\int\limits_{-1}^{1} dt\, f(t) + O(z^{-2})\,.$$

Mithilfe der Plemelj-Formeln erhalten wir

$$F_+(x) - F_-(x) = f(x)\,, \qquad F_+(x) + F_-(x) = 2F_p(x)\,, \tag{3.67}$$

wobei das Cauchy'sche Hauptwertintegral gegeben ist durch

$$F_p(x) = \frac{1}{2\pi i}\, \mathrm{P}\int\limits_{-1}^{1} \frac{f(t)}{t - x}\, dt\,.$$

Damit erhalten wir

$$F_+(x) + F_-(x) = \frac{2}{2\pi i}\, \mathrm{P}\int\limits_{-1}^{1} \frac{dt}{t - x}\, f(t) = -i\,g(x)\,. \tag{3.68}$$

Hier erkennen wir die Integralgleichung, die wir lösen möchten. Für diese Art von Problemen, die auch Riemann-Hilbert-Probleme genannt werden, existiert eine sehr allgemeine und elegante Theorie, die z. B. in [19] sehr detailliert und einleuchtend dargestellt ist. Die vorliegende Gleichung möchten wir jedoch auf einem anderen Weg lösen und benutzen dazu einen Trick.

Aus der Gleichung (3.67) sehen wir, dass der einfachste Weg zur Lösung die Berechnung der Differenz der Funktionen $F_\pm$ wäre. Wir haben jedoch die komplette Information über die Summe dieser Funktionen und nicht ihre Differenz, s. (3.68). Statt mit $F(z)$ zu arbeiten, definieren wir eine neue Hilfsfunktion

$$\omega(z) = (z^2 - 1)^{1/2} F(z)\,. \tag{3.69}$$

Wir multiplizieren also $F(z)$ mit der Funktion $(z^2-1)^{1/2}$, die ihr Vorzeichen ändert, sobald z den Schnitt überquert. Nun müssen wir $\omega(z)$ ermitteln und anschließend $f(x)$ berechnen.

Zunächst stellen wir aber sicher, dass $(z^2 - 1)^{1/2}$ die notwendigen Eigenschaften besitzt. Wie auf Abb. 3.23b gezeigt, haben wir

$$(z \mp 1)^{1/2} = |z \mp 1|^{1/2}\, e^{i\theta_{1,2}/2}$$

mit $-\pi < \theta_{1,2} < \pi$. Für $z \to x + i\delta$ mit einem infinitesimal kleinen δ und für $-1 < x < 1$ sind die entsprechenden Winkel $\theta_1 \to \pi$ und $\theta_2 \to 0$, s. Abb. 3.24b. Wir erhalten also

$$(z^2 - 1)^{1/2} = (1 - x)^{1/2} e^{i\frac{\pi}{2}} (1 + x)^{1/2} = i \, (1 - x^2)^{1/2} \, . \tag{3.70}$$

Andererseits gilt im Grenzfall $z \to x - i\delta$ $\theta_1 \to -\pi$ und $\theta_2 \to 0$, s. Abb. 3.24b, was auf

$$(z^2 - 1)^{1/2} = (1 - x)^{1/2} e^{-i\frac{\pi}{2}} (1 + x)^{1/2} = -i \, (1 - x^2)^{1/2} \tag{3.71}$$

führt, wie erwartet. Für x aus dem Intervall $(-1, 1)$ haben wir dann

$$\omega_\pm(x) = \pm i \, (1 - x^2)^{1/2} \, F_\pm(x) \, .$$

Aus diesem Grund ergibt sich für die Funktion ω der folgende Sprung:

$$\omega_+(x) - \omega_-(x) = i(1 - x^2)^{1/2}[F_+(x) + F_-(x)] = (1 - x^2)^{1/2} g(x) \, .$$

Ein solches Verhalten ist die Eigenschaft der Funktion

$$\omega(z) = \frac{1}{2\pi i} \int\limits_{-1}^{1} \frac{(1 - t^2)^{1/2}}{t - z} g(t) dt + P_N(z) \, ,$$

wobei $P_N(z)$ ein Polynom N-ten Grades ist. Um es festzulegen, brauchen wir die Asymptotik der Funktion $\omega(z)$ im Unendlichen. Wir erinnern uns an die Definition (3.69) und an die Eigenschaft $F(z) = O(1/z)$ der Funktion $F(z)$ bei $z \to \infty$. Damit ergibt sich bei $z \to \infty$ das folgende Verhalten:

$$\omega(z) = O(1) \, .$$

Wir schließen daraus, dass $N = 0$ ist und $P_N(z)$ durch eine noch unbekannte Konstante A_0 gegeben ist. Somit ist die Lösung:

$$\omega(z) = \frac{1}{2\pi i} \int\limits_{-1}^{1} \frac{(1 - t^2)^{1/2}}{t - z} g(t) dt + A_0 \, .$$

Mithilfe der Plemelj-Formeln für $F(z)$ lässt sich nun $f(x)$ schreiben wie

$$f(x) = F_+(x) - F_-(x) = \frac{1}{i(1 - x^2)^{1/2}} \left[\omega_+(x) + \omega_-(x) \right] = \frac{2}{i(1 - x^2)^{1/2}} \, \omega_p(x) \, ,$$

wobei der Cauchy'sche Hauptwert gegeben ist durch

$$\omega_p(x) = \frac{1}{2\pi i} \, \mathrm{P} \int\limits_{-1}^{1} \frac{(1 - t^2)^{1/2}}{t - x} g(t) dt + A_0 \, .$$

Für die Lösung der Originalgleichung ergibt sich dann:

$$f(x) = -\frac{1}{\pi(1-x^2)^{1/2}}\, \mathrm{P}\int\limits_{-1}^{1}\frac{(1-t^2)^{1/2}}{t-x}g(t)dt + \frac{A}{(1-x^2)^{1/2}}\ , \qquad (3.72)$$

wobei $A = -i\,2A_0$ eine beliebige Konstante ist.

Beispiel 3.17 Man löse die Gleichung

$$\frac{1}{\pi}\, \mathrm{P}\int\limits_{-1}^{1}\frac{f(t)dt}{t-x} = 1 \qquad (3.73)$$

für die Funktion $f(x)$ auf $-1 < x < 1$.

Hier haben wir es mit einem Spezialfall der Gleichung (3.66), wenn $g(x) = 1$ ist, zu tun. Die allgemeine Lösung ist gegeben durch (3.72). Wir müssen also das folgende Integral berechnen:

$$I(x) = \mathrm{P}\int\limits_{-1}^{1}\frac{(1-t^2)^{1/2}}{t-x}dt\ . \qquad (3.74)$$

Damit wäre die Lösung der Integralgleichung gegeben durch:

$$f(x) = -\frac{I(x)}{\pi(1-x^2)^{1/2}} + \frac{A}{(1-x^2)^{1/2}}\ .$$

Das Integral $I(x)$ lässt sich auf vielen verschiedenen Wegen ermitteln. Die eine Methode wäre es, zunächst eine komplexwertige Funktion einzuführen,

$$G(z) = \frac{1}{2\pi i}\int\limits_{-1}^{1}\frac{(1-t^2)^{1/2}}{t-z}dt\ . \qquad (3.75)$$

Für rein reelle $z = x > 1$ außerhalb des Intervalls $[-1, 1]$ können wir $t = \cos\theta$ substituieren, dann erhalten wir[13]

$$G(x) = \frac{1}{2\pi i} \int_0^\pi \frac{\sin^2\theta \, d\theta}{\cos\theta - x} = \frac{1}{2\pi i} \int_0^\pi \frac{1 - \cos^2\theta}{\cos\theta - x} \, d\theta$$

$$= \frac{1}{2\pi i} \int_0^\pi \frac{(x + \cos\theta)(x - \cos\theta) - (x^2 - 1)}{\cos\theta - x} \, d\theta$$

$$= \frac{1}{2\pi i} \left[-\int_0^\pi d\theta \, (x + \cos\theta) + (x^2 - 1) \int_0^\pi \frac{d\theta}{x - \cos\theta} \right]$$

$$= \frac{1}{2\pi i} \left[-\pi x + \frac{\pi(x^2 - 1)}{\sqrt{x^2 - 1}} \right] = \frac{1}{2i} \left[-x + \sqrt{x^2 - 1} \right].$$

Nach einer analytischen Fortsetzung erhalten wir für komplexe z:

$$G(z) = \frac{1}{2i} \left(-z + \sqrt{z^2 - 1} \right).$$

Nun erinnern wir uns an die Relationen (3.70) und (3.71) für $|x| < 1$, die auf einem der analytischen Zweige der Funktion $\sqrt{z^2 - 1}$ gelten. Damit erhalten wir

$$\sqrt{z^2 - 1} \Big|_{z \to x \pm i0} = \pm i \sqrt{1 - x^2} \,,$$

und folglich

$$G_\pm(x) = \frac{1}{2i} \left(-x \pm i \sqrt{1 - x^2} \right).$$

Für die Differenz dieser beiden Funktionen ergibt sich dann

$$G_+(x) - G_-(x) = \sqrt{1 - x^2} \, g(x) = \sqrt{1 - x^2} \,,$$

---

[13] Das Integral

$$\int_0^\pi \frac{d\theta}{x - \cos\theta}$$

kann nach der Substitution $z = e^{i\theta}$ sehr bequem mithilfe des Residuensatzes ausgerechnet werden. Die Winkelintegration über θ kann nämlich auf das Intervall $[0, 2\pi]$ erweitert werden, dabei verdoppelt sich der Integralwert. Die anschließende Integration über z verläuft entlang eines Einheitskreises um den Koordinatenursprung herum. Bei $x > 1$ hat der Integrand zwei Pole bei $z_{1,2} = x \pm \sqrt{x^2 - 1}$. Lediglich einer von denen liegt innerhalb des Einheitskreises. Damit ergibt sich für das Integral der Wert $\pi / \sqrt{x^2 - 1}$.

Abb. 3.25 Illustration zur
Berechnung des Integrals
(3.74)

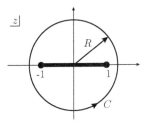

was im Einklang mit der ersten der Plemelj-Formeln ist, wohingegen aus der zweiten

$$2G_p(x) = \frac{2}{2\pi i} P \int_{-1}^{1} \frac{(1-t^2)^{1/2}}{t-x} dt = G_+(x) + G_-(x) = ix$$

folgt. Als unmittelbare Konsequenz erhalten wir dann für das Hauptwertintegral das Ergebnis:

$$I(x) = P \int_{-1}^{1} \frac{(1-t^2)^{1/2}}{t-x} \, dt = -\pi x \, , \quad |x| < 1 \, . \tag{3.76}$$

Für die Lösung der Integralgleichung (3.73) ergibt sich dann

$$f(x) = \frac{x}{(1-x^2)^{1/2}} + \frac{A}{(1-x^2)^{1/2}} \, . \tag{3.77}$$

Der zweite Weg zur Auswertung des Integrals (3.74) besteht darin, dass man die Hilfsgröße[14]

$$F(x) = \int_C \left[\frac{(z^2-1)^{1/2}}{z-x} - 1 \right] dz$$

definiert. Dabei ist $-1 < x < 1$ reell, und C ist ein Weg, der den ganzen Schnitt $[-1, 1]$ umschließt, s. Abb. 3.25. Aufgrund des zweiten Terms hat der Integrand das folgende Verhalten im Unendlichen:

$$\frac{(z^2-1)^{1/2}}{z-x} - 1 = \frac{\sqrt{1-\frac{1}{z^2}}}{1-\frac{x}{z}} - 1 = \frac{x}{z} + O\left(\frac{1}{z^2}\right) \, .$$

---

[14] Diese Vorgehensweise kann im Allgemeinen benutzt werden, um Integrale vom Typ

$$P \int_{-1}^{1} \frac{\sqrt{1-t^2}}{t-x} g(t) dt$$

auszurechnen. $g(t)$ ist dabei eine rationale Funktion.

Abb. 3.26 Zur Berechnung des Integrals (3.74)

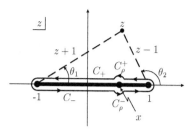

Einerseits können wir wegen der Analytizität der Funktion $R \to \infty$ setzen, dann erhalten wir

$$F(x) = \int\limits_0^{2\pi} \left[\frac{x}{Re^{i\varphi}} + O(1/R^2) \right] Re^{i\varphi} \, i \, d\varphi = 2\pi i \, z_\infty = 2\pi i \, x \,, \qquad (3.78)$$

wobei $z_\infty = x$ das Residuum bei $z \to \infty$ bezeichnet. Andererseits lässt sich C, wie auf Abb. 3.26 gezeigt, deformieren. Auf der oberen bzw. unteren Schnittseite $C_\pm$ gilt $z = t \pm i\delta$, $-1 < t < 1$. Dann gilt $\sqrt{z^2 - 1} = \pm i \sqrt{1 - t^2}$ auf $C_\pm$ (einschließlich $C_\rho^\pm$), sodass man im Grenzfall $\rho \to 0$ erhält

$$S_{\text{oben}} = \int\limits_{C_+ + C_\rho^+} \left[\frac{i\sqrt{1 - t^2}}{t - x} - 1 \right] dt = \mathrm{P} \int\limits_1^{-1} \frac{i\sqrt{1 - t^2}}{t - x} dt + 2 + i\pi i \sqrt{1 - x^2} \,.$$

Man beachte, dass der letzte Term aus der Integration entlang C_ρ^+ hervorgeht und dem Halbresiduum gleich ist. Damit gilt die folgende Relation:

$$\lim_{\rho \to 0} S_{\text{oben}} = \lim_{\rho \to 0} \int\limits_{C_+ + C_\rho^+} \dots dt = -i \, I(x) + 2 - \pi \sqrt{1 - x^2} \,.$$

Ganz analog lässt sich feststellen, dass die Integrale entlang der unteren Schnittseite im Grenzfall $\rho \to 0$

$$S_{\text{unten}} = \int\limits_{C_- + C_\rho^-} \left[\frac{-i\sqrt{1 - t^2}}{t - x} - 1 \right] dt = -i \, \mathrm{P} \int\limits_{-1}^1 \frac{\sqrt{1 - t^2}}{t - x} dt - 2$$

$$+ i\pi(-i\sqrt{1 - x^2}) = -i \, I(x) - 2 + \pi \sqrt{1 - x^2}$$

ergeben. Daraus folgt, dass in $F(x)$ sich die Residuenbeiträge und die Integrale über die 1 aufheben, während die Integrale entlang $C_\pm$ gleich sind. Dies führt auf:

$$F(x) = \int\limits_{C_{R\to\infty}} \left[\frac{(z^2-1)^{1/2}}{z-x} - 1\right]dz$$

$$= \int\limits_{C_+ + C_- + C_\rho^+ + C_\rho^-} \left[\frac{(z^2-1)^{1/2}}{z-x} - 1\right]dz = -2i\,I(x)\,.$$

Vergleicht man nun dieses Resultat mit dem vorherigen (3.78), stellt man fest, dass $I(x) = -\pi x$ gilt, in voller Übereinstimmung mit dem Ergebnis (3.76), welches wir mit der anderen Methode erzielt haben.

Nun möchten wir eine andere singuläre Integralgleichung betrachten:

$$\frac{1}{\pi}\int\limits_{-1}^{1} f(t)\ln|x-t|\,dt = g(x)\,, \qquad (3.79)$$

wobei wieder mal $-1 < x < 1$ und $g(x)$ vorgegeben sei. Wir werden in Kürze feststellen, dass diese Gleichung in enger Relation zu (3.66) steht. Um $f(x)$ auszurechnen, formen wir die linke Seite auf folgende Weise um:

$$\int\limits_{-1}^{1} f(t)\ln|x-t|\,dt = \lim_{\varepsilon\to 0^+}\left\{\int\limits_{-1}^{x-\varepsilon} dt\,f(t)\ln(x-t) + \int\limits_{x+\varepsilon}^{1} dt\,f(t)\ln(t-x)\right\}.$$

Anschließend rechnen wir die Ableitung nach x aus:

$$\int\limits_{-1}^{x-\varepsilon} dt\,f(t)\frac{1}{x-t} + \int\limits_{x+\varepsilon}^{1} dt\,f(t)\frac{(-1)}{t-x} + f(x-\varepsilon)\ln\varepsilon - f(x+\varepsilon)\ln\varepsilon\,. \qquad (3.80)$$

Die letzten zwei Terme lassen sich auf die Integrationsgrenzen zurückführen. Solange $f(x)$ differenzierbar ist[15], gilt im Grenzfall $\varepsilon \to 0^+$ die folgende Abschätzung:

$$\lim_{\epsilon\to 0^+}\left[f(x-\varepsilon)\ln\varepsilon - f(x+\varepsilon)\ln\varepsilon\right] = \lim_{\epsilon\to 0^+}\ln\varepsilon\left[f(x+\varepsilon) - f(x-\varepsilon)\right] \to 0\,,$$

wohingegen sich die ersten zwei Terme von (3.80) im Grenzfall $\varepsilon \to 0^+$ zu einem Hauptwertintegral zusammenaddieren:

$$-\mathrm{P}\int\limits_{-1}^{1} dt\,\frac{f(t)}{t-x}\,.$$

---

[15] Diese Forderung kann allerdings abgeschwächt werden.

Damit haben wir gezeigt, dass

$$\frac{d}{dx} \int\limits_{-1}^{1} dt\, f(t) \ln|t - x| = -\mathrm{P} \int\limits_{-1}^{1} dt\, \frac{f(t)}{t - x}$$

gilt. Dies erlaubt uns, die Originalintegralgleichung auf die neue Gleichung

$$\frac{1}{\pi} \mathrm{P} \int\limits_{-1}^{1} \frac{f(t)\,dt}{t - x} = -g'(x)$$

zurückzuführen, die wiederum mit (3.66) verwandt ist und mit den gleichen Methoden gelöst werden kann.

Beispiel 3.18 Man löse die Gleichung

$$\frac{1}{\pi} \int\limits_{-1}^{1} f(t) \ln|t - x|\, dt = 3 \tag{3.81}$$

für die Funktion $f(x)$ auf $-1 < x < 1$.

Zunächst leiten wir nach x ab und erhalten

$$\frac{1}{\pi} \mathrm{P} \int\limits_{-1}^{1} \frac{f(t)\,dt}{t - x} = 0 \, .$$

Laut (3.72) ist die Lösung dieser Gleichung durch

$$f(x) = \frac{A}{\sqrt{1 - x^2}}$$

gegeben, wobei A eine Konstante ist. Um sie zu ermitteln, setzen wir diese Lösung zurück in die Originalgleichung (3.81) ein. Dann erhalten wir eine Relation für A:

$$\frac{1}{\pi} \int\limits_{-1}^{1} \frac{A}{(1 - t^2)^{1/2}} \ln|x - t|\, dt = 3 \, .$$

Der einfachste Weg, A zu identifizieren, ist es $x = 0$ zu setzen, denn die rechte Seite der Gleichung ist x-unabhängig. Dann erhalten wir

$$\frac{A}{\pi} \int\limits_{-1}^{1} \frac{\ln|t|}{\sqrt{1 - t^2}}\, dt = \frac{2A}{\pi} \int\limits_{0}^{1} \frac{\ln t\, dt}{\sqrt{1 - t^2}} = 3 \, .$$

Mithilfe einer trigonometrischen Substitution $t = \sin\theta$ vereinfacht sich das vorliegende Integral zu

$$\frac{2A}{\pi} \int_0^{\pi/2} \ln(\sin\theta) \, d\theta = 3 \, .$$

Es kann auf folgende Weise ausgerechnet werden:

$$\int_0^{\pi/2} \ln(\sin\theta) \, d\theta = \frac{1}{2} \int_0^{\pi} \ln(\sin\theta) \, d\theta = \int_0^{\pi/2} \ln(\sin 2\theta) \, d\theta$$

$$= \int_0^{\pi/2} \Big[\ln 2 + \ln(\sin\theta) + \ln(\cos\theta) \Big] d\theta$$

$$= \frac{\pi}{2} \ln 2 + 2 \int_0^{\pi/2} \ln(\sin\theta) \, d\theta \, ,$$

wobei wir benutzt haben, dass die Terme, die $\ln(\sin\theta)$ und $\ln(\cos\theta)$ enthalten, nach der Substitution $\theta \to \pi/2 - \theta$ in einem von ihnen gleiche Werte annehmen. Damit ergibt sich

$$\int_0^{\pi/2} \ln(\sin\theta) \, d\theta = -\frac{\pi}{2} \ln 2$$

für das Integral und folglich $A = -3/\ln 2$ für die Konstante. Die Lösung der Gleichung (3.81) ist also gegeben durch

$$f(x) = -\frac{3}{\ln 2} \frac{1}{\sqrt{1 - x^2}} \, .$$

Beispiel 3.19 Man löse die Gleichung

$$\frac{1}{\pi} \int_{-1}^{1} f(t) \ln|t - x| \, dt = x \tag{3.82}$$

für $f(x)$ auf dem Intervall $[-1, 1]$.

Leitet man nach x ab, so ergibt sich

$$\frac{1}{\pi} \mathrm{P} \int_{-1}^{1} dt \, \frac{f(t)}{t - x} = -1 \, .$$

Die Lösung ist deswegen gegeben durch (3.72):

$$f(x) = -\frac{1}{\pi} \frac{1}{(1-x^2)^{1/2}} \, \mathrm{P} \int\limits_{-1}^{1} \frac{(1-t^2)^{1/2}(-1)}{t-x} \, dt + \frac{A}{(1-x^2)^{1/2}} \ .$$

Dieses Integral ist dem aus (3.76) identisch, sodass wir

$$f(x) = -\frac{x}{(1-x^2)^{1/2}} + \frac{A}{(1-x^2)^{1/2}}$$

erhalten. Setzt man nun dieses Resultat in die Originalgleichung (3.82) zurück und nimmt man der Einfachheit halber $x = 0$ an, so erhalten wir eine Relation für die Konstante:

$$\frac{1}{\pi} \int\limits_{-1}^{1} dt \left(\frac{-t}{\sqrt{1-t^2}} + \frac{A}{\sqrt{1-t^2}} \right) \ln|t| = 0 \ .$$

Der erste Term des Integranden ist offensichtlich eine ungerade Funktion von t und verschwindet deswegen. Also vereinfacht sich die Gleichung auf:

$$\frac{1}{\pi} A \int\limits_{-1}^{1} \frac{\ln|t|}{\sqrt{1-t^2}} \, dt = 0 \ .$$

Daraus folgt, dass die Konstante $A = 0$ ist. Aus diesem Grund ist die Lösung der Originalgleichung gegeben durch

$$f(x) = -\frac{x}{(1-x^2)^{1/2}} \ . \tag{3.83}$$

3.5 Abel'sche Integralgleichung

Ein weiteres Beispiel für eine singuläre Integralgleichung ist die sogenannte *verallgemeinerte Abel'sche Integralgleichung*[16]

$$g(x) = \int\limits_{a}^{x} dt \, \frac{f(t)}{(x-t)^{\mu}} \ , \tag{3.84}$$

---

[16] Die Originalgleichung

$$g(x) = \int\limits_{0}^{x} dt \, \frac{f(t)}{\sqrt{x-t}}$$

wurde von Abel bei der Untersuchung der Bewegung eines punktförmigen Teilchens, welches sich unter Einwirkung der Schwerkraft in einer senkrecht orientierten Ebene entlang einer vorgegebenen Kurve bewegt, hergeleitet. $g(x)$ gibt dann die Zeit an, die das Teilchen braucht, um vom höchstgelegenen zum tiefstgelegenen Punkt zu gelangen. $ds = f(t)dt$ ist dann das Längenelement der Kurve.

wobei $0 < \mu < 1$ und $g(x)$ eine vorgegebene stetig differenzierbare Funktion ist. Dies ist eine Integralgleichung der ersten Art vom Volterra-Typ mit einem schwach singulären Differenzkern $k(x - t) = (x - t)^{-\mu}$, der zu ∞ bei $t \to x$ strebt.

Die Abel'sche Gleichung der Form (3.84) kann mit vielen verschiedenen Methoden gelöst werden. Wir möchten den Leser ermuntern, sie mithilfe der Laplace-Transformation zu lösen (s. Aufgabe 3.10). Hier möchten wir dagegen die in [28] vorgeschlagene Technik anwenden. Zunächst definieren wir eine Hilfsfunktion

$$\varphi(x) = \int_a^x f(\xi) \, d\xi$$

und multiplizieren beide Seiten der Identität[17]

$$\frac{\pi}{\sin(\mu\pi)} = \int_\xi^z \frac{dx}{(z-x)^{1-\mu}(x-\xi)^\mu}$$

mit $f(\xi)$. Anschließend integrieren wir über ξ von a bis z. Vertauscht man nun die Reihenfolge der Integrationen (man beachte die Änderung der Integrationsgrenzen, die auf Abb. 3.27 gezeigt ist), so ergibt sich:

$$\frac{\pi}{\sin(\mu\pi)}\left[\varphi(z) - \varphi(a)\right] = \int_a^z d\xi \int_\xi^z \frac{f(\xi)dx}{(z-x)^{1-\mu}(x-\xi)^\mu}$$

$$= \int_a^z dx \int_a^x \frac{f(\xi)d\xi}{(z-x)^{1-\mu}(x-\xi)^\mu} = \int_a^z \frac{g(x)dx}{(z-x)^{1-\mu}}.$$

$$(3.85)$$

Wenn also eine stetige Lösung der Abel'schen Gleichung (3.84) existiert, ist sie für $0 < \mu < 1$ gegeben durch

$$f(z) = \frac{\sin(\mu\pi)}{\pi} \frac{d}{dz} \int_a^z \frac{g(x) \, dx}{(z-x)^{1-\mu}}.$$

$$(3.86)$$

---

[17] Setzt man $y = (z - x)/(z - \xi)$ und benutzt man die Definitionen (2.10) und (2.11) der Beta-Funktion sowie den Ergänzungssatz (2.6) für die Gamma-Funktion, so erhält man

$$\int_\xi^z \frac{dx}{(z-x)^{1-\mu}(x-\xi)^\mu} = \int_0^1 y^{\mu-1}(1-y)^{-\mu} dy = B(\mu, 1-\mu) = \Gamma(\mu)\Gamma(1-\mu) = \frac{\pi}{\sin(\mu\pi)}.$$

Abb. 3.27 Schematische Darstellung des Integrationsgebiets im Doppelintegral (3.85)

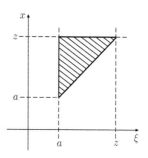

Zum Beispiel für die Gleichung

$$2\sqrt{x} = \int\limits_0^x \frac{f(t)}{\sqrt{x-t}}\, dt$$

identifizieren wir $g(x) = 2\sqrt{x}$, $a = 0$ und $\mu = 1/2$. Setzt man das in die allgemeine Formel (3.86) ein, so ergibt sich:

$$f(x) = \frac{2}{\pi}\, \frac{d}{dx} \int\limits_0^x \frac{\sqrt{t}}{\sqrt{x-t}}\, dt \;.$$

Dieses Integral lässt sich mithilfe einer trigonometrischen Substitution $t = x\sin^2\theta$ ausrechnen,

$$f(x) = \frac{4}{\pi}\, \frac{d}{dx} \Bigg(x \underbrace{\int\limits_0^{\pi/2} d\theta\, \sin^2\theta}_{=\,\pi/4} \Bigg) = 1 \;.$$

Dieses Ergebnis kann man sehr einfach überprüfen: $\int_0^x dt\,(x-t)^{-1/2} = 2\sqrt{x}$.

Nun möchten wir eine inhomogene Variante der Abel'schen Gleichung näher betrachten:

$$f(x) = p(x) + \lambda \int\limits_0^x \frac{f(t)}{(x-t)^\mu}\, dt \;, \tag{3.87}$$

wobei die Funktion $p(x)$ als hinreichend glatt angenommen wird, sodass die Eindeutigkeit der Lösung gewährleistet ist. λ ist eine Konstante. Um die Lösung zu bestimmen, können wir die folgende Aufspaltung vornehmen (sie kann als eine Variante der Entwicklung für kleine λ verstanden werden):

$$f(x) = \sum_{n=0}^{\infty} f_n(x) \;.$$

Setzt man sie in beide Seiten von (3.87) ein, so ergibt sich

$$\sum_{n=0}^{\infty} f_n(x) = p(x) + \lambda \int_0^x \frac{1}{(x-t)^\mu} \left(\sum_{n=0}^{\infty} f_n(t) \right) dt \ .$$

Die Beiträge $f_0(x), f_1(x), f_2(x), \ldots$ bestimmen sich für $n \geq 1$ aus den Rekursionsrelationen

$$f_0(x) = p(x) \ , \quad f_n(x) = \lambda \int_0^x \frac{f_{n-1}(t)}{(x-t)^\mu} \, dt \ . \tag{3.88}$$

In manchen Situationen kann es vorkommen, dass die Komponenten $f_0(x)$ und $f_1(x)$ gleichen Betrag, jedoch verschiedene Vorzeichen haben. In solchen Fällen ist eine alternative Aufspaltungsmethode, in der auch der inhomogene Term $p(x)$ aufgeteilt wird, wesentlich effizienter. Diese Prozedur möchten wir an einem Beispiel verdeutlichen.

Beispiel 3.20 Man löse die folgende Abel'sche Integralgleichung:

$$f(x) = \sqrt{x} + \frac{\pi}{2} x - \int_0^x \frac{f(t)}{\sqrt{x-t}} dt \ . \tag{3.89}$$

Benutzt man die Rekursionsformel (3.88), so erhalten wir $f_0(x) = \pi x/2 + \sqrt{x}$ und

$$f_1(x) = - \int_0^x \frac{\sqrt{t} + \pi t/2}{\sqrt{x-t}} \, dt \ .$$

Mithilfe der trigonometrischen Substitution $t = x \sin^2 \theta$ erhalten wir dann

$$f_1(x) = -2x \int_0^{\pi/2} d\theta \, \sin^2 \theta - \pi x^{3/2} \int_0^{\pi/2} d\theta \, \sin^3 \theta = -\frac{\pi}{2} x - \frac{2\pi}{3} x^{3/2} \ .$$

Hier stellen wir fest, dass die beiden ersten Terme von $f_{0,1}(x)$ bis auf das Vorzeichen identisch sind, während der zweite Term von $f_0(x)$ der Gleichung (3.89) genügt. Damit ergibt sich für die Lösung $f(x) = \sqrt{x}$.

Alternativ könnten wir den inhomogenen Term in zwei Beiträge aufspalten und gleich $f_0(x) = \sqrt{x}$ setzen, dann gilt

$$f_1(x) = \frac{\pi}{2} x - \int_0^x \frac{\sqrt{t}}{\sqrt{x-t}} \, dt \ ,$$

was sofort auf $f_1(x) = 0$ führt. Aufgrund von (3.88) verschwinden dann alle anderen Beiträge $f_2(x), f_3(x), \ldots$ und wir erhalten die gesuchte Lösung $f(x) = f_0(x) = \sqrt{x}$.

3.6 Übungsaufgaben

Aufgabe 3.1 Lösen Sie die folgenden Integralgleichungen:

(a)

$$x^2 = 1 + \lambda \int_1^x xt\varphi(t)dt \ ,$$

(b)

$$\int_0^x e^{(x-t)}\varphi(t)dt = x \ .$$

Aufgabe 3.2 Lösen Sie die folgenden Integralgleichungen mithilfe der Laplace-Transformation:

(a)

$$\varphi(x) = f(x) + \int_0^x (x-t)\varphi(t)dt \ ,$$

(b)

$$\varphi(x) = e^{-|x|} + \lambda e^x \int_x^\infty e^{-t}\varphi(t)dt \ .$$

Aufgabe 3.3 Stellen Sie die Wiener-Hopf-Aufspaltung für die Funktion

$$R(s) = \frac{1}{(s - k\cos\theta)\sqrt{(s+k)}}$$

auf.[18]

Aufgabe 3.4 Lösen Sie das Eigenwertproblem

$$f(x) = \frac{\lambda}{2} \int_\delta^\infty \frac{f(y)}{\cosh[(x-y)/2]} \, dy \tag{3.90}$$

für $\delta = 0$ mithilfe der Wiener-Hopf-Methode. Vergleichen Sie das Ergebnis mit dem Resultat für $\delta = -\infty$, welches in Beispiel 3.4 angegeben ist.

---

[18] Solche Funktionen kommen beim Berechnen der Lichtbeugungsbilder an einer halbunendlichen Ebene vor. Die komplexe Variable k ist die Wellenzahl, und θ ist der Lichteinfallswinkel.

Aufgabe 3.5 Betrachten Sie die Integralgleichung[19]

$$D(t,t') = D_0(t-t') + \int\limits_0^\infty dt_1\, K(t-t_1)\, D(t_1,t')$$

für die Funktion $D(t,t')$. Der Quellterm ist gegeben durch:

$$D_0(t-t') = -i\,\Theta(t-t')\, e^{-i\Delta(t-t')}$$

und enthält die Heaviside-Stufenfunktion $\Theta(t)$. Der Kern habe die folgende Form:

$$K(t-t_1) = -\Gamma\, e^{-i\Delta(t-t_1)}\,\Theta(t-t_1)\,. \qquad (3.91)$$

(a) Ohne die Gleichung zu lösen, zeigen Sie, dass die Lösung die Eigenschaft $D(t,t') = D(t-t')$ hat.

(b) Lösen Sie die Gleichung mithilfe der Iterationsmethode.

(c) Zeigen Sie, dass diese Gleichung auch mithilfe der Laplace-Transformation gelöst werden kann.

Aufgabe 3.6 Lösen Sie die Integralgleichung

$$f(x) + 4\int\limits_0^\infty dy\, e^{-|x-y|}\, f(y) = e^{-x}$$

für $0 < x < \infty$ mithilfe der Wiener-Hopf-Methode.

Aufgabe 3.7 Lösen Sie die singuläre Integralgleichung

$$\frac{1}{\pi}\, P \int\limits_{-1}^1 \frac{f(t)dt}{t-x} = 1 - x^2$$

für $-1 < x < 1$ mithilfe der in Abschn. 3.4 vorgestellten Technik.

Aufgabe 3.8 Lösen Sie die Integralgleichung

$$\int\limits_0^\infty k_1(x-t)f(t)dt + \int\limits_{-\infty}^0 k_2(x-t)f(t)dt = k_1(x)$$

für $-\infty < x < +\infty$, wenn $k_1(x < 0) = (e^{3x} - e^{2x})$ und $k_2(x > 0) = -i\,e^{-2x}$ unter der Bedingung $k_1(x > 0) = k_2(x < 0) = 0$.

---

[19] Solche Gleichungen entstehen bei der Berechnung der sogenannten Transienten, s. z. B. [16, 21].

Aufgabe 3.9 Betrachten Sie die Integralgleichung

$$f(x) + \int\limits_0^\infty \big(a + b|x - t|\big)e^{-|x-t|}f(t)dt = p(x)$$

für $x > 0$. Die Konstanten a und b ($b \neq 0$) seien reell und $p(x) = 0$ für $x < 0$. Finden Sie die formale Lösung für generische $p(x)$ mithilfe der Wiener-Hopf-Methode.

Aufgabe 3.10 Betrachten Sie die Abel'sche Integralgleichung

$$g(x) = \int\limits_0^x \frac{f(t)}{(x - t)^\mu}dt \ ,$$

wobei $0 < \mu < 1$. Benutzen Sie die Laplace-Transformation, um $f(x)$ durch $g(x)$ auszudrücken. Finden Sie die Lösung $f(x)$ im Spezialfall $g(t) = t^\nu$.

3.7 Lösungen

Aufgabe 3.1

(a)

$$\varphi(x) = (x^2 + 1)/\lambda x^3 \ ,$$

(b)

$$\varphi(x) = 1 - x \ .$$

Aufgabe 3.2

(a)

$$\varphi(x) = f(x) + \frac{1}{2}e^x \int\limits_0^x e^{-t} f(t)dt - \frac{1}{2}e^{-x} \int\limits_0^x e^t f(t)dt \ ,$$

(b)

für $\lambda \neq 2$: $\quad \varphi(x) = \frac{2}{2 - \lambda}e^{-x} + Ce^{(1-\lambda)x} \ (x > 0)$,

$$\varphi(x) = \left(\frac{2}{2 - \lambda} + C\right)e^{(1-\lambda)x} \ (x < 0),$$

wobei $C = 0$ für $\mathrm{Re}(1 - \lambda) > 0$, $C = -\dfrac{2}{2 - \lambda}$ für $\mathrm{Re}(1 - \lambda) < 0$;

für $\lambda = 2$: $\quad \varphi(x) = -2xe^{-x} \ (x > 0), \quad \varphi(x) = 0 \ (x < 0)$.

Aufgabe 3.3

$$R_+(s) = \frac{1}{(s - k\cos\theta)}\left(\frac{1}{\sqrt{s+k}} - \frac{1}{\sqrt{k+k\cos\theta}}\right),$$

$$R_-(s) = \frac{1}{(s - k\cos\theta)\sqrt{k+k\cos\theta}}.$$

Aufgabe 3.4

$$f(x) = C\left[e^{i\alpha x}\frac{\Gamma(a)\,\Gamma(b)}{\Gamma(c)}\,F(a,b;c;e^{-2x}) - e^{-i\alpha x}\frac{\Gamma(\overline{a})\,\Gamma(\overline{b})}{\Gamma(\overline{c})}\,F(\overline{a},\overline{b};\overline{c};e^{-2x})\right],$$

$a = 1/4 - i\alpha/2,\ b = 3/4 - i\alpha/2,\ c = 1 - i\alpha,\ \overline{a} = 1/4 + i\alpha/2$ etc.,
$\cosh(\pi\alpha) = 2\pi\lambda,\ C$ ist eine Konstante.

Aufgabe 3.5

$$D(t - t') = -i\,\Theta(t - t')\,e^{-i\Delta(t-t')}\,e^{-\Gamma(t-t')}.$$

Aufgabe 3.6

$$f(x) = e^{-3x}/2.$$

Aufgabe 3.7

$$f(x) = \frac{3x/2 - x^3 + A}{\sqrt{1-x^2}},$$

wobei A eine Konstante ist.

Aufgabe 3.8

$$f(x) = -iCe^{-2x}, \quad x > 0,$$
$$f(x) = \left[C(e^{2x} - e^{3x}) - 4ie^{2x} + 5ie^{3x}\right], \quad x < 0,$$

wobei C eine Konstante ist.

Aufgabe 3.9

$$f(x) = p(x) + \rho\int_0^\infty e^{-\beta|x-t|}\cos(\theta + \alpha|x-t|)p(t)dt$$

$$+ \int_0^\infty e^{-\beta(x+t)}\left[A\cos[\alpha(x-t)] + B\cos[\psi + \alpha(x+t)]\right]p(t)dt,$$

$$\text{wobei } \rho e^{i\theta} = \frac{\gamma}{\beta - i\alpha}, \quad \gamma = i\frac{(\alpha + i\beta)^2(a - b) + a + b}{2\alpha\beta},$$

$$A = \frac{[\alpha^2 + (\beta - 1)^2]^2}{4\alpha^2\beta}, \quad B = \frac{R}{4\alpha^2}, \quad Re^{i\psi} = \frac{[\alpha + i(\beta - 1)]^4}{\alpha + i\beta}.$$

Die positiven Konstanten α und β bestimmen die vier komplexen Nullstellen ($\pm\alpha\pm i\beta$) des Polynoms $M(u) = u^4 + 2(a - b + 1)u^2 + 2a + 2b + 1$.

Aufgabe 3.10

$$f(x) = \frac{\sin(\mu\pi)}{\pi}\frac{d}{dx}\int_0^x \frac{g(t)dt}{(x - t)^{1-\mu}}; \quad \frac{\sin(\mu\pi)}{\pi}(\nu + \mu)\,x^{\nu+\mu-1}B(\nu + 1, \mu).$$

Kapitel 4
Orthogonale Polynome

Die klassischen orthogonalen Polynome bilden eine wichtige Klasse der speziellen Funktionen und hängen eng mit den in vorherigen Kapiteln behandelten Problemen zusammen. Insbesondere sind sie Eigenfunktionen von vielen Differential- und Integraloperatoren. Die Hermite-Polynome sind zum Beispiel die wichtigste Komponente der Lösungen des quantenmechanischen Oszillators einerseits, andererseits sind sie Eigenfunktionen der Fourier-Transformation, während die Laguerre-Polynome bei der Lösung des Coulomb'schen Zentralpotenzialproblems entstehen.

4.1 Einführung

Eines der am weitesten verbreiteten Eigenwertprobleme lässt sich auf folgende Weise formulieren. Man betrachte eine DGL der Form[1]

$$\frac{d}{dx}\left[p(x)y'(x)\right] + q(x)y'(x) + \lambda y(x) = 0\,,\qquad(4.1)$$

wobei $a \leq x \leq b$ und

$$p(x) = p_0 + p_1 x + p_2 x^2$$

ein quadratisches Polynom ist, während

$$q(x) = q_0 + q_1 x$$

linear in x ist. λ ist eine Konstante und wird *Eigenwert* genannt. Ergänzt man die Gleichung (4.1) durch Randbedingungen an a und b, so haben wir es mit einem Sturm-Liouville-Problem zu tun. Zunächst möchten wir jedoch auf Randbedingungen verzichten. Unser erstes Ziel besteht darin, alle $\lambda = \lambda_n$ zu finden, zu denen es eine polynomielle Lösung der Ordnung n gibt. Solche Lösungen können wir dann

---

[1] Manchmal wird diese Darstellung *Standardform* genannt.

A.O. Gogolin, *Komplexe Integration*, DOI 10.1007/978-3-642-41747-4_4,
© Springer-Verlag Berlin Heidelberg 2014

schreiben als

$$y(x) = \sum_{r=0}^{n} a_r x^r , \qquad \text{wobei } a_n \neq 0 .$$

Für die einzelnen Terme von (4.1) erhalten wir dann

$$\frac{d}{dx}\Big[p(x)y'(x)\Big] = \sum_{r=2}^{n} p_0 a_r r(r-1)x^{r-2} + \sum_{r=1}^{n} p_1 a_r r^2 x^{r-1}$$

$$+ \sum_{r=1}^{n} p_2 a_r r(r+1)x^r ,$$

$$q(x)y'(x) = \sum_{r=1}^{n} q_0 a_r r x^{r-1} + \sum_{r=1}^{n} q_1 a_r r x^r ,$$

$$\lambda_n y(x) = \sum_{r=0}^{n} \lambda_n a_r x^r .$$

Setzt man jetzt alles in die Originalgleichung ein, so ergibt sich:

$$\sum_{r=2}^{n} p_0 r(r-1)a_r x^{r-2} + \sum_{r=1}^{n} p_1 r^2 a_r x^{r-1} + \sum_{r=1}^{n} p_2 r(r+1)a_r x^r$$

$$+ \sum_{r=1}^{n} q_0 r a_r x^{r-1} + \sum_{r=1}^{n} q_1 r a_r x^r + \lambda_n \sum_{r=0}^{n} a_r x^r = 0 .$$

Im nächsten Schritt passen wir in den verschiedenen Termen die Potenzen von x aneinander an und erhalten[2]

$$\sum_{r=0}^{n-2} p_0(r+2)(r+1)a_{r+2}x^r + \sum_{r=0}^{n-1} p_1(r+1)^2 a_{r+1}x^r + \sum_{r=0}^{n} p_2 r(r+1)a_r x^r$$

$$+ \sum_{r=0}^{n-1} q_0(r+1)a_{r+1}x^r + \sum_{r=1}^{n} q_1 r a_r x^r + \lambda_n \sum_{r=0}^{n} a_r x^r = 0 .$$

Durch den Koeffizientenvergleich für $0 \leq r \leq n-2$ erhalten wir die folgende Rekursionsrelation:

$$a_{r+2}\, p_0(r+2)(r+1) + a_{r+1}(r+1)\Big[p_1(r+1)+q_0\Big] + a_r\Big[p_2 r(r+1)+q_1 r+\lambda_n\Big] = 0 ,$$

$$\tag{4.2}$$

die uns a_{r+2} als Funktion von a_r und a_{r+1} angibt. Darüber hinaus folgt aus dem Koeffizienten bei x^n die Relation

$$a_n\Big[p_2 n(n+1) + q_1 n + \lambda_n\Big] = 0 .$$

---

[2] Besondere Sorgfalt gilt dabei den oberen und unteren Summengrenzen.

Da wir $a_n \neq 0$ vorausgesetzt haben, folgt daraus

$$\lambda_n = -p_2 n(n+1) - q_1 n \, . \tag{4.3}$$

Dies ist die Lösung des Eigenwertproblems. Die Menge von allen erlaubten λ_n nennt man *Spektrum (der Eigenwerte)*. Um die Eigenfunktion zu rekonstruieren, fängt man mit einer beliebigen Konstante $a_n \neq 0$ an und benutzt die Rekursionsrelation (die aus dem Koeffizienten vor dem Term x^{n-1} folgt):

$$a_{n-1}\Big[p_2 n(n-1) + q_1(n-1) + \lambda_n\Big] + a_n\Big[p_1 n^2 + q_0 n\Big] = 0 \, , \tag{4.4}$$

um a_{n-1} auszurechnen. Anschließend benutzt man (4.2), um die restlichen Koeffizienten $a_{n-2}, a_{n-3}, \ldots, a_1, a_0$ zu ermitteln.

Beispiel 4.1 Man finde die Eigenwerte und die Eigenfunktionen der *Legendre-Gleichung*:

$$(1 - x^2)y'' - 2xy' + \lambda y = 0 \tag{4.5}$$

für x aus dem Intervall $-1 \leq x \leq 1$. Eine solche Gleichung entsteht zum Beispiel beim Lösen der Laplace-Gleichung im dreidimensionalen Fall. Schreibt man sie in der Standardform um, so ergibt sich

$$\frac{d}{dx}\Big[(1 - x^2)y'\Big] + \lambda y = 0 \, . \tag{4.6}$$

Damit lassen sich alle Komponenten aus (4.1) sofort identifizieren:

$$p(x) = 1 - x^2 : \quad p_0 = 1, \ p_1 = 0, \ p_2 = -1 \, ,$$
$$q(x) = 0 : \quad q_0 = 0, \ q_1 = 0 \, .$$

Die Formel (4.3) liefert das ganze Spektrum des Problems:

$$\lambda = \lambda_n = n(n+1) \, .$$

Für die Eigenfunktionen machen wir eine Fallunterscheidung:

- $n = 0$: Dann ist $\lambda = 0$ und die Gleichung nimmt die folgende Form an:

$$\frac{d}{dx}\Big[(1 - x^2)y'\Big] = (1 - x^2)y'' - 2xy' = 0 \, .$$

  Ihre Lösung ist offensichtlich eine Konstante $y(x) = a_0$.
- $n = 1$: In diesem Fall ist $\lambda = 2$, und wir müssen die Gleichung

$$(1 - x^2)y'' - 2xy' + 2y = 0$$

lösen. Wir nehmen als Testfunktion $y = x + a$. Für die Ableitungen folgt dann $y' = 1$ und $y'' = 0$, was zur Relation

$$-2x + 2(x + a) = 0$$

führt, die wiederum $a = 0$ liefert. Damit ist die Lösung gegeben durch $y(x) = x$ oder allgemeiner durch $y_1 = a_1 x$, wobei $a_1 \neq 0$ eine beliebige Konstante ist.

- $n = 2$: In diesem Fall gilt $\lambda_2 = 6$, und die entsprechende Gleichung ist

$$(1 - x^2)y'' - 2xy' + 6y = 0 \,.$$

Wir suchen eine Lösung in der Form: $y(x) = x^2 + ax + b$. Nach dem Einsetzen in die Gleichung erhalten wir

$$2 - 2x^2 - 4x^2 - 2xa + 6x^2 + 6xa + 6b = 0 \,.$$

Aus dem Koeffizientenvergleich folgt dann $a = 0$ und $b = -1/3$. Bis auf einen konstanten Vorfaktor ist die Lösung dann gegeben durch $y_2(x) = x^2 - 1/3$.

4.2   Orthogonalitätsrelationen

Nun möchten wir zwei verschiedene polynomielle Lösungen y_m und y_n mit $m \neq n$ betrachten. Offensichtlich erfüllen sie die folgenden Gleichungen:

$$(py'_m)' + qy'_m + \lambda_m y_m = 0\,, \qquad (py'_n)' + qy'_n + \lambda_n y_n = 0 \,.$$

Wir multiplizieren die erste Gleichung mit $y_n w$ und die zweite mit $y_m w$, wobei $w = w(x)$ eine noch nicht näher spezifizierte Funktion bezeichnet. Zieht man die resultierenden Gleichungen voneinander ab und integriert im Intervall $a \leq x \leq b$, so ergibt sich

$$\int_a^b dx\, w(x) \left[y_n(py'_m)' - y_m(py'_n)' + q\left(y_n y'_m - y_m y'_n \right) + \left(\lambda_m - \lambda_n \right) y_n y_m \right] = 0 \,.$$

Im nächsten Schritt führen wir im ersten Term eine partielle Integration durch:

$$\int_a^b dx\, w \left[y_n(py'_m)' - y_m(py'_n)' \right] = w \left[y_n p y'_m - y_m p y'_n \right] \Big|_a^b$$

$$- \int_a^b dx\, w \underbrace{\left[y'_n p y'_m - y'_m p y'_n \right]}_{=\,0} - \int_a^b dx\, w' \left[y_n p y'_m - y_m p y'_n \right] \,,$$

setzen anschließend das Ergebnis zurück und ordnen alle Terme neu. Diese Prozedur liefert

$$wp\left[y_n y_m' - y_m y_n'\right]\Bigg|_a^b + \int\limits_a^b dx\left[y_n y_m' - y_m y_n'\right]\left[qw - pw'\right]$$

$$+ (\lambda_m - \lambda_n)\int\limits_a^b wy_m y_n dx = 0.\tag{4.7}$$

Wir wählen nun die Funktion $w(x)$ so, dass sie die folgende Anforderung erfüllt:

$$q(x)w(x) - p(x)w'(x) = 0.$$

Sie ist zur Relation

$$w(x) = \exp\left(\int \frac{q(x)}{p(x)}\,dx\right)\tag{4.8}$$

völlig äquivalent. Wir möchten außerdem, dass der erste Term in (4.7) ebenfalls verschwindet. Dies ist gewährleistet, wenn an den Enden des Abschnitts $[a, b]$ die Forderung

$$w(a)p(a) = w(b)p(b) = 0\tag{4.9}$$

erfüllt ist. Somit ergibt sich

$$(\lambda_m - \lambda_n)\int\limits_a^b dx\; w(x)y_m(x)y_n(x) = 0\,.$$

Dieser Ausdruck impliziert, dass solange $\lambda_n \neq \lambda_m$ gilt, die Funktionen $y_n(x)$ und $y_m(x)$ zueinander orthogonal sind:

$$\int\limits_a^b dx\; w(x)y_n(x)y_m(x) = 0 \qquad \text{für} \qquad n \neq m\,.\tag{4.10}$$

(4.10) kann gleichzeitig als die Definition eines Skalarprodukts im Funktionenraum $y(x)$ aufgefasst werden. Aus ersichtlichen Gründen heißt $w(x)$ *Gewichtsfunktion* oder einfach *Gewicht*. Unter Benutzung dieses Skalarproduktes kann ein beliebiges Polynom der n-ten Ordnung in eine Linearkombination der Funktionen $y_0, y_1, \ldots, y_n$ entwickelt werden,

$$F_n(x) = \sum_{r=0}^n c_r y_r(x)\,.$$

Wir möchten uns zunächst den endlichen a und b widmen. Wenn man die Anforderungen (4.9) nur durch die Eigenschaften von $p(x)$ erfüllen will, ist es bereits mit einem Polynom 2. Grades möglich:

$$p(x) = p_0 + p_1 x + p_2 x^2 = -p_2 \underbrace{(b-x)}_{\geq 0} \underbrace{(x-a)}_{\geq 0} \;.$$

Diese Wahl werden wir im weiteren Verlauf als *Minimallösung* bezeichnen. Aus den Vieta-Formeln folgt, dass die Polynomkoeffizienten gegeben sind durch:

$$\frac{p_1}{p_2} = -(a+b)\;, \quad \frac{p_0}{p_2} = ab\;.$$

Daraus ergibt sich für den Integranden in der Formel (4.8) das folgende Ergebnis:

$$\frac{q(x)}{p(x)} = \frac{q_0 + q_1 x}{-p_2(b-x)(x-a)} = \frac{\alpha}{x-a} - \frac{\beta}{b-x}\;,$$

wobei

$$\alpha = -\frac{q_0 + q_1 a}{p_2(b-a)}\;, \quad \beta = \frac{q_0 + q_1 b}{p_2(b-a)}\;. \tag{4.11}$$

Eine einfache Integration liefert dann

$$\int \frac{q(x)}{p(x)}\,dx = \alpha \ln(x-a) + \beta \ln(b-x)\;.$$

In Verbindung mit der Relation (4.8) erhalten wir für die Gewichtsfunktion das folgende Resultat:

$$w(x) = c_0\,(x-a)^\alpha (b-x)^\beta\;, \tag{4.12}$$

wobei c_0 eine unbedeutende Konstante bezeichnet. Damit das Produkt $p(x)w(x)$ an den Intervallenden $x = a, b$ nicht divergiert, sondern verschwindet, müssen wir zusätzlich verlangen, dass die Bedingungen $\alpha > -1$ und $\beta > -1$ erfüllt sind. Polynome mit der Gewichtsfunktion (4.12) nennt man *Jacobi-Polynome*. Sie werden durch $P_n^{(\alpha,\,\beta)}(x)$ bezeichnet und sind Lösungen der folgenden DGL:

$$(1 - x^2)y'' + [\beta - \alpha - (\alpha + \beta + 2)x]y' + n(n + \alpha + \beta + 1)y = 0 \tag{4.13}$$

auf dem Intervall $[-1, 1]$.

Beispiel 4.2 Für die *Legendre-Polynome* auf dem Abschnitt $[-1, 1]$ erhalten wir im Einklang mit (4.6) die DGL

$$\frac{d}{dx}\Big[(1 - x^2)y'\Big] + n(n+1)y = 0\;.$$

Hierbei ist $p(x) = 1 - x^2$, sodass $a = -1$ and $b = 1$ tatsächlich die Nullstellen von $p(x)$ sind. Da hier $q = 0$ gilt, erhalten wir $\alpha = \beta = 0$. Demnach haben wir es hier offensichtlich mit Jacobi-Polynomen mit der einfachstmöglichen Gewichtsfunktion

$$w(x) = e^{\int 0\, dx} = 1 \tag{4.14}$$

zu tun. Damit lautet die Orthogonalitätsrelation für $P_n^{(0,0)}(x) = P_n(x)$ einfach

$$\int\limits_{-1}^{1} dx\ P_n(x)P_m(x) = 0$$

(wir erinnern den Leser daran, dass $n \neq m$ ist).

Nun möchten wir zu einem halbunendlichen Intervall $[a, b)$ übergehen, wenn $a = 0$ und $b \to +\infty$. Es ist klar, dass in der vorliegenden Situation die Randbedingung (4.9) nicht alleine durch die Eigenschaften von $p(x)$ erfüllt werden kann, eine spezielle Form der Gewichtsfunktion $w(x)$ ist ebenfalls erforderlich.

Beispiel 4.3 Hier setzen wir $p(x) = p_1 x$ mit $p_1 > 0$. Während für $x = 0$ $p = 0$ ist, müssen wir im Unendlichen $p(x)w(x) \to 0$ verlangen. Dies würde bedeuten, dass $xw(x) \to 0$ bei $x \to \infty$ gelten muss. Eine Möglichkeit dem zu entsprechen, wäre es, $q(x) = -Qx$ zu wählen, sodass $q_0 = 0$, $q_1 = -Q$ mit $Q > 0$.[3] Mithilfe von (4.8) ergibt sich damit für die Gewichtsfunktion das folgende Resultat:

$$w(x) = \exp\left(\int dx\, \frac{q}{p} \right) = \exp\left(\int dx\, \frac{-Qx}{p_1 x} \right) = e^{-\frac{Q}{p_1} x} \,. \tag{4.16}$$

Bei $x \to +\infty$ nimmt sie exponentiell ab und erfüllt deswegen alle notwendigen Bedingungen. Die auf diese Weise entstehenden Polynome nennt man *Laguerre-Polynome*, sie werden durch $L_n(x)$ bezeichnet und entstehen als Lösungen für die Wellenfunktionen der Elektronen in einem Coulomb-Potenzial, s. z. B. [15]. Setzen wir $Q = p_1 = 1$, so erhalten wir die *Laguerre-Gleichung*:

$$xy'' + (1 - x)y' + ny = 0 \,. \tag{4.17}$$

Abschließend betrachten wir den Fall, wenn das Intervall (a, b) die ganze reelle Achse ist: wenn $a \to -\infty$, $b \to +\infty$. Sowohl die ‚rechte‘ als auch die ‚linke‘ Randbedingung können nur mithilfe einer speziell gewählten Gewichtsfunktion erfüllt werden. Um es zu verdeutlichen, schauen wir uns ein Beispiel an.

---

[3] Ein endliches reelles q_0 würde eine andere Polynomenklasse erzeugen, die sogenannten *zugeordneten Laguerre-Polynome* $L_n^\alpha(x)$ mit $\alpha = q_0$, s. Aufgabe 4.4. Die entsprechende Gewichtsfunktion $w(x) = x^\alpha e^{-\frac{Q}{p_1} x}$ reduziert sich auf (4.16) bei $q_0 = 0$, sodass $L_n^0(x) = L_n(x)$. Diese Polynome lösen die folgende DGL:

$$xy'' + (\alpha + 1 - x)y' + ny = 0 \,. \tag{4.15}$$

Beispiel 4.4 Wir setzen $p = p_0 > 0$ und $q = -Qx$. Unter Benutzung von (4.8) erhalten wir die Gewichtsfunktion:

$$w(x) = \exp\left(\int dx \, \frac{q}{p}\right) = \exp\left(\int dx \, \frac{-Qx}{p_0}\right) = e^{-\frac{Q}{2p_0}x^2} \, .$$

Alle notwendigen Bedingungen sind erfüllt, wenn wir $Q/p_0 > 0$ wählen. Die entsprechenden Polynome nennt man *Hermite-Polynome*. Sie werden durch $H_n(x)$ bezeichnet und entstehen als Lösungen der Schrödinger-Gleichung für einen harmonischen Oszillator, s. z. B. [15]. Die am weitesten verbreitete Variante hat $Q/p_0 = 2$ und die Gewichtsfunktion $w(x) = e^{-x^2}$. Sie erfüllen dann die *Hermite-Gleichung*:

$$y'' - 2xy' + 2ny = 0 \, . \tag{4.18}$$

4.3 Eindeutigkeit

Wie wir bereits in Abschn. 4.1 gesehen haben, sind die durch die Rekursionsrelation generierten Polynome nicht eindeutig – man darf den Rekursionsprozess mit einem beliebigen a_n anfangen. Dies können wir natürlich vermeiden, indem wir eine Prozedur festlegen, die diese Wahl eindeutig macht. In den meisten Fällen benutzt man eines von drei verschiedenen Verfahren. Zum Beispiel können wir verlangen, dass der Koeffizient vor dem Term x^n von $y_n(x)$ mit der höchsten Potenz von x gleich 1 ist. Eine solche Normierung nennt man *monisch*. Die zweite Option wäre es, jedes der Polynome so zu normieren, dass es einen festen Wert an einer der Intervallgrenzen annimmt, z. B. $y_n(a) = 1$. Etwas komplizierter ist der dritte Weg. Hier benutzt man die Tatsache, dass uns eine Skalarproduktdefinition zur Verfügung steht. Dann können wir auf folgende Weise normieren:

$$\int\limits_a^b dx \, w(x) y_n^2(x) = 1 \, . \tag{4.19}$$

Es stellt sich heraus, dass ein *beliebiger* Satz $\{y_n(x)\}$ von orthogonalen Polynomen mit einer festgelegten Gewichtsfunktion $w(x)$ nach einer solchen Normierungsprozedur eindeutig wird.

Um das zu zeigen, nehmen wir an, es existiere ein anderer Satz von Polynomen $\{Q_m(x)\}$ mit der gleichen Gewichtsfunktion $w(x)$ auf dem Intervall $[a, b]$. Wir werden zeigen, dass $Q_n = c \, y_n$ ist, wobei c eine Konstante ist. Der Beweis baut auf der Orthogonalitätsrelation (4.10) und der Entwicklung (4.21) eines beliebigen Polynoms in eine lineare Kombination der Polynome aus einem anderen Polynomensatz auf. Wir nehmen zwei verschiedene ganze Zahlen m und n, $m \neq n$, und betrachten die Fälle $m < n$ und $m > n$ getrennt voneinander.

Für den Fall $m < n$ entwickeln wir Q_m in eine lineare Kombination der Polynome y_n:

$$Q_m(x) = \sum_{r=0}^{m} c_r \, y_r(x)$$

und aufgrund der Orthogonalität von y_n für $r \leq m < n$ erhalten als Ergebnis

$$\int_a^b dx \, w(x) y_n(x) Q_m(x) = \int_a^b dx \, w(x) y_n(x) \sum_{r=0}^{m} c_r y_r(x) = 0 \, .$$

Dies führt unmittelbar auf die Orthogonalität von y_n und Q_m bei $m < n$:

$$\int_a^b dx \, w(x) y_n(x) Q_m(x) = 0 \, . \tag{4.20}$$

Eine ähnliche Orthogonalitätsrelation ergibt sich für den Fall $m > n$. Dafür entwickeln wir y_n in verschiedenen Q_m und führen im Wesentlichen die gleichen Schritte durch.

Nun legen wir n fest und betrachten die Entwicklung

$$y_n(x) = \sum_{r=0}^{n} a_r Q_r(x) \, . \tag{4.21}$$

Multipliziert man beide Seiten dieser Relation mit $w(x) Q_m(x)$ und integriert über x, so erhält man

$$\int_a^b dx w(x) Q_m(x) y_n(x) = \sum_{r=0}^{n} a_r \int_a^b dx w(x) Q_r(x) Q_m(x) = a_m N_m \, ,$$

wobei

$$N_m = \int_a^b dx \, w(x) Q_m^2(x) > 0$$

immer positiv ist. Wenn $m \neq n$ ist, erhalten wir $a_m N_m = 0$ aufgrund von (4.20). Allerdings ist $N_m > 0$, sodass $a_m = 0$ folgt. Aus der Relation (4.21) folgt dann

$$y_n(x) = a_n Q_n(x) \, ,$$

was die Eindeutigkeit beweist.

4.4   Gram-Schmidt'sches Orthogonalisierungsverfahren

Interessanterweise reicht die Kenntnis der Gewichtsfunktion für die Bestimmung aller Polynome y_n vollkommen aus und keine Informationen über $p(x)$ oder

$q(x)$ sind dazu notwendig. Die entsprechende Prozedur ist das iterative *Gram-Schmidt'sches Orthogonalisierungsverfahren*, welches wir nun beschreiben möchten.

Man fängt mit der Definition von y_0 an – es ist einfach eine mit der Normierungsprozedur verträgliche Konstante.[4] Im nächsten Schritt finden wir die beiden Koeffizienten von $y_1(x)$ aus der Bedingung

$$\int_a^b dx\, w(x)\, y_0\, y_1(x) = 0 \qquad\qquad (4.22)$$

und der Normierungsvorschrift. Die drei Koeffizienten von $y_2(x)$ berechnet man wiederum aus den Bedingungen

$$\int_a^b dx\, w(x)\, y_0\, y_2(x) = 0 , \qquad \int_a^b dx\, w(x)\, y_1(x)\, y_2(x) = 0 ,$$

ergänzt durch die Normierungsrelation u. s. w. Im Allgemeinen bestimmt sich $y_n(x)$ aus der Normierung und der Orthogonalitätsrelation

$$\int_a^b dx\, w(x) y_r(x) y_n(x) = 0 \qquad \text{für} \qquad r = 0, 1, \ldots, n-1 .$$

Beispiel 4.5 Wir betrachten nun die Legendre-Polynome, deren Gewichtsfunktion einfach $w = 1$ ist, s. (4.14), und benutzen das Gram-Schmidt'sche Verfahren, um sie auszurechnen. Wir normieren sie, indem wir den Koeffizienten vor x^n auf 1 setzen, damit haben wir $P_0 = 1$. Für $P_1(x)$ können wir $P_1(x) = x + a$ einsetzen, wobei sich a aus (4.22) ablesen lässt: $a = 0$. Wir erhalten also $P_1(x) = x$, wie wir bereits in Beispiel 4.1 gesehen haben.

Für das Polynom der nächsten Ordnung benutzen wir den Ansatz $P_2(x) = x^2 + ax + b$. Dann bestimmen sich die Konstanten a und b aus den Relationen

$$\int_{-1}^1 dx\, 1\, (x^2 + ax + b) = 0 \qquad \text{und} \qquad \int_{-1}^1 dx\, x\, (x^2 + ax + b) = 0 .$$

Wie erwartet, sind die Lösungen dieses Gleichungssystems gegeben durch $a = 0$ und $b = -1/3$. Das Polynom zweiter Ordnung ist damit $P_2(x) = x^2 - 1/3$, was mit dem in Beispiel 4.1 angegebenen Resultat übereinstimmt.

---

[4] Hier benutzen wir die Normierung (4.19). Alternativ könnten wir natürlich den Vorfaktor vor x^n auf 1 setzen.

Beispiel 4.6 Schreibt man die Laguerre-Gleichung

$$x\,y'' + (1 - x)\,y' + n\,y = 0 \qquad \text{für} \qquad 0 \le x < \infty \qquad (4.23)$$

in der Standardform um, so erhält man

$$(x\,y')' - x\,y' + ny = 0 \,.$$

Daraus folgen $p(x) = x$ und $q(x) = -x$. Foglich ergibt sich für die Gewichtsfunktion $w(x) = e^{-x}$ [dies ist im Einklang mit (4.16)]. Wir wählen das Laguerre-Polynom niedrigster Ordnung monisch: $L_0 = 1$. Im nächsten Schritt benutzen wir den Ansatz $L_1(x) = x + a$ für das Polynom zweiter Ordnung, wobei a aus der Lösung der Gleichung

$$\int_0^\infty dx\, e^{-x}\, 1\, (x + a) = 0$$

zu bestimmen ist. Erinnert man sich an das Ergebnis $\int_0^\infty dx\, x^n\, e^{-x} = n!$, so ergibt sich $a = -1$ und folglich $L_1(x) = x - 1$. Für $L_2(x)$ benutzen wir den gleichen Ansatz wie im letzten Beispiel: $L_2(x) = x^2 + ax + b$, wobei a und b sich aus den folgenden Gleichungen ergeben:

$$\int_0^\infty dx\, e^{-x}\, 1\, (x^2 + ax + b) = 0\,, \qquad \int_0^\infty dx\, e^{-x}\, (x - 1)\, (x^2 + ax + b) = 0 \,.$$

Nach dem Ausführen der Integrale findet man $a = -4$ und $b = 2$, was in $L_2(x) = x^2 - 4x + 2$ resultiert.

4.5 Rodrigues-Formel

Einen wesentlich bequemeren Weg zum Erzeugen von orthogonalen Polynomen bietet die sogenannte *Rodrigues-Formel*:

$$y_n(x) = \frac{1}{K_n\, w(x)}\, \frac{d^n}{dx^n}\, \{w(x)\,[p(x)]^n\} \,, \qquad (4.24)$$

die das Polynom der n-ten Ordnung explizit liefert. Hier ist K_n der Normierungsparameter, den wir in Kürze spezifizieren werden.

Um (4.24) für Polynome auf einem endlichen Intervall $[a, b]$ zu beweisen, müssen wir als Erstes zeigen, dass die damit erzeugten $y_n(x)$ tatsächlich Polynome der n-ten Ordnung zur ,minimalen' Gewichtsfunktion (4.12) sind. Wir müssen also das Objekt:

$$w(x)[p(x)]^n = c_0\, (x - a)^{n+\alpha}(b - x)^{n+\beta}$$

n-mal ableiten. Benutzt man die Leibniz-Regel für die n-te Ableitung eines Produktes zweier Funktionen, so erhält man

$$\frac{d^n}{dx^n}\left[(x-a)^{n+\alpha}(b-x)^{n+\beta}\right] = \sum_{r=0}^{n} \frac{n!}{r!(n-r)!}\frac{d^{n-r}}{dx^{n-r}}(x-a)^{n+\alpha}\frac{d^r}{dx^r}(b-x)^{n+\beta}$$

$$= \sum_{r=0}^{n} C_{r,n}\,(x-a)^{r+\alpha}(b-x)^{n-r+\beta}\,,$$

wobei $C_{r,n}$ eine numerische Konstante bezeichnet. Bis auf die Normierung erhalten wir dann für $y_n(x)$ das folgende Ergebnis:

$$\frac{1}{w(x)}\frac{d^n}{dx^n}\left(wp^n\right) = \frac{\sum_{r=0}^{n} C_{r,n}\,(x-a)^{r+\alpha}(b-x)^{n-r+\beta}}{(x-a)^\alpha(b-x)^\beta}$$

$$= \sum_{r=0}^{n} C_{r,n}\,(x-a)^r(b-x)^{n-r}\,.$$

Dies ist offensichtlich ein Polynom n-ter Ordnung. Im nächsten Schritt möchten wir die Orthogonalitätsrelation

$$\int_a^b dx\,w(x)\,y_n(x)y_m(x) = 0$$

für alle $m < n$ zeigen (der Fall $n < m$ folgt dann aus den Symmetriebetrachtungen). Dies ist äquivalent zur Behauptung:

$$I_m = \int_a^b dx\,w(x)\,y_n(x)\,x^m = 0\,,$$

die für alle $m = 0, 1, 2, \ldots, n-1$ gelten muss. Wir setzen also die Rodrigues-Formel in die Relation oben ein (der Faktor $1/K_n$ kann dabei aus offensichtlichen Gründen weggelassen werden) und erhalten

$$I_m = \int_a^b dx\,x^m\frac{d^n}{dx^n}(wp^n)\,.$$

Eine partielle Integration dieses Ausdrucks liefert:

$$I_m = x^m\frac{d^{n-1}}{dx^{n-1}}(wp^n)\bigg|_a^b - m\int_a^b dx\,x^{m-1}\frac{d^{n-1}}{dx^{n-1}}(wp^n)\,.$$

An der Untergrenze $x = a$ erhalten wir dann

$$\lim_{x \to a} w p^n = C \, (x - a)^{n+\alpha} \, ,$$

wobei C eine Konstante ist. Nimmt man für das ‚minimale' Gewichtsmodell $\alpha >$ -1 an, so erhält man für alle Ableitungen das folgende Verhalten:

$$\frac{d^{n-1}}{dx^{n-1}} \, (w p^n) \sim (x - a)^{1+\alpha} \to 0$$

für $x \to a$. Darüber hinaus gilt diese Schlussfolgerung auch für alle Ableitungen niedrigerer Ordnung $r = 0, 1, \ldots, n - 1$:

$$\left. \frac{d^r}{dx^r} \, (w p^n) \right|_{x \to a} \to 0 \, .$$

Auf einem ähnlichen Weg können wir zeigen, dass die entsprechenden Terme an der Obergrenze $x = b$ des Intervalls ebenfalls verschwinden. Wiederholt man nun die partielle Integration mehrmals, so ergibt sich:

$$I_m = -m \int_a^b dx \, x^{m-1} \frac{d^{n-1}}{dx^{n-1}} \, (w p^n) = +m(m - 1) \int_a^b dx \, x^{m-2} \frac{d^{n-2}}{dx^{n-2}} \, (w p^n)$$

$$= \cdots = (-1)^m m! \int_a^b dx \, \frac{d^{n-m}}{dx^{n-m}} \, (w p^n) = (-1)^m m! \left. \frac{d^{n-m-1}}{dx^{n-m-1}} \, (w p^n) \right|_a^b = 0 \, ,$$

wobei $n \geq m + 1$, d. h. $m = 1, 2, \ldots, n - 1$. Daraus schließen wir, dass die durch die Relation (4.24) definierten $y_n(x)$ tatsächlich Polynome der n-ten Ordnung sind. Sie sind orthogonal zu allen Potenzen $1, x, x^2, \ldots, x^{n-1}$ und somit natürlich auch zu allen $y_0, y_1, y_2, \ldots, y_{n-1}$. Also definiert die Rodrigues-Formel einen Satz von orthogonalen Polynomen. Aufgrund der Eindeutigkeitseigenschaft werden sie nach einer geeigneten Normierung mit den durch die Gram-Schmidt'sche-Prozedur erzeugten Polynomen übereinstimmen.

Beispiel 4.7 Wir benutzen nun die Rodrigues-Formel, um das Legendre-Polynom $P_3(x)$ auszurechnen. Wir erinnern uns zunächst daran, dass in diesem Fall $p(x) = 1 - x^2$ und $w = 1$ sind. Bis auf die Normierung erhalten wir dann für die erzeugende Funktion:

$$P_n(x) = \frac{d^n}{dx^n} \left[(1 - x^2)^n \right]. \tag{4.25}$$

Daher gilt:

$$P_3(x) = \frac{d^3}{dx^3} \left[(1 - x^2)^3 \right] = 24(-5x^3 + 3x) \, .$$

In der monischen Darstellung (Normierung des Koeffizienten bei der höchsten vorkommenden Potenz von x auf 1) ergibt sich

$$P_3(x) = x^3 - \frac{3}{5}x \ .$$

Hier erkennt man, dass der Einsatz des Gram-Schmidt'schen Verfahrens zu wesentlich aufwendigeren Rechnungen geführt hätte.

Die in (4.25) angegebenen Polynome sind nicht normiert. Die am weitesten verbreitete Normierung lautet:

$$P_n(x) = \frac{1}{K_n} \frac{d^n}{dx^n} \left[(1-x^2)^n \right] , \tag{4.26}$$

wobei $K_n = (-1)^n/(2^n n!)$. Diese Wahl entspricht der zweiten Normierungskonvention, die gleiche Randwerte für alle Polynome vorschreibt, s. auch Beispiel 4.10 im nächsten Abschnitt.

Beispiel 4.8 Die *Chebyshev-Gleichung* der ersten Art ist gegeben durch:

$$(1-x^2)y'' - xy' + n^2 y = 0 \ , \quad -1 \le x \le 1 \ . \tag{4.27}$$

Wir möchten die Eigenfunktion der zweiten Ordnung ausrechnen – das sogenannte *Chebyshev-Polynom* $T_2(x)$. Schreibt man die obige Gleichung in der Standardform um, so ergibt sich:

$$\frac{d}{dx} \left[(1-x^2)\frac{dy}{dx} \right] + x\frac{dy}{dx} + n^2 y = 0 \ .$$

Hier können wir unmittelbar $p(x) = 1 - x^2$ und $q(x) = x$ identifizieren. Mithilfe der Formel (4.8) ergibt sich daraus die folgende Gewichtsfunktion:

$$w(x) = \exp\left[\int dx\, \frac{x}{1-x^2} \right] = \exp\left[-\frac{1}{2}\ln(1-x^2) \right] = \frac{1}{\sqrt{1-x^2}} \ . \tag{4.28}$$

Die Chebyshev-Polynome sind also Spezialfälle der Jacobi-Polynome $P_n^{(\alpha,\,\beta)}(x)$ wenn $\alpha = \beta = -1/2$.[5] Dies ist unter anderem auch aus dem Vergleich der Relationen (4.28) und (4.12) leicht ersichtlich.

---

[5] Die Chebyshev-Polynome der zweiten Art $U_n(x)$ sind Lösungen der Gleichung

$$(1-x^2)y'' - 3xy' + n^2 y = 0$$

und haben die Gewichtsfunktion $w(x) = \sqrt{1-x^2}$. Sie sind ein Spezialfall der Jacobi-Polynome $P_n^{(\alpha,\,\beta)}(x)$ mit $\alpha = \beta = 1/2$.

Aus der Rodrigues-Formel folgt:

$$T_n(x) = \frac{1}{K_n} \sqrt{1 - x^2}\, \frac{d^n}{dx^n} \left[\frac{1}{\sqrt{1 - x^2}} (1 - x^2)^n \right]$$

$$= \frac{1}{K_n} (1 - x^2)^{\frac{1}{2}}\, \frac{d^n}{dx^n}\, (1 - x^2)^{n - \frac{1}{2}} \ .$$

Deswegen erhalten wir für $T_2(x)$ das folgende Ergebnis:

$$T_2(x) = \frac{1}{K_2} (1 - x^2)^{1/2} \frac{d^2}{dx^2}\, (1 - x^2)^{3/2} = \frac{1}{K_2} 3(2x^2 - 1) \ .$$

Benutzt man die monische Normierung, so erhält man $T_2(x) = x^2 - 1/2$. Die Standardnormierung ist jedoch gegeben durch $K_n = (-1)^n (2n)!/n!$ [3]. Sie liefert $T_n(1) = 1$, s. Aufgabe 4.10.

Die Rodrigues-Formel gilt nicht nur für Polynomsysteme, die auf Intervallen endlicher Länge definiert sind, sondern ist auch auf halbunendlichen oder unendlichen Definitionsgebieten einsetzbar. Zum Beispiel sind die Laguerre-Polynome auf der Halbachse $a = 0$, $b = \infty$ mit dem Gewicht $w(x) = e^{-x}$ definiert. Da $p(x) = x$ gilt, erhalten wir dann für die Rodrigues-Formel das folgende Ergebnis:

$$L_n(x) = \frac{1}{K_n} e^x\, \frac{d^n}{dx^n}\, \left(e^{-x} x^n \right) \ .$$

Wählt man die Normierungsvorschrift (4.19), so gilt $K_n = n!$. Durch explizites Nachrechnen stellt man schnell fest, dass diese Relation tatsächlich die kanonischen Laguerre-Polynome wiedergibt. Die Hermite-Polynome sind wiederum auf der ganzen reellen Achse definiert: $a = -\infty$, $b = +\infty$. Wir wissen auch, dass das Gewicht durch $w(x) = e^{-x^2}$ und $p = 1$ gegeben ist. Damit erhalten wir:

$$H_n(x) = (-1)^n\, e^{x^2}\, \frac{d^n}{dx^n}\, \left(e^{-x^2} \right) \ . \tag{4.29}$$

Diese Relation erzeugt die Hermite-Polynome in ihrer am weitesten verbreiteten unnormierten Form.

4.6   Erzeugende Funktion

Eine bequeme Alternative zur Rodriegues-Formel stellt die *erzeugende Funktion* $G(x, t)$ dar, die wie folgt definiert ist:

$$G(x, t) = \sum_{n=0}^{\infty} \frac{y_n(x)}{n!}\, t^n \ . \tag{4.30}$$

Wir nehmen an, dass diese Reihe für hinreichend kleine t konvergent ist. Hat man also einen einfachen Ausdruck für $G(x,t)$ vorliegen, so ergibt sich das Polynom $y_n(x)$ als der Koeffizient vor dem Term $t^n/n!$ in der Taylor-Entwicklung der erzeugenden Funktion. Genauso wie die Rodrigues-Formel, lässt sich $G(x,t)$ für beliebige Polynomensätze aus der Kenntnis der Parameter $p(x)$ und $w(x)$ berechnen. Das entsprechende Verfahren möchten wir nun diskutieren.

Wir definieren zunächst eine neue Variable z:

$$z = x + tp(z) \ . \tag{4.31}$$

Da $p(x)$ quadratisch in x ist, hat die Gleichung für z zwei verschiedene Lösungen. Später werden wir nur die Lösung benötigen, die als Grenzwert $\lim_{t \to 0} z = x$ hat. Laut der Definition oben gilt für die Ableitung von z nach x:

$$\frac{\partial z}{\partial x} = 1 + tp'(z)\frac{\partial z}{\partial x} \qquad \text{und deswegen} \qquad \frac{\partial z}{\partial x} = \frac{1}{1 - tp'(z)} \ .$$

Mithilfe dieser Resultate kann man zeigen, dass die erzeugende Funktion durch

$$G(x,t) = \frac{w(z)}{w(x)}\frac{\partial z}{\partial x} \ , \tag{4.32}$$

oder alternativ durch

$$G(x,t) = \frac{w(z)}{w(x)}\frac{1}{1 - tp'(z)} \tag{4.33}$$

gegeben ist. Um dies explizit zu untermauern, definieren wir das Integral

$$I_m(t) = \int_a^b dx\, w(x)\, G(x,t)\, y_m(x)$$

und setzen die Entwicklung (4.30) in diesen Ausdruck ein. Unter Benutzung der Orthogonalitätsrelation (4.10) erhalten wir dann

$$I_m(t) = \frac{t^m}{m!}\int_a^b dx\, w(x)\, y_m^2(x) = \frac{t^m}{m!}\, N_m \ ,$$

wobei wir in

$$N_m = \int_a^b dx\, w(x)\, y_m^2(x) > 0$$

die Normierungskonstante des Polynoms $y_m(x)$ erkennen. Nun zeigen wir, dass wir diese Ergebnisse auch für die erzeugende Funktion (4.33) erhalten. Benutzen

Abb. 4.1 Schemati-
sche Darstellung der
$z(x)$-Abhängigkeit der erzeugenden Funktion (s. Text)

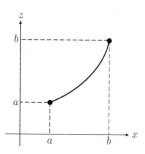

wir (4.32), so ergibt sich:

$$I_m = \int_a^b dx\, w(x)\, \frac{w(z)}{w(x)}\, \frac{\partial z}{\partial x}\, y_m(x) = \int_a^b dx\, w(z)\, \frac{\partial z}{\partial x}\, y_m(x)\,.$$

Konstruktionsbedingt ist die Abbildung $x \to z$ zumindest bei kleinen t eindeutig. Außerdem, da $p(a) = p(b) = 0$ gilt, erhalten wir $z = a$ für $x = a$ und $z = b$ für $x = b$, s. Abb. 4.1. Aus diesem Grund dürfen wir die Umparametrisierung der Integration durchführen:

$$I_m(t) = \int_a^b dz\, w(z)y_m\big(x(z)\big) = \int_a^b dz\, w(z)y_m\big(z - tp(z)\big)\,.$$

Im nächsten Schritt entwickeln wir y_m in der Nähe von z für kleine t. Da y_m ein Polynom ist, bricht die Entwicklung nach dem m-ten Term ab,

$$I_m(t) = \sum_{r=0}^m \int_a^b dz\, w(z)\frac{1}{r!}(-t)^r[p(z)]^r\, \frac{d^r}{dz^r}y_m(z)\,.$$

Der r-te Term für $r > 0$ kann partiell integriert werden:

$$\frac{(-t)^r}{r!} \int_a^b dz\, w(z)[p(z)]^r\, \frac{d^r}{dz^r}[y_m(z)]$$

$$= \frac{(-t)^r}{r!}\left\{ w(z)[p(z)]^r\, \frac{d^{r-1}}{dz^{r-1}}y_m(z)\Big|_a^b - \int_a^b dz\, (wp^r)'\, \frac{d^{r-1}}{dz^{r-1}}y_m(z)\right\}\,.$$

Die Randterme hier verschwinden, da an den Endpunkten $z = a, b$ $w(z)[p(z)]^r = 0$ für alle $r > 0$ gilt.[6] Nun führen wir die partielle Integration erneut durch:

$$= \frac{(-t)^r}{r!}\left\{ -\int_a^b dz\, (wp^r)'\, \frac{d^{r-1}}{dz^{r-1}}y_m(z)\right\}$$

---

[6] Die Situation $r = 0$ ist einfach – dieser Term trägt nicht bei, weil das entsprechende Integral dem Skalarprodukt von y_m und y_0 entspricht und definitionsgemäß gleich $\delta_{m0}N_m$ ist.

$$= \frac{(-t)^r}{r!} \left\{ \underbrace{-(wp^r)' \left. \frac{d^{r-2}}{dz^{r-2}} y_m(z) \right|_a^b}_{=\,0} + \int_a^b dz\,(wp^r)'' \frac{d^{r-2}}{dz^{r-2}} y_m(z) \right\} = \dots$$

$$= \frac{(-t)^r}{r!} \left\{ \underbrace{(-1)^{r-1} (wp^r)^{(r-1)} y_m(z) \Big|_a^b}_{=\,0} + (-1)^r \int_a^b dz\,(wp^r)^{(r)} y_m(z) \right\}$$

$$= \frac{t^r}{r!} \int_a^b dz\, \frac{d^r(wp^r)}{dz^r} y_m(z) = \frac{t^r}{r!} \int_a^b dz\, w(z) y_r(z) y_m(z) = \delta_{rm} \frac{t^m}{m!} N_m \;.$$

Das Ergebnis ist

$$I_m(t) = \frac{y^m}{m!} N_m$$

und die Relationen (4.30) und (4.33) sind also einander äquivalent. Wir möchten anmerken, dass die Entwicklung (4.30) in der Regel unnormierte Polynome erzeugt.

Beispiel 4.9 Man berechne die erzeugende Funktion der Laguerre-Polynome.

Dem Beispiel 4.6 entnehmen wir $p(x) = x$ und $w(x) = e^{-x}$. Die Lösung der Gleichung (4.31) ist[7]

$$z = \frac{x}{1-t} \;.$$

Laut (4.32) ist die erzeugende Funktion also gegeben durch:

$$G(x,t) = \frac{w(z)}{w(x)} \frac{\partial z}{\partial x} = \frac{e^{-x/(1-t)}}{e^{-x}} \frac{1}{1-t} = \frac{e^{-xt/(1-t)}}{1-t} \;. \tag{4.34}$$

Dieses Resultat kann man verifizieren, indem man für kleine t entwickelt:

$$G(x,t) = (1 + t + t^2 + \dots) \left(1 - \frac{xt}{1-t} + \frac{1}{2} \frac{x^2 t^2}{(1-t)^2} + \dots \right)$$

$$= 1 + (1-x)t + \left[1 + \frac{1}{2}(x^2 - 2x) - x \right] t^2 + \dots$$

Wir erhalten dann in der monischen Darstellung: $L_0 = 1$, $L_1(x) = 1 - x \to x - 1$, $L_2(x) = x^2 - 4x + 2$ u. s. w. , wie erwartet. Bei $x = 0$ erhalten wir:

$$G(0,t) = \frac{1}{1-t} = 1 + t + t^2 + \dots \;.$$

Aus (4.30) folgt damit $L_n(0) = n!$. Die Entwicklung (4.30) erzeugt unnormierte $L_n(x)$, die man auch mithilfe der Rodrigues-Formel erhalten würde. Wir können

---

[7] Die notwendige Bedingung von $\lim_{x \to 0} z \to 0$ ist hier natürlich erfüllt.

jedoch auch normierte Polynome mit einem bei $a = 0$ festen Wert generieren, indem wir eine alternative Definition der erzeugenden Funktion benutzen:

$$\Psi(x,t) = \sum_{n=0}^{\infty} L_n(x) \, t^n \, . \tag{4.35}$$

Beispiel 4.10 Man berechne die erzeugende Funktion der Legendre-Polynome.

Aus Beispiel 4.2 kennen wir $p(x) = 1 - x^2$ und $w = 1$. Wir behalten nur eine der Lösungen der Gleichung

$$z = x + t \, p(z) = x + t(1 - z^2) \, ,$$

nämlich

$$z = \frac{-1 + \sqrt{1 + 4t(x + t)}}{2t} \, ,$$

weil sie die Bedingung $\lim_{t \to 0} z \to x$ erfüllt. Damit ergibt sich für die erzeugende Funktion:

$$G(x,t) = \frac{w(z)}{w(x)} \frac{\partial z}{\partial x} = \frac{1}{1 - tp'(z)} = \frac{1}{1 + 2tz} = \frac{1}{\sqrt{1 + 4xt + 4t^2}} \, . \tag{4.36}$$

Nun entwickeln wir nach t, um einzelne Polynome auszurechnen. Hier ist die Formel

$$\frac{1}{\sqrt{1 + \delta}} = 1 - \frac{1}{2} \delta + \frac{3}{8} \delta^2 + \ldots$$

mit $\delta = 4xt + 4t^2$ nützlich, mit deren Hilfe wir

$$G(x,t) = 1 - 2xt - 2t^2 + \frac{3}{8} 16x^2t^2 + \ldots = $$

$$= 1 - 2xt + (6x^2 - 2)t^2 + \ldots = P_0 + \frac{t}{1!} P_1 + \frac{t^2}{2!} P_2 + \ldots$$

erhalten. Damit ergeben sich die drei ersten Polynome: $P_0 = 1$, $P_1(x) = -2x$, $P_2(x) = 12x^2 - 4$. In der monischen Darstellung erhalten wir dann $P_1(x) = x$, $P_2(x) = x^2 - 1/3$ u. s. w. Dies sind exakt die gleichen Polynome, die wir in Beispiel 4.1 erhalten haben.

Die erzeugende Funktion der Polynome in der traditionellen Normierung, s. (4.26), lässt sich auf eine ähnliche Weise herleiten. Den zusätzlichen Vorfaktor $(-1/2)^n$ bauen wir ein, indem wir eine simple Variablentransformation $x \to -x/2$ durchführen. Den Faktor $1/n!$ erhalten wir dagegen, wenn wir auf ihn bei der Definition der erzeugenden Funktion verzichten:[8]

$$\Psi(x,t) = \sum_{n=0}^{\infty} P_n(x) \, t^n \, , \tag{4.37}$$

---

[8] Eine Anwendung der Legendre-Polynome in dieser Form ist die Multipolentwicklung in der Elektrodynamik. Der reziproke Abstand zwischen zwei Punkten im Raum, die vektoriell durch

wobei

$$\Psi(x,t) = \frac{1}{\sqrt{1 - 2xt + t^2}} \, . \tag{4.38}$$

Mithilfe der erzeugenden Funktion (4.38) lassen sich die Legendre-Polynome sowohl im Ursprung als auch an den Endpunkten des Definitionsintervalls sehr bequem auswerten. Bei $x = 1$ erhalten wir[9]

$$\Psi(1,t) = \frac{1}{1-t} = \sum_{n=0}^{\infty} t^n = \sum_{n=0}^{\infty} P_n(1)\, t^n \ \Rightarrow \ P_n(1) = 1 \, ,$$

sodass die entstehenden Polynome am oberen Rand den gleichen Wert annehmen. Am unteren Rand $x = -1$ ergibt sich:

$$\Psi(-1,t) = \frac{1}{1+t} = \sum_{n=0}^{\infty} (-1)^n t^n = \sum_{n=0}^{\infty} P_n(-1)\, t^n \ \Rightarrow \ P_n(-1) = (-1)^n \, .$$

Die Auswertung am Ursprung $x = 0$ liefert

$$\Psi(0,t) = \frac{1}{\sqrt{1+t^2}} = \sum_{m=0}^{\infty} (-1)^m t^{2m} \frac{\Gamma\left(\frac{2m+1}{2}\right)}{m!\,\Gamma\left(\frac{1}{2}\right)} = \sum_{n=0}^{\infty} P_n(0)\, t^n \, ,$$

wobei Γ wie üblich die Gamma-Funktion bezeichnet. Daraus folgt, dass für die ungeraden $n = 2k + 1$ die Polynome verschwinden: $P_{2k+1}(0) = 0$, während für die geraden gilt:

$$P_{2k}(0) = \frac{(-1)^k\, \Gamma\left(k + \frac{1}{2}\right)}{k!\,\sqrt{\pi}} \, .$$

Beispiel 4.11 Man berechne die erzeugende Funktion der Hermite-Polynome. Man benutze diese erzeugende Funktion, um die Normierung der Polynome zu ermitteln.

Aus Beispiel 4.4 kennen wir $w(x) = e^{-x^2}$ und $p = 1$. Dann folgt aus (4.32):

$$G(x,t) = e^{-2xt - t^2} \, . \tag{4.39}$$

$\mathbf{r}_{1,2}$ angegeben sind, lässt sich wie folgt darstellen (s. z. B. [13]):

$$\frac{1}{|\mathbf{r}_1 - \mathbf{r}_2|} = \frac{1}{\sqrt{r_1^2 - 2r_1 r_2 \cos\theta + r_2^2}} = \frac{1}{r_1} \sum_{n=0}^{\infty} P_n(\cos\theta) \left(\frac{r_2}{r_1}\right)^n \, , \text{ für } r_1 > r_2 \, .$$

[9] Die gleichen Ergebnisse folgen aus (4.26). Im Grenzfall $x \to 1$ ergibt sich nämlich

$$\frac{d^n}{dx^n}(x^2 - 1)^n = \frac{d^n}{dx^n}\left[(x-1)^n (x+1)^n\right] \ \to \ \frac{d^n}{dx^n}(x+1)^n\Big|_{x \to 1} = n!(1+1)^n \, .$$

Die traditionelle Normierung, wie in (4.29) angegeben, erreicht man, indem man das Vorzeichen vor t ändert, $G(x, t) \rightarrow G(x, -t)$, weil in diesem Fall $p = -1$ verlangt werden muss. Um die Normierungskonstante zu ermitteln, berechnen wir das folgende Produkt:

$$\int_{-\infty}^{\infty} dx\, G(x, y) G(x, z)\, e^{-x^2} = e^{-(y^2+z^2)} \int_{-\infty}^{\infty} dx\, e^{-x^2 - 2x(y+z)}$$

$$= \sqrt{\pi}\, e^{2yz} = \sqrt{\pi} \sum_{m=0}^{\infty} \frac{(2yz)^m}{m!}\,.$$

Benutzt man andererseits die Definition (4.30), so ergibt sich für das Produkt zweier erzeugenden Funktionen

$$\sum_{n,k=0}^{\infty} \frac{y^n z^k}{n!k!} \int_{-\infty}^{\infty} dx\, H_n(x)\, H_k(x)\, e^{-x^2} = \sum_{n,k=0}^{\infty} \frac{y^n z^k}{n!k!} N_n \delta_{nk}$$

$$= \sum_{n=0}^{\infty} \frac{(yz)^n}{(n!)^2} N_n\,.$$

Aus dem Vergleich der Ergebnisse folgt dann[10]

$$N_n = n!\, 2^n \sqrt{\pi}\,. \tag{4.40}$$

4.7 Rekursionsrelationen

Wie wir bereits in Abschn. 4.1 gesehen haben, erfüllen die Koeffizienten der orthogonalen Polynome Rekursionsrelationen, s. z. B. (4.2). Es wäre interessant, der Frage nachzugehen, ob ganze Polynome ebenfalls irgendwelchen Rekursionsrelationen unterliegen. Es stellt sich heraus, dass die entsprechenden Relationen nicht nur existieren, sondern in vielen Fällen auch relativ kompakt sind. Vielmehr erfüllen alle klassischen orthogonalen Polynome die folgende dreigliedrige Rekursionsrelation zwischen drei aufeinanderfolgenden Polynomen:

$$y_{n+1}(x) = \left(A_n x + B_n\right) y_n(x) + C_n y_{n-1}(x)\,, \tag{4.41}$$

die für $n \geq 1$ gilt. A_n, B_n und C_n sind numerische Koeffizienten. Im Rest des Abschnitts versuchen wir, diese Relation herzuleiten.

---

[10] Offensichtlich gilt das gleiche Resultat auch für die Hermite-Polynome in der kanonischen Form (4.29).

Sei $\left\{y_n(x)\right\}$ ein Satz von orthogonalen Polynomen. Da $y_n(x)$ offensichtlich ein Polynom n-ter Ordnung ist, ist $x\, y_n(x)$ ein Polynom der Ordnung $n+1$ und kann deswegen in $y_n(x)$ wie folgt entwickelt werden:

$$x\, y_n(x) = \sum_{r=0}^{n+1} b_{n,r}\, y_r(x)\,, \tag{4.42}$$

wobei $b_{n,r}$ numerische Koeffizienten sind, sodass $b_{n,\,n+1} \neq 0$ gilt. Im nächsten Schritt trennen wir auf der rechten Seite den Term y_{n+1} heraus und schreiben ihn wie folgt um:

$$y_{n+1}(x) = \alpha_n\, x\, y_n(x) + \sum_{r=0}^{n} a_{n,\,r}\, y_r(x)\,, \tag{4.43}$$

wobei

$$\alpha_n = \frac{1}{b_{n,n+1}} \quad \text{und} \quad a_{n,r} = -\frac{b_{n,r}}{b_{n,n+1}}\,.$$

Dies ist unproblematisch, weil wir $b_{n,\,n+1} \neq 0$ angenommen haben. Wir zeigen nun, dass die Entwicklung (4.43) nach dem dritten Term abbricht, d. h. dass $a_{n,n} \neq 0$ und $a_{n,n-1} \neq 0$ und alle anderen verschwinden: $a_{n,n-2} = a_{n,n-3} = \cdots = a_{n,0} = 0$. Zu diesem Zweck nehmen wir $y_s(x)$ mit $s < n + 1$, multiplizieren beide Seiten von (4.43) mit $w(x)\, y_s(x)$ und integrieren über x:

$$\int_a^b dx\; w(x) y_s(x) y_{n+1}(x) = 0\,.$$

Für die rechte Seite erhalten wir dann

$$\alpha_n \int_a^b dx\; w(x) x y_s(x)\, y_n(x) + \sum_{r=0}^{n} a_{n,r} \int_a^b dx\; w(x)\, y_s(x)\, y_r(x) = 0\,.$$

Im nächsten Schritt benutzen wir die Entwicklung (4.42), um

$$\sum_{r=0}^{s+1} \alpha_n b_{s,r} \int_a^b dx\; w(x)\, y_r(x)\, y_n(x) + \sum_{r=0}^{n} a_{n,r} \int_a^b dx\; w(x)\, y_s(x)\, y_r(x) = 0 \tag{4.44}$$

für alle $s < n + 1$ zu erhalten. Wir nehmen zunächst $n \geq 2$ an [andernfalls bricht (4.43) auf natürliche Weise ab]. Solange $0 \leq s \leq n - 2$ gilt, verschwindet der erste Term in (4.44) aufgrund der Orthogonalität (die Summation verläuft für $0 \leq r \leq n-1$). Aus dem gleichen Grund überlebt im zweiten Term nur der Beitrag mit $r = s$, sodass wir

$$a_{n,s} \int_a^b dx\; w(x)\, y_s^2(x) = a_{n,s} N_s = 0$$

erhalten. Dieses Integral ist nichts anderes als die (definitiv endliche) Normierung des Polynoms $y_s(x)$, was $a_{n,s} = 0$ nach sich zieht.

Wir können auf diese Weise für größere s nicht weitermachen, weil bei $s = n-1$ der erste Term in (4.44) nicht mehr verschwindet ($s + 1$ kommt an n heran). Aus diesem Grund gilt $a_{n,0} = 0$, $a_{n,1} = 0$, $\ldots$, $a_{n,n-2} = 0$, jedoch sind $a_{n,n-1}$ und $a_{n,n}$ endlich. Deswegen bricht (4.43) tatsächlich ab und wird durch

$$y_{n+1}(x) = \alpha_n\, x\, y_n(x) + a_{n,n}\, y_n(x) + a_{n,n-1}\, y_{n-1}(x)$$

gegeben. Also erfüllen die orthogonalen Polynome tatsächlich eine Rekursionsrelation der Form (4.41).

Beispiel 4.12 Man leite die Rekursionsrelation für die Hermite-Polynome her.

Um dies zu erreichen, bedienen wir uns der Rodrigues-Formel (4.29). Benutzt man die Leibniz-Regel, so erhält man

$$H_{n+1}(x) = (-1)^{n+1} e^{x^2} \frac{d^n}{dx^n} \frac{d}{dx}\, (e^{-x^2}) = 2\, (-1)^n e^{x^2} \frac{d^n}{dx^n}\, (x e^{-x^2})$$

$$= 2(-1)^n e^{x^2} \left[x \frac{d^n}{dx^n}\, (e^{-x^2}) + n \frac{d^{n-1}}{dx^{n-1}}\, (e^{-x^2}) \right].$$

Hier erkennt man bereits die entsprechende Rekursionsrelation in ihrer kanonischen Form:

$$H_{n+1}(x) = 2x\, H_n(x) - 2n\, H_{n-1}(x)\,. \tag{4.45}$$

Mithilfe der obigen Relation lässt sich ein weiteres interessantes Resultat herleiten. Berechnet man nämlich die Ableitung von (4.29), so erhält man:

$$\frac{dH_n(x)}{dx} = 2x(-1)^n e^{x^2} \frac{d^n}{dx^n}\, (e^{-x^2}) + (-1)^n e^{x^2} \frac{d^{n+1}}{dx^{n+1}}\, (e^{-x^2})$$

$$= 2x H_n(x) - H_{n+1}(x) = 2n\, H_{n-1}(x)\,,$$

wobei wir im letzten Schritt die Rekursionsrelation (4.45) eingesetzt haben. Die Hermite-Polynome erfüllen also die folgende DGL:

$$\frac{dH_n(x)}{dx} = 2n\, H_{n-1}(x)\,. \tag{4.46}$$

4.8 Integraldarstellung der orthogonalen Polynome

Mithilfe der Rodrigues-Formel (4.24) lässt sich ein sehr nützlicher Ausdruck für die orthogonalen Polynome als Konturintegrale herleiten. Im letzten Abschnitt haben wir festgestellt, dass die orthogonalen Polynome durch die Taylor-Entwicklungskoeffizienten der erzeugenden Funktion gegeben sind. Aufgrund von (1.6) lässt sich jedes Polynom durch ein Konturintegral darstellen:

$$y_n(x) = \frac{1}{w(x)} \frac{n!}{2\pi i} \int_C dz \, \frac{w(z)[p(z)]^n}{(z-x)^{n+1}} \, . \tag{4.47}$$

C ist dabei eine beliebige geschlossene Kontur, die den Punkt x umkreist. Dieses sogenannte *Schläfli-Integral* gilt natürlich nur solange $w(z)\,[p(z)]^n$ eine auf und innerhalb von C analytische Funktion ist.

Als Beispiel betrachten wir das Schläfli-Integral für die Legendre-Polynome $P_n(x)$. In der Standardform (4.26) mit der Normierung $P_n(1) = 1$ gilt die Definition:

$$P_n(x) = \frac{1}{n!\,2^n} \frac{d^n}{dx^n} [(x^2-1)^n] \, .$$

Das entsprechende Schläfli-Integral ist dann gegeben durch

$$P_n(x) = \frac{1}{2\pi i} \int_C dz \, \frac{(z^2-1)^n}{2^n(z-x)^{n+1}} \, . \tag{4.48}$$

Sei nun C ein Kreis mit dem Radius $|x^2-1|^{1/2}$ und dem Ursprung am Punkt x. Benutzt man die Parametrisierung $z = x + (x^2-1)^{1/2}e^{i\theta}$ $(-\pi \leq \theta \leq \pi)$, so erhält man

$$P_n(x) = \frac{1}{2\pi} \int_{-\pi}^{\pi} \left\{ \frac{[x-1+\sqrt{x^2-1}\,e^{i\theta}][x+1+\sqrt{x^2-1}\,e^{i\theta}]}{2\sqrt{x^2-1}\,e^{i\theta}} \right\}^n d\theta \, .$$

Nach einer Reihe einfacher Umformungen erhalten wir die *Laplace-Integralformel* (auch das 1. Laplace'sche Integral genannt):[11]

$$P_n(x) = \frac{1}{\pi} \int_0^{\pi} d\theta \left(x + \sqrt{x^2-1}\cos\theta \right)^n . \tag{4.49}$$

Mithilfe dieses Resultats können wir eine wichtige Identität für die Legendre–Polynome herleiten. Sei x eine reelle Zahl, sodass $-1 \leq x \leq 1$. Dann gilt

$$|x + \sqrt{x^2-1}\cos\theta| = \sqrt{x^2 + (1-x^2)\cos^2\theta} \leq 1$$

und deswegen folgt für die Legendre-Polynome die Relation:

$$|P_n(x)| \leq 1 \, , \qquad -1 \leq x \leq 1 \, .$$

---

[11] Die genaue Gestalt des Schnitts ist nicht wichtig, da die rechte Seite von (4.49) keine ungeraden Potenzen von $\sqrt{x^2-1}$ enthält.

Im Spezialfall $x = 1$ ergibt sich dann

$$P_n(1) = \frac{1}{2^{n+1}\pi i} \int_C \frac{(t+1)^n}{(t-1)} dt \ .$$

Berechnet man dieses Integral mithilfe des Residuensatzes, so erhält man $P_n(1) = 2^{-n}(t+1)^n|_{t=1} = 1$, wie erwartet.

Nun möchten wir die Definition der erzeugenden Funktion (4.35) und das Schläfli-Integral miteinander verbinden:

$$\Psi(x,t) = \sum_{n=0}^{\infty} t^n P_n(x) = \frac{1}{2\pi i} \int_C dz \frac{1}{z-x} \sum_{n=0}^{\infty} \left[\frac{t(z^2-1)}{2(z-x)} \right]^n$$

$$= \frac{1}{2\pi i} \int_C dz \frac{1}{z-x} \underbrace{\left[1 - \frac{t(z^2-1)}{2(z-x)} \right]^{-1}}_{2(z-x)/(-t\,z^2+2z+t-2x)}$$

$$= -\frac{1}{\pi i t} \int_C \frac{dz}{(z-z_+)(z-z_-)} \ ,$$

wobei $z_{\pm}$ gegeben sind durch:

$$z^2 - \frac{2z}{t} + \frac{2x}{t} - 1 = 0 \quad \Rightarrow \quad z_{\pm} = \frac{1}{t}\left[1 \pm \sqrt{1 - 2xt + t^2} \right] .$$

Hieraus ist es ersichtlich, dass bei $t \to 0$ die beiden Größen verschiedene Werte anstreben: $z_+ \simeq 2/t \to \infty$, aber $z_- \to x$. Deswegen kommt für das Konturintegral nur der Pol $z = z_-$ in Frage (z_+ kann für kleiner werdendes t beliebig weit hinausgeschoben werden) und aufgrund des Residuensatzes erhalten wir dann

$$\Psi(x,t) = -\frac{2}{t}\frac{1}{z_- - z_+} = \frac{1}{\sqrt{1 - 2xt + t^2}} \ .$$

Wir geben also das Resultat (4.38) wieder.

Die Schläfli-Formel kann benutzt werden, um zu zeigen, dass z. B. die Legendre-Polynome $P_n(x)$ die Gleichung (4.5) lösen. Setzt man (4.48) in (4.5) ein, so ergibt sich (im Allgemeinen kann x natürlich eine komplexe Zahl sein)

$$(1-z^2)\frac{d^2 P_n(z)}{dz^2} - 2z\frac{dP_n(z)}{dz} + n(n+1)P_n(z)$$

$$= \frac{n+1}{2^n 2\pi i} \int_C \frac{d}{dt}\left[\frac{(t^2-1)^{n+1}}{(t-z)^{n+2}} \right] dt = \frac{n+1}{2^n 2\pi i}\left[\frac{(t^2-1)^{n+1}}{(t-z)^{n+2}} \right]\Big|_C \ .$$

Das Schläfli-Integral ist also die Lösung von (4.5), wenn die Funktion

$$(t^2-1)^{n+1}(t-z)^{-n-2} \tag{4.50}$$

nach einem Durchlauf der Kontur C exakt den gleichen Wert wieder annimmt. Dies ist offensichtlich der Fall für alle ganzzahligen n.[12]

4.9   Zusammenhang mit den homogenen Integralgleichungen

In Abschn. 4.6 haben wir kennengelernt, dass einige Eigenschaften der orthogonalen Polynome sich sehr viel effizienter mithilfe der erzeugenden Funktionen herleiten lassen. Es stellt sich heraus, dass $G(x, t)$ auch beim Lösen der Integralgleichungen sehr vorteilhaft eingesetzt werden kann.

Als Beispiel schauen wir uns die folgende Integralgleichung für $f(y)$ an:

$$g(x) = \lambda \int\limits_{-\infty}^{\infty} dy \, e^{-(x+y)^2} \, f(y) \, . \tag{4.51}$$

Als Erstes stellen wir fest, dass der Kern dieser Gleichung uns sehr an die erzeugende Funktion der Hermite-Polynome (4.39) erinnert. Mit dieser Erkenntnis schreiben wir die Gleichung wie folgt um:

$$g(x) = \lambda \sum_{n=0}^{\infty} \frac{x^n}{n!} \int\limits_{-\infty}^{\infty} dy \, e^{-y^2} \, H_n(y) \, f(y) \, .$$

Nimmt man außerdem an, dass $f(y)$ alle notwendigen Voraussetzungen erfüllt, so lässt sie sich in die Hermite-Polynome entwickeln: $f(y) = \sum_{m=0}^{\infty} f_m \, H_m(y)$. Damit erhalten wir

$$g(x) = \lambda \sqrt{\pi} \sum_{n=0}^{\infty} 2^n x^n \, f_n \, ,$$

---

[12] Auch für nichtganzzahlige n kann die Lösung der Legendre-Gleichung durch das Schläfli-Integral gegeben sein. Es definiert dann eine bei $\text{Re}\,z > -1$ analytische Funktion von z, die auf der reellen Achse zwischen -1 und $-\infty$ einen Schnitt besitzt. Diese Funktion wird *Legendre-Funktion* genannt und genauso wie die Polynome durch $P_n(z)$ bezeichnet. Um sich zu vergewissern, dass sie die Legendre-Gleichung ebenfalls erfüllt, geht man wie folgt vor: Die Funktion (4.50) hat drei Verzweigungspunkte bei $t = z$ und $t = \pm 1$. Schneidet man die komplexe Ebene wie oben beschrieben durch und nimmt man an, dass der Punkt z nicht im Schnitt liegt, so kann die geeignete Kontur C an jedem Punkt der reellen Achse bei $\text{Re}\,z = t > 1$ anfangen und dann die Punkte $t = z$ und $t = 1$ im Inneren haben. Dann erhält der Term $(t - z)^{-n-2}$ den Vorfaktor $e^{2\pi i(-n-2)}$, während der Term $(t^2 - 1)^{n+1}$ einen Faktor $e^{2\pi i(n+1)}$ bekommt. Auf diese Weise kehrt die Funktion (4.50) zu ihrem Originalwert zurück: $(t^2 - 1)^{n+1} (t - z)^{-n-2} \rightarrow e^{-2\pi i} (t^2 - 1)^{n+1} (t - z)^{-n-2} \equiv (t^2 - 1)^{n+1} (t - z)^{-n-2}$ und die Gleichung ist erfüllt. Für weitere Details empfehlen wir [28].

wobei wir die Normierungsbedingung (4.40) der Hermite-Polynome berücksichtigt haben. Die Lösung dieser Gleichung ist offensichtlich gegeben durch:

$$f_n = \frac{1}{\lambda \sqrt{\pi} \, 2^n \, n!} \left[\frac{d^n}{dx^n} g(x) \right] \Bigg|_{x \to 0} . \tag{4.52}$$

Nehmen wir an $g(x)$ sei eine Potenzfunktion $g(x) = (2x)^m$. Dann verschwindet die m-te Ableitung, es sei denn $n = m$. In diesem Fall ist sie gegeben durch $2^n n!$. In dieser Situation erhalten wir die folgende Lösung:

$$f(y) = \frac{1}{\lambda \sqrt{\pi}} H_n(y) .$$

Diese Erkenntnis legt die folgende Frage nahe: Ist es möglich, dass die Lösung von (4.51) durch ein Hermite-Polynom gegeben ist, wenn die linke Gleichungsseite selbst ein Hermite-Polynom ist? Um sie zu beantworten, betrachten wir das folgende Integral:

$$\int_{-\infty}^{\infty} dy \, e^{-(x+y)^2} G(\gamma y, t) = \int_{-\infty}^{\infty} dy \, e^{-(x+y)^2} e^{-2\gamma y t - t^2} = \sqrt{\pi} e^{2\gamma x t - t^2 (1 - \gamma^2)}$$

$$= \sqrt{\pi} \sum_{n=0}^{\infty} \frac{(t \sqrt{1 - \gamma^2})^n}{n!} H_n \left(-\frac{\gamma x}{\sqrt{1 - \gamma^2}} \right) .$$

Andererseits erhalten wir für dieses Integral aufgrund der Definition der erzeugenden Funktion

$$\int_{-\infty}^{\infty} dy \, e^{-(x+y)^2} G(\gamma y, t) = \int_{-\infty}^{\infty} dy \, e^{-(x+y)^2} \sum_{n=0}^{\infty} \frac{t^n}{n!} H_n(\gamma y) .$$

Vergleicht man die beiden letzten Ergebnisse, so stellt man die folgende Identität fest:

$$\sqrt{\pi} (\sqrt{1 - \gamma^2})^n H_n \left(-\frac{\gamma x}{\sqrt{1 - \gamma^2}} \right) = \int_{-\infty}^{\infty} dy \, e^{-(x+y)^2} H_n(\gamma y) . \tag{4.53}$$

Diese Formel hat offensichtlich die Gestalt (4.51) mit der Parameteridentifikation $\lambda = 1/\sqrt{\pi}$, $f(y) = H_n(\gamma y)$ und

$$g(x) = (\sqrt{1 - \gamma^2})^n H_n \left(-\frac{\gamma x}{\sqrt{1 - \gamma^2}} \right) . \tag{4.54}$$

Mithilfe dieses Resultats können wir das *Multiplikationstheorem* für die Hermite-Polynome herleiten. Wir fangen mit der formalen Lösung von (4.53) an, die aufgrund von (4.52) gegeben ist durch

$$f(y) = \sum_{n=0}^{\infty} \frac{g^{(n)}(0)}{2^n n!} H_n(y) \, .$$

Laut (4.46) erhält man für die Ableitung der k-ten Ordnung ($k \leq n$) von (4.54) das Ergebnis:[13]

$$g^{(k)}(0) = 2^k \frac{n!}{(n-k)!} H_{n-k}(0) \, \gamma^k \, (1 - \gamma^2)^{(n-k)/2} \, .$$

Dies führt auf

$$f(y) = \sum_{k=0}^{n} \frac{n!}{k!(n-k)!} H_k(y) \, H_{n-k}(0) \, \gamma^k \, (1 - \gamma^2)^{(n-k)/2} \, .$$

Mithilfe von (4.39) lässt es sich leicht feststellen, dass $H_{2p}(0) = (-1)^p (2p)!/p!$ für gerade $n - k = 2p$ und $H_k(0) = 0$ für ungerade k. Damit erhalten wir das gesuchte Multiplikationstheorem:

$$H_n(\gamma y) = \sum_{p=0}^{[n/2]} \frac{n!}{(n-2p)! \, p!} H_{n-2p}(y) \, \gamma^{n-2p} \, (\gamma^2 - 1)^p \, .$$

Wir möchten anmerken, dass diese Formel auch für die Hermite-Polynome in der traditionellen Normierung (4.29) gilt.

Nun möchten wir uns der leicht abgewandelten Version der homogenen Fourier-Gleichung (3.3) widmen,

$$g(x) = \lambda \int_{-\infty}^{\infty} \frac{dy}{\sqrt{2\pi}} \, e^{ixy} \, f(y) \, . \qquad (4.55)$$

Setzt man hier in die rechte Seite

$$f(y) = G(y, t) \, e^{-y^2/2} = e^{-2yt - t^2 - y^2/2}$$

ein, so erhält man das folgende Ergebnis für $g(x)$:

$$g(x) = \lambda \, e^{-2ixt + t^2 - x^2/2} = \lambda \, G(x, it) \, e^{-x^2/2} \, .$$

---

[13] Für die hier betrachtete nichtkanonische Form der Hermite-Polynome lautet die entsprechende DGL [vgl. mit (4.46)]:

$$\frac{dH_n(x)}{dx} = -2n H_{n-1}(x) \, .$$

Setzt man es zurück in die Originalgleichung (4.55), entwickelt man nach t und vergleicht einzelne Terme, so stellt man fest, dass

$$f_n(x) = H_n(x)\, e^{-x^2/2}$$

Eigenfunktionen der Fourier-Gleichung sind. Sie entsprechen vier verschiedenen Eigenwerten $\lambda_n = (-i)^n = \pm 1, \pm i$, die zu geraden bzw. ungeraden n gehören.

4.10 Orthogonale Polynome und hypergeometrische Funktionen

Aus den Definitionen (2.35) und (2.36) ist es ersichtlich, dass die hypergeometrische Reihe $F(a, b; c; z)$ abbricht, wenn einer der Parameter a oder b einer negativen ganzen Zahl $-n$ gleicht. In diesem Fall ist $F(a, b; c; z)$ ein Polynom n-ter Ordnung. Es stellt sich heraus, dass sie dann unter bestimmten Bedingungen durch Jacobi-Polynome gegeben sind. Um dies zu sehen, stellen wir zunächst fest, dass sowohl a als auch b im letzten, in F linearen Term der hypergeometrischen Gleichung (2.53) vorkommen. Außerdem ist der Eigenwert (4.3) faktorisierbar (zumindest unter den in Abschn. 4.1 angegebenen Bedingungen):

$$\lambda_n = -ab = -n\,[p_2\,(n+1) - q_1].$$

Vergleicht man nun die hypergeometrische Gleichung (2.53) mit (4.1) und zieht die Formel (4.11) hinzu, die eine Relation zwischen den Parametern p_i, q_i und α, β angibt, so stellt man fest, dass[14]

$$P_n^{(\alpha,\beta)}(x) = C\, F\left(-n, n + \alpha + \beta + 1; \alpha + 1; \frac{1-x}{2}\right) \qquad (4.56)$$

gilt, wobei die Konstante $C = P_n^{(\alpha,\beta)}(1) = \Gamma(n + \alpha + 1)/n!\,\Gamma(1 + \alpha)$ mit der Normierungskonstante zusammenhängt, s. Aufgabe 4.2. Diese Identität führt zu einer Reihe interessanter Resultate. Zum Beispiel erhalten wir im Spezialfall $\alpha = \beta = 0$ eine Relation zwischen den Legendre-Polynomen und der hypergeometrischen Funktion. In unserer Normierungskonvention gilt[15]

$$P_n(x) = F\left(-n, n + 1; 1; \frac{1-x}{2}\right). \qquad (4.57)$$

---

[14] Wir nehmen an, dass das Definitionsintervall durch $[a, b] = [-1, 1]$ gegeben ist.

[15] Für ein beliebiges $n = \nu$ und komplexes z als Argument kann dieser Ausdruck auch als Definition der Legendre-Funktion $P_\nu(z)$ benutzt werden, die wir bereits in Fußnote 12 dieses Kapitels diskutiert haben. Die entstehende Reihe ist in einem Kreis mit Radius 2 und mit dem Ursprung an $z = 1$ absolut konvergent. Hier können wir eine Parallele zum Zusammenhang zwischen der Gamma-Funktion und der Fakultät ziehen: Die Erstere ist ebenfalls eine Verallgemeinerung der Letzteren auf komplexe Zahlen.

Da die hypergeometrische Funktion symmetrisch bezüglich des Austauschs $a \leftrightarrow b$ der ersten zwei Parameter ist, erhalten wir eine nützliche Definition für die Polynome negativer Ordnung:

$$P_{-n-1}(x) = P_n(x) \, .$$

Weiterhin, aus dem Vergleich von (4.57) und (4.49) erhalten wir das *Laplace'sche Integral der 2. Art*:

$$P_n(x) = \frac{1}{\pi} \int\limits_0^\pi d\theta \; \frac{1}{\left(x + \sqrt{x^2 - 1} \cos \theta \right)^{n+1}} \, . \tag{4.58}$$

Eine Relation der hypergeometrischen Funktion zu Laguerre-Polynomen ist sogar noch einfacher. Das entsprechende Ergebnis:

$$L_n(x) = F(-n, 1; x) \tag{4.59}$$

folgt aus dem Vergleich von (2.59) und (4.23).

4.11 Übungsaufgaben

Aufgabe 4.1 Zeigen Sie, dass die DGL

$$6(1 - x^2)y'' - (5 + 11x)y' + \lambda y = 0$$

bei $\lambda = 6n^2 + 5n$ polynomielle Lösungen besitzt. Zeigen Sie, dass die ersten drei Polynome gegeben sind durch:

$$y_0 = 1 \, , \qquad y_1 = 11x + 5 \qquad \text{und} \qquad y_2 = 391x^2 + 170x - 113 \, .$$

Leiten Sie die Rodriques-Formel für diese Polynomenfamilie her und verifizieren Sie die oben angegebenen Polynome.

Aufgabe 4.2 Die Jacobi-Polynome lösen die Gleichung (4.13). Leiten Sie die Rodrigues-Formel her und berechnen Sie die erzeugende Funktion $\Psi(x,t) = \sum_{n=0}^\infty P_n^{(\alpha,\beta)}(x)t^n$. Bestimmen Sie die Werte der Jacobi-Polynome an den Endpunkten $x = \pm 1$ ihres Definitionsintervalls.

Aufgabe 4.3 Die *Gegenbauer-Polynome* sind Spezialfälle der Jacobi-Polynome $P_n^{(\alpha,\beta)}(x)$ mit den Parametern $\alpha = \beta = \lambda - 1/2$ und der folgenden Normierung:

$$C_n^\lambda(x) = \frac{\Gamma(n + 2\lambda)}{\Gamma(n + \lambda + \frac{1}{2})} \; \frac{\Gamma(\lambda + \frac{1}{2})}{\Gamma(2\lambda)} \; P_n^{(\lambda - \frac{1}{2}, \lambda - \frac{1}{2})}(x) \, .$$

Sie hängen mit den hypergeometrischen Reihen auf folgende Weise zusammen:

$$C_n^\lambda(x) = \frac{\Gamma(2\lambda + n)}{n!\Gamma(2\lambda)} F\left(2\lambda + n, -n; \lambda + \frac{1}{2}; \frac{1-x}{2}\right)$$

$$= \frac{2^n \Gamma(\lambda + n)}{n!\Gamma(\lambda)} x^n F\left(-\frac{n}{2}, \frac{1-n}{2}; 1 - \lambda - n; \frac{1}{x^2}\right).$$

Oft werden sie *ultrasphärische Polynome* genannt und durch $P_n^\lambda(x)$ bezeichnet.

(a) Berechnen Sie die Normierungskonstante

$$N_n = \int\limits_{-1}^{1} dx\, [C_n^\lambda(x)]^2 (1 - x^2)^{\lambda - \frac{1}{2}}.$$

(b) Benutzen Sie die in Abschn. 4.7 vorgestellte Prozedur, um die zugehörige Rekursionsrelation zu identifizieren.

(c) Leiten Sie die erzeugende Funktion $\Psi(x, t) = \sum_{n=0}^{\infty} C_n^\lambda(x) t^n$ her.

Aufgabe 4.4 Die *zugeordneten Laguerre-Polynome* sind gegeben durch:

$$L_n^\alpha(x) = e^x x^{-\alpha} \frac{d^n}{dx^n} \left(e^{-x} x^{n+\alpha}\right).$$

Leiten Sie ihre erzeugende Funktion

$$G^\alpha(x, y) = (1 - y)^{-\alpha - 1} e^{-xy/(1-y)}$$

her und berechnen Sie die ersten drei Polynome. Zeigen Sie, dass $G^\alpha(x, y)$ die folgende DGL erfüllt:

$$(1 - y)^2 \frac{dG^\alpha(x, y)}{dy} + [x - (1 + \alpha)(1 - y)] G^\alpha(x, y) = 0.$$

Benutzen Sie sie, um die Rekursionsrelation für $L_n^\alpha(x)$ herzuleiten.

Aufgabe 4.5 Ausgehend aus der erzeugenden Funktion der Legendre-Polynome:

$$\frac{1}{\sqrt{1 - 2xt + t^2}} = \sum_{n=0}^{\infty} P_n(x) t^n$$

(a) leiten Sie die explizite Formel für $P_n(x)$ her,

(b) identifizieren Sie die Rekursionsrelation,

(c) bestimmen Sie die Normierungskonstante $N_n = \int_{-1}^{1} dx\, P_n^2(x)$.

Aufgabe 4.6 Zeigen Sie, dass es für ein beliebiges Polynom $K(x)$ der Ordnung n oder kleiner ein Polynom $S_n(x)$ n-ter Ordnung gibt, sodass

$$\int\limits_{-1}^{1} dx\, S_n(x) K(x) = K(1)$$

gilt.

Hinweis: Benutzen Sie die Rekursionsrelation, die Normierungskonstante der Legendre-Polynome und berücksichtigen Sie, dass $P_0 = 1, P_1 = x$ und $P_n(1) = 1, P_n(-1) = (-1)^n$.

Aufgabe 4.7 Die Hermite-Polynome lösen die Gleichung (4.18), und ihre traditionelle Normierung ist gegeben durch (4.29).

(a) Benutzen Sie das Gram-Schmidt'sche-Orthogonalisierungsverfahren, um die ersten vier Polynome auszurechnen.

(b) Leiten Sie eine explizite Formel für die Hermite-Polynome mithilfe des Schläfli-Integrals her.

(c) Beweisen Sie die folgende Integraldarstellung:

$$H_n(x) = \frac{2^n}{\sqrt{\pi}} \int\limits_{-\infty}^{\infty} dt\, e^{-t^2} (x + it)^n \,.$$

Aufgabe 4.8 Zeigen Sie, dass die Lösung der Legendre-Gleichung

$$\frac{d}{dz}\Big[(1 - z^2)\frac{du}{dz}\Big] + \nu(\nu + 1)u = 0$$

für beliebige nichtganzzahlige ν durch die folgende lineare Kombination der hypergeometrischen Funktionen gegeben ist:

$$
\begin{aligned}
P_\nu(z) = A_\nu\, z^\nu\, F\left(-\frac{\nu}{2}, \frac{1-\nu}{2}; \frac{1}{2} - \nu\,; \frac{1}{z^2}\right) \\
+ B_\nu\, z^{-\nu-1}\, F\left(\frac{\nu+1}{2}, \frac{\nu+2}{2}; \nu + \frac{3}{2}; \frac{1}{z^2}\right),
\end{aligned}
$$

wobei A_ν und B_ν Konstanten sind. Zeigen Sie außerdem, dass sich die Lösungen für $\nu = n = 0, 1, 2, \ldots$. auf die Legendre-Polynome reduzieren.

Aufgabe 4.9 Zeigen Sie, dass sich die Hermite-Polynome (4.29) auf folgende Weise auf die konfluente hypergeometrische Funktion abbilden lassen:

$$
\begin{aligned}
H_{2n}(x) = (-1)^n \frac{(2n)!}{n!} F\left(-n, \frac{1}{2}; x^2\right), \\
H_{2n+1}(x) = 2(-1)^n x \frac{(2n+1)(2n)!}{n!} F\left(-n, \frac{3}{2}; x^2\right).
\end{aligned}
$$

Leiten Sie die Relation zwischen diesen Polynomen und den Laguerre-Polynomen her, die durch die folgende Rodrigues-Formel generiert werden:

$$L_n^\alpha(x) = \frac{x^{-\alpha} e^x}{n!} \frac{d^n}{dx^n} \left(e^{-x} x^{n+\alpha}\right).$$

Aufgabe 4.10 Wie wir in Beispiel 4.8 gesehen haben, erfüllen die Chebyshev-Polynome 1. Art die Gleichung (4.27). Üblicherweise werden sie so normiert, dass $T_n(1) = 1$ gilt.

(a) Zeigen Sie, dass diese Polynome durch die Formel

$$T_n(x) = \cos\left(n \arccos x\right) = \frac{1}{2}\left[(x + i\sqrt{1-x^2})^n + (x - i\sqrt{1-x^2})^n\right]$$

explizit angegeben werden können.
(b) Leiten Sie die entsprechende Rekursionsrelation her.
(c) Leiten Sie die folgenden erzeugenden Funktionen her:

$$\Psi(x,s) = \sum_{n=0}^{\infty} T_n(x)\, s^n\,, \qquad G(x,s) = \sum_{n=0}^{\infty} \frac{T_n(x)}{n!}\, s^n\,.$$

Aufgabe 4.11 Mithilfe der in Abschn. 4.9 dargestellten Methode lösen Sie die Integralgleichung

$$\int_{-1}^{1} \frac{y(t)\,dt}{\sqrt{1 + x^2 - 2xt}} = x^m\,, \qquad m > 0\,.$$

4.12 Lösungen

Aufgabe 4.1

$$y_n(x) = \frac{6^n}{(1-x)^{1/3}(x+1)^{-1/2}} \frac{d^n}{dx^n}\left[(1-x)^{n+1/3}(x+1)^{n-1/2}\right].$$

Aufgabe 4.2

$$P_n^{(\alpha,\beta)}(x) = \frac{(-1)^n}{2^n n!}(1-x)^{-\alpha}(1+x)^{-\beta}\frac{d^n}{dx^n}\left[(1-x)^{n+\alpha}(1+x)^{n+\beta}\right].$$

$$\Psi(x,t) = \sum_{n=0}^{\infty} P_n^{(\alpha,\beta)}(x)\, t^n = 2^{\alpha+\beta} R^{-1}(1 - t + R)^{-\alpha}(1 + t + R)^{-\beta}\,,$$

wobei $R = \sqrt{1 - 2xt + t^2}$.

$$P_n^{(\alpha,\beta)}(1) = \frac{\Gamma(n+1+\alpha)}{n!\,\Gamma(1+\alpha)}\,, \qquad P_n^{(\alpha,\beta)}(-1) = (-1)^n \frac{\Gamma(n+1+\beta)}{n!\,\Gamma(1+\beta)}\,.$$

Aufgabe 4.3

(a)

$$N_n = \frac{2^{1-2\lambda}\pi\Gamma(n+2\lambda)}{n!(\lambda+n)[\Gamma(\lambda)]^2} \ .$$

(b)

$$nC_n^\lambda(x) - 2(n-1+\lambda)xC_{n-1}^\lambda(x) + (n+2\lambda-2)C_{n-2}^\lambda(x) = 0 \ .$$

(c)

$$\Psi(x,t) = \sum_{n=0}^{\infty} C_n^\lambda(x)t^n = \frac{1}{(1-2xt+t^2)^\lambda} \ .$$

Aufgabe 4.4

$$1, (1+\alpha-x), [(1+\alpha)(2+\alpha) - 2(2+\alpha)x + x^2],$$

$$[(1+\alpha)(2+\alpha)(3+\alpha) - 3(2+\alpha)(3+\alpha)x + 3(3+\alpha)x^2 - x^3].$$

$$L_{n+1}^\alpha(x) + (x-\alpha-1-2n)\,L_n^\alpha(x) + n\,(n+\alpha)\,L_{n-1}^\alpha(x) = 0.$$

Aufgabe 4.5

(a)

$$P_n(x) = \sum_{r=0}^{[\frac{n}{2}]} \frac{(-1)^r(2n-2r)!}{2^n r!(n-r)!(n-2r)!} x^{n-2r} \ ,$$

(b)

$$(n+1)P_{n+1}(x) - (2n+1)xP_n(x) + nP_{n-1}(x) = 0 \ ,$$

(c)

$$N_n = \frac{2}{2n+1} \ .$$

Aufgabe 4.7

(a)

$$H_0 = 1, H_1(x) = x, H_2(x) = x^2 - 1/2, H_3(x) = x^3 - 3x/2.$$

(b)

$$H_n(x) = n!\sum_{l=0}^{[\frac{n}{2}]}(-1)^l \frac{(2x)^{n-2l}}{l!(n-2l)!} \ .$$

Aufgabe 4.8

$$P_n(x) = \frac{(2n)!}{2^n(n!)^2}x^n F\left(-\frac{n}{2}, \frac{1-n}{2}; \frac{1}{2}-n; \frac{1}{x^2}\right) \ .$$

Aufgabe 4.9

$$H_{2n}(x) = (-1)^n \, 2^{2n} \, n! \, L_n^{-1/2}(x^2) \,, \quad H_{2n+1}(x) = (-1)^n \, 2^{2n+1} \, n! \, x \, L_n^{1/2}(x^2) \,.$$

Aufgabe 4.10

(b)

$$T_{n+1}(x) + T_{n-1}(x) - 2 \, T_n(x) \, x = 0 \,.$$

(c)

$$\Psi(x,s) = \frac{1 - xs}{1 - 2xs + s^2} \,, \; G(x,s) = \frac{1}{2}\Big[e^{(x - \sqrt{x^2 - 1})s} + e^{(x + \sqrt{x^2 - 1})s} \Big] \,.$$

Aufgabe 4.11

$$y(x) = \frac{2m + 1}{2} \, P_m(x) \,,$$

wobei $P_m(x)$ die Legendre-Polynome bezeichnet.

Kapitel 5
Ausführliche Lösungen der Übungsaufgaben

5.1 Kapitel 1

Aufgabe 1.1 In Polarkoordinaten $z = re^{i\theta}$ definieren wir

$$f(z) = f(r, \theta) = u(r, \theta) + iv(r, \theta) \, .$$

In dieser Darstellung können wir die Ableitung der Funktion $f(z) = f(r, \theta)$ in 'radialer' Richtung ausrechnen, d. h. wir setzen zuerst $\Delta\theta = 0$ und berechnen dann den Grenzfall $\Delta r \to 0$:

$$
\begin{aligned}
f'(z) &= \lim_{\Delta r \to 0} \frac{u(r + \Delta r, \theta) + iv(r + \Delta r, \theta) - u(r, \theta) - iv(r, \theta)}{\Delta r e^{i\theta}} \\
&= e^{-i\theta} \left[\frac{\partial u}{\partial r} + i \frac{\partial v}{\partial r} \right] .
\end{aligned}
$$

Andererseits berechnet man die Ableitung in azimutaler Richtung, d. h. man setzt zuerst $\Delta r = 0$ und berechnet anschließend den Grenzfall $\Delta\theta \to 0$, so erhalten wir

$$
\begin{aligned}
f'(z) &= \lim_{\Delta\theta \to 0} \frac{u(r, \theta + \Delta\theta) + iv(r, \theta + \Delta\theta) - u(r, \theta) - iv(r, \theta)}{ir e^{i\theta} \Delta\theta} \\
&= \frac{e^{-i\theta}}{r} \left[\frac{\partial v}{\partial\theta} - i \frac{\partial u}{\partial\theta} \right] .
\end{aligned}
$$

Für eine analytische Funktion müssen beide Ergebnisse gleich sein, deswegen erhalten wir die gesuchten Cauchy-Riemann-Gleichungen:

$$\frac{\partial u}{\partial r} = \frac{1}{r} \frac{\partial v}{\partial\theta} \, , \qquad \frac{\partial v}{\partial r} = -\frac{1}{r} \frac{\partial u}{\partial\theta} \, .$$

Beide Gleichungen lassen sich zu einer einzigen für $f(r, \theta)$ zusammenfassen:

$$\frac{\partial f}{\partial r} = \frac{1}{ir} \frac{\partial f}{\partial\theta} \, .$$

A.O. Gogolin, *Komplexe Integration*, DOI 10.1007/978-3-642-41747-4_5,
© Springer-Verlag Berlin Heidelberg 2014

Nun betrachten wir $f(z) = \ln z = \ln r + i \arg z$, wobei $\arg z = \theta$. Für $r \neq 0$ erhalten wir dann

$$\frac{\partial \ln z}{\partial r} = \frac{1}{r} , \qquad \frac{\partial \ln z}{\partial \theta} = i .$$

$\ln z$ ist also überall differenzierbar in azimutaler Richtung, hat jedoch eine divergierende radiale Ableitung bei $r \to 0$. Daraus schließen wir, dass diese Funktion bei allen endlichen z analytisch ist, bis auf den Koordinatenursprung $z = 0$.

Aufgabe 1.2 In allen drei Teilaufgaben machen wir die Substitution $z = e^{i\varphi}$ und berechnen die Integrale über ihre Residuen, die innerhalb des Einheitskreises liegen.

(a)

$$\int_0^{2\pi} \frac{d\varphi}{(a + b\cos\varphi)^2} = \frac{4}{ib^2} \int_{|z|=1} \frac{z\,dz}{(z^2 + 2az/b + 1)^2} .$$

Nur einer der Pole liegt hier innerhalb von $|z| = 1$: $z_0 = (\sqrt{a^2 - b^2} - a)/b$. Das entsprechende Residuum ist gegeben durch

$$a_{-1} = \left[\frac{d}{dz} \frac{z}{(z + (\sqrt{a^2 - b^2} + a)/b)^2} \right]_{z=z_0} = \frac{b^2 a}{4(a^2 - b^2)^{3/2}} .$$

Daraus folgt das angegebene Ergebnis.

(b)

$$\int_0^{2\pi} \frac{\cos^2(3\varphi)d\varphi}{1 - 2p\cos(2\varphi) + p^2} = \frac{1}{4i} \int_{|z|=1} \frac{(z^6 + 1)^2 dz}{z^5(z^2 - p)(1 - pz^2)} .$$

Die Pole 0, $-p^{1/2}$, $p^{1/2}$ liegen im Einheitskreis. Die zugehörigen Residuen sind:

$$-\frac{1 + p^2 + p^4}{p^3} , \qquad \frac{(p^3 + 1)^2}{2p^3(1 - p^2)} , \qquad \frac{(p^3 + 1)^2}{2p^3(1 - p^2)} .$$

Während die Pole bei $z = \pm p^{1/2}$ einfache Pole sind, ist $z = 0$ ein Pol 5. Ordnung. Um das entsprechende Residuum zu identifizieren, stellen wir die Laurent-Entwicklung auf:

$$-\frac{1}{pz^5} \frac{1 + O(z^6)}{(1 - z^2/p)(1 - pz^2)}$$

$$= -\frac{1}{pz^5}[1 + O(z^6)][1 + z^2/p + z^4/p^2 + O(z^6)]$$

$$\times [1 + pz^2 + p^2z^4 + O(z^6)]$$

$$= -\frac{1}{pz^5} - \frac{1 + p^2}{p^2z^3} - \frac{1 + p^2 + p^4}{p^3z} + O(z) .$$

Daraus lässt sich jetzt das Residuum leicht ablesen. Summiert man nun über alle Residuen und versieht sie mit dem richtigen Vorfaktor, so erhält man das angegebene Ergebnis.

(c) In diesem Fall erhalten wir:

$$\int_0^{2\pi} \frac{(1 + 2\cos\varphi)^n e^{in\varphi} d\varphi}{1 - a - 2a\cos\varphi} = \frac{1}{i} \int_{|z|=1} \frac{(1 + z + z^2)^n dz}{(1-a)z - a(1 + z^2)} .$$

Die Pole des Integranden sind die Nullstellen des Nenners, von denen es zwei gibt:

$$z_{1,2} = \frac{1 - a \pm \sqrt{1 - 2a - 3a^2}}{2a} .$$

Sie erfüllen die Relation $z_1 z_2 = 1$. Deswegen liegt einer der Pole außerhalb des Einheitskreises und trägt deswegen nichts bei. Der andere dagegen muss berücksichtigt werden. Solange $0 < a < 1/3$ gilt, befindet sich der letztere Pol bei

$$z_1 = \frac{1 - a - \sqrt{1 - 2a - 3a^2}}{2a} .$$

Sein Residuum ist gegeben durch:

$$\frac{(1 + z_1 + z_1^2)^n}{-a(z_1 - z_2)} = \frac{1}{\sqrt{1 - 2a - 3a^2}} \left(\frac{z_1}{a}\right)^n .$$

Damit folgt das angegebene Ergebnis.

Aufgabe 1.3 Hier müssen wir das folgende Integral auswerten:

$$\int_{-\infty}^{\infty} \frac{1}{1 + x'^2} \frac{dx'}{1 + x^2 + x'^2 - xx'} .$$

Da der Integrand im Unendlichen schnell genug abfällt, dürfen wir die Kontur in der oberen Halbebene schließen. Es gibt insgesamt zwei Pole: einen bei $x' = i$ und einen bei $x' = x/2 + i\sqrt{1 + 3x^2/4}$. Die Residuen sind:

$$\frac{1}{2ix} \frac{x + i}{1 + x^2} \qquad \text{bzw.} \qquad \frac{1}{2ix\sqrt{1 + 3x^2/4}} \frac{-x/2 - i\sqrt{1 + 3x^2/4}}{1 + x^2} .$$

Damit ergibt sich für das Integral:

$$\int_{-\infty}^{\infty} \frac{1}{1 + x'^2} \frac{dx'}{1 + x^2 + x'^2 - xx'} = \frac{\pi}{2} \frac{1}{1 + x^2} \left[2 - \frac{1}{\sqrt{1 + 3x^2/4}} \right] .$$

Wir stellen also fest, dass die Funktion $f(x) = 1/(1 + x^2)$ bei $\lambda = 2$ tatsächlich die Lösung der Gleichung darstellt.

Abb. 5.1 Die in den
Aufgaben 1.4(a) und
Aufgabe 1.6(b) benutzte
Integrationskontur

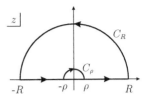

Aufgabe 1.4

(a) Hier benutzen wir eine Kontur, die aus zwei Abschnitten $[-R, -\rho]$ und $[\rho, R]$
der reellen Achse und zwei Halbkreisbogen C_ρ und C_R mit den Radien ρ und R
besteht, s. Abb. 5.1. Die Hilfsfunktion ist $f(z) = e^{iz}/z$ und ist auf der Kontur
und im Konturinneren analytisch. Aufgrund des Cauchy-Theorems gilt dann:

$$\int_{-R}^{-\rho} + \int_{C_\rho} + \int_{\rho}^{R} + \int_{C_R} = 0 \,.$$

Um $z = 0$ herum gilt offensichtlich $f(z) = 1/z + g(z)$, wobei $g(z)$ stetig bei
$z = 0$ ist, deswegen gilt:

$$\lim_{\rho \to 0} \int_{C_\rho} f(z)dz = \int_{\pi}^{0} \frac{\rho i e^{i\varphi}d\varphi}{\rho e^{i\varphi}} = -i\pi \,.$$

Das Integral entlang von C_R verschwindet für $R \to \infty$, was zu

$$\int_{-\infty}^{0} \frac{e^{ix}}{x}dx + \int_{0}^{\infty} \frac{e^{ix}}{x}dx = i\pi$$

führt. Nimmt man im ersten Integral die Substitution $x \to -x$ vor und kombiniert das Ergebnis mit dem zweiten, so erhält man

$$\int_{0}^{\infty} \frac{e^{ix} - e^{-ix}}{x}dx = i\pi \,,$$

was zum Resultat $\pi/2$ führt.

(b) Hier benutzen wir eine rechteckige Kontur, die aus vier verschiedenen Abschnitten I, II, III und IV besteht, s. Abb. 5.2. Der Realteil der Funktion $f(z) =$
e^{-az^2} auf dem oberen Abschnitt III, $f(x + ih) = e^{ah^2}e^{-ax^2}[\cos(2ahx) -$
$i\sin(2ahx)]$, ist bei $h = b/(2a)$ proportional zum Integranden. Für $a > 0$ fällt
der Integrand auf den seitlichen Abschnitten exponentiell ab, daher gilt

$$\lim_{R \to \infty} \int_{\text{II, IV}} = 0 \,.$$

Abb. 5.2 Integrationskontur
aus der Aufgabe 1.4(b)

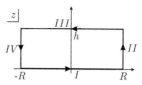

Abb. 5.3 Integrationskontur
aus der Aufgabe 1.4(c)

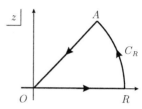

Weiterhin gilt auf dem Abschnitt I

$$\lim_{R \to \infty} \int\limits_{I} = \int\limits_{-\infty}^{\infty} e^{-ax^2} dx = \sqrt{\frac{\pi}{a}} \; .$$

Aus dem Cauchy'schen Integralsatz folgt dann:

$$\sqrt{\frac{\pi}{a}} - e^{b^2/(4a)} \int\limits_{-\infty}^{\infty} e^{-ax^2} \cos(bx) dx = 0 \; .$$

Das Ergebnis lässt sich nun am Realteil dieses Ausdrucks ablesen.
Um das Integral

$$I = \int\limits_{-\infty}^{\infty} e^{-ax^2} dx$$

auszurechnen, greifen wir auf den in Abschn. 2.1.3 vorgestellten Trick zurück.
Wir rechnen das Quadrat dieses Integrals aus, indem wir es in ein zweifaches
Integral umwandeln:

$$I^2 = \int\limits_{-\infty}^{\infty} dx \int\limits_{-\infty}^{\infty} dy e^{-a(x^2+y^2)} = \int\limits_{0}^{2\pi} d\varphi \int\limits_{0}^{\infty} r dr e^{-ar^2} = \pi \int\limits_{0}^{\infty} du e^{-au} = \frac{\pi}{a} \; .$$

(c) Hier benutzen wir eine Kontur, die aus einem Abschnitt $[0, R]$ der reellen Achse, einem $1/8$-Kreisbogen zum Punkt A $(R/\sqrt{2}, R/\sqrt{2})$ und einem geraden
Stück AO zurück zum Koordinatenursprung O besteht, s. Abb. 5.3. Die Funktion $f(z) = e^{iz^2}$ ist analytisch im Inneren des auf diese Weise enstehenden

Abb. 5.4 Integrationskontur
aus der Aufgabe 1.5(a)

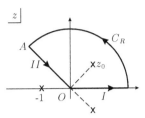

dreieckförmigen Gebiets. Auf C_R machen wir die Substitution $z^2 = \xi$:

$$\int_{C_R} f(z)dz = \frac{1}{2} \int_{C'_R} \frac{e^{i\xi}d\xi}{\sqrt{\xi}} \ .$$

Dieses Integral strebt zu null, wenn $R \to \infty$ (C'_R ist nun ein 1/4-Kreisbogen).
Auf dem Abschnitt AO setzen wir $z = \sqrt{i}\,t$ ein, sodass aufgrund des
Cauchy'schen Satzes gilt:

$$\int_0^\infty e^{ix^2}dx = -\int_{AO} f(z)dz = -\sqrt{i} \int_\infty^0 e^{-t^2}dt = \sqrt{i}\,\frac{\sqrt{\pi}}{2} \ .$$

Trennt man den reellen Teil von dem imaginären, so findet man:

$$\int_0^\infty \cos(x^2)dx = \int_0^\infty \sin(x^2)dx = \frac{1}{2}\sqrt{\frac{\pi}{2}} \ .$$

Aufgabe 1.5

(a) Hier benutzen wir die auf Abb. 5.4 gezeigte Kontur. Sie besteht aus einem Abschnitt $[0, R]$ der reellen Achse, einem 3/8–Kreisbogen zum Punkt $A(-R/\sqrt{2}, R/\sqrt{2})$ und einem geraden Element AO zurück zum Koordinatenursprung O. Die Hilfsfunktion $f(z) = 1/(1 + z^3)$ hat drei Pole bei $z = -1, e^{-i\pi/3}, e^{+i\pi/3}$. Ein Pol – $z_0 = e^{i\pi/3}$ liegt innherhalb der Kontur und das entsprechende Residuum ist gegeben durch $-e^{i\frac{\pi}{3}}/3$. Aus dem Cauchy'schen Integralsatz folgt dann

$$\int_I + \int_{II} + \int_{C_R} = -2\pi i\frac{e^{i\frac{\pi}{3}}}{3} \ .$$

Im Grenzfall $R \to \infty$ verschwindet das Integral entlang von C_R, während das Integral auf der reellen Achse gegeben ist durch:

$$\lim_{R \to \infty} \int\limits_{I} = \int\limits_{0}^{\infty} \frac{dx}{1 + x^3} = I .$$

Setzt man $z = e^{2\pi i/3} x$ auf dem Segment AO ein, so ergibt sich für das entsprechende Integral:

$$\lim_{R \to \infty} \int\limits_{II} = \int\limits_{\infty}^{0} \frac{e^{\frac{2\pi i}{3}} dx}{1 + \left(e^{\frac{2\pi i}{3}} x \right)^3} = -e^{\frac{2\pi i}{3}} I .$$

Kombiniert man diese Ergebnisse, so erhält man

$$\lim_{R \to \infty} \left(\int\limits_{I} + \int\limits_{II} \right) = (1 - e^{\frac{2\pi i}{3}}) I = e^{\frac{\pi i}{3}} (e^{-\frac{\pi i}{3}} - e^{\frac{\pi i}{3}}) I = -2i I e^{\frac{\pi i}{3}} \sin \frac{\pi}{3}$$

$$= -i \sqrt{3} e^{\frac{\pi i}{3}} I ,$$

was schlussendlich auf das Resultat $2\pi/3\sqrt{3}$ führt.

(b) In dieser Lösung möchten wir die asymptotischen Eigenschaften der trigonometrischen Funktionen auf der komplexen Ebene ausnutzen. Der Integrand ist eine gerade Funktion, daher darf sich die Integration über die ganze reelle Achse erstrecken:

$$I(a,b) = \frac{1}{2} \int\limits_{-\infty}^{\infty} \frac{\sin ax}{\sin bx} \frac{1}{1 + x^2} \, dx .$$

Die Pole des Integranden liegen auf der reellen Achse bei $x = n\pi/b, n = 0, \pm 1, \pm 2, \dots$. Um sie zu umgehen, benutzen wir eine Abwandlung des Hauptwertintegrals und verschieben die Kontur in die obere/untere Halbebene:

$$I(a,b) = \frac{1}{2} \lim_{\varepsilon \to 0} \int\limits_{-\infty + i\varepsilon}^{\infty + i\varepsilon} \frac{\sin az}{\sin bz} \frac{1}{1 + z^2} \, dz .$$

Für $\varepsilon > 0$ schließen wir die Kontur in der oberen Halbebene durch einen Halbkreisbogen C_R, wie auf Abb. 5.5 gezeigt (das Vorzeichen von ε ist nicht wirklich wichtig, für $\varepsilon < 0$ würde man die Kontur einfach in der unteren Halbebene schließen). Die Kontur enthält in ihrem Inneren nur einen Pol bei $z = +i$. Das zugehörige Residuum ist gegeben durch

$$\frac{\sinh a}{\sinh b} \frac{1}{2i} .$$

Abb. 5.5 Die Integrationskontur aus der Aufgabe 1.5(b)

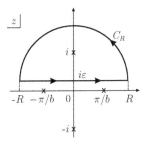

Aufgrund des Cauchy'schen Satzes erhalten wir dann:

$$\int\limits_{-R+i\varepsilon}^{R+i\varepsilon} + \int\limits_{C_R} = \pi \frac{\sinh a}{\sinh b} \, .$$

Im Grenzfall $R \to \infty$ strebt das Integral entlang von C_R gegen null, solange $|b| > |a|$ ist:

$$\lim_{R \to \infty} \frac{\sin |a|z}{\sin |b|z} \to e^{-i(|a|-|b|)\mathrm{Re}z} e^{-(|b|-|a|)\mathrm{Im}z} \to 0 \, ,$$

während das Integral über $[-R, R]$ gleich $2I(a,b)$ ist. Damit erhält man das angegebene Resultat.

Aufgabe 1.6

(a) Die Anwendung der Formel (1.18) resultiert in

$$I = \frac{\pi}{\sin(\pi p)} \sum \mathrm{Res} f \, ,$$

wobei

$$f(z) = \frac{(-z)^{-p}}{1 + 2z \cos \lambda + z^2} = \frac{(-z)^{-p}}{(z + e^{i\lambda})(z + e^{-i\lambda})}$$

(für $a - 1 \to -p$ ändert die Sinus-Funktion ihr Vorzeichen zweimal). Die Pole liegen bei $z = -e^{\pm i\lambda}$ und die Residuen sind gegeben durch

$$\frac{e^{\mp i\lambda p}}{-e^{\pm i\lambda} + e^{\mp i\lambda}} \, .$$

Summiert man alles, so ergibt sich

$$\frac{\sin(p\lambda)}{\sin \lambda} \, ,$$

was sofort zum angegebenen Ergebnis führt.

(b) Hier benutzen wir die Kontur aus Aufgabe 1.4(a), s. Abb. 5.1. Die Funktion

$$f(z) = \frac{\ln z}{(z^2 + 1)^2}$$

hat einen Pol bei $z = i$ mit dem Residuum

$$a_{-1} = \frac{\pi + 2i}{8} \, .$$

Die Integrale über den kleinen und den großen Halbkreis verschwinden bei $\rho \to 0$ bzw. $R \to \infty$. Auf der negativen Seite der reellen Achse substituieren wir $z = -x$, benutzen $\ln(-x) = \ln x + \pi i$ (das ist die obere Schnittkante) und erhalten

$$\int\limits_{-\infty}^{0} f(z)dz = \int\limits_{0}^{\infty} \frac{\ln x + \pi i}{(x^2 + 1)^2} dx \, .$$

Aus dem Cauchy'schen Integralsatz folgt dann

$$2\int\limits_{0}^{\infty} \frac{\ln x\, dx}{(x^2 + 1)^2} + \pi i \int\limits_{0}^{\infty} \frac{dx}{(x^2 + 1)^2} = \frac{\pi^2 i}{4} - \frac{\pi}{2} \, .$$

Vergleicht man die Realteile beider Gleichungsseiten, so erhält man das gesuchte Resultat. Aus dem Vergleich der Imaginärteile folgt dann ein anderes Integral:

$$\int\limits_{0}^{\infty} \frac{dx}{(x^2 + 1)^2} = \frac{\pi}{4} \, .$$

(c) Wir definieren eine Hilfsfunktion

$$f(z) = \frac{1}{(z - 1)^{1/3}(z + 1)^{2/3}}$$

und integrieren sie entlang des Kreises C_R ($R > 1$). Es gibt dafür zwei Wege. Einerseits gilt für $z \to \infty$ die Asymptotik $f(z) \sim 1/z$. Damit ist das Residuum im Unendlichen gegeben durch 1, und wir erhalten bei $R \to \infty$:

$$\int\limits_{C_R} f(z)dz = 2\pi i \, .$$

Andererseits können wir die Kontur auf den Schnitt zusammenfallen lassen. Im Einklang mit der allgemeinen Lösungsstrategie, die im relevanten Abschnitt beschrieben ist, erhalten wir auf der oberen Schnittkante $\theta_1 \to \pi$ und $\theta_2 \to 0$ (das sind mehr oder weniger die Argumente von $z \mp 1$), sodass dort $f(z) =$

$e^{-\pi i/3} f(x)$ gilt, während man auf dem gleichen Weg auf der unteren Schnittkante $f(z) = e^{\pi i/3} f(x)$ erhält, wobei

$$f(x) = \frac{1}{[(1-x)(1+x)^2]^{1/3}} \ .$$

Berücksichtigt man die Integrationsrichtungen, so erhält man:

$$\int_{C_R} f(z)dz = 2i \sin\left(\frac{\pi}{3}\right) \int_{-1}^{1} f(x)dx \ .$$

Vergleicht man beide Resultate, so erkennt man das gesuchte Ergebnis:

$$\int_{-1}^{1} \frac{dx}{[(1-x)(1+x)^2]^{1/3}} = \frac{\pi}{\sin(\pi/3)} = \frac{2\pi}{\sqrt{3}} \ .$$

Aufgabe 1.7

(a) Hier müssen wir

$$G(k) = -\int_{-\infty}^{\infty} d\lambda \, \frac{e^{i\lambda k} e^{-\lambda}}{1 + e^{-2\lambda}}$$

berechnen. Man darf in die komplexe Ebene $\lambda \to z$ gehen und die Integrationskontur in der oberen Halbebene schließen. Offensichtlich existiert das dabei entstehende Integral nur im Streifen $-1 < \mathrm{Im}\, k < 1$. Der Integrand hat Pole $\lambda_n = i\pi(n + 1/2), n > 0$ mit Residuen

$$\mathrm{Res} \, \frac{e^{i\lambda k} e^{-\lambda}}{1 + e^{-2\lambda}} \bigg|_{\lambda \to \lambda_n} = -\frac{i}{2}(-1)^n e^{-\pi k(n+1/2)} \ .$$

Eine anschließende Summation über alle n liefert

$$G(k) = 2\pi i \sum_{n=0}^{\infty} \frac{i}{2}(-1)^n e^{-\pi k(n+1/2)} = -\frac{\pi}{2\cosh(\pi k/2)} \ . \qquad (5.1)$$

(b) Die Rechnung verläuft auf einem ähnlichen Weg. Im ersten Schritt schreiben wir das Integral auf folgende Weise um:

$$K(k) = -\frac{4U}{\pi} \frac{1}{1 + U^2} \int_{-\infty}^{\infty} d\lambda \, \frac{e^{(ik-1)\lambda}}{e^{-2\lambda} + 2e^{-\lambda} \cos\gamma + 1}$$

$$= -\frac{4U}{\pi} \frac{1}{1 + U^2} \int_{0}^{\infty} dz \, \frac{z^{(ik-1)}}{(1/z + e^{i\gamma})(1/z + e^{-i\gamma})} \ ,$$

wobei $\cos \gamma = (1 - U^2)/(1 + U^2)$ ist. In der letzten Zeile haben wir die Substitution $z = e^\lambda$ vorgenommen. Dieser Ausdruck lässt sich nun auf eines der in Abschnitt 1.3.2 diskutierten Integrale abbilden. Alternativ könnte man eine Partialbruchzerlegung des Integranden in der ersten Zeile durchführen und die resultierenden Integrale anschließend auf das der Teilaufgabe **(a)** abbilden.

Aufgabe 1.8 Sei $F(p)$ die Laplace-Transformierte der Funktion $f(t)$, $f(t) \equiv 0$ für $t < 0$. Für die Funktion mit dem verschobenen Argumenten,

$$f_\tau(t) = \begin{cases} 0 \,, t < \tau \,, \tau > 0 \\ f(t - \tau) \,, t \geq \tau \end{cases} \,,$$

ist die Laplace-Transformierte gegeben durch:

$$F_\tau(p) = \int\limits_\tau^\infty e^{-pt} f(t - \tau) dt = e^{-p\tau} \int\limits_0^\infty e^{-pt} f(t) dt = e^{-p\tau} F(p) \,.$$

Also gilt $f(t - \tau) \leftrightarrow e^{-p\tau} F(p)$. Für eine periodische Funktion $f_1(t) = f_1(t + \tau)$ mit der Periode τ führt diese Eigenschaft auf eine geometrische Reihe:

$$F_1(p) = \int\limits_0^\infty e^{-pt} f_1(t) dt$$

$$= \int\limits_0^\tau e^{-pt} f_1(t) dt + \int\limits_\tau^{2\tau} e^{-pt} f_1(t) dt + \ldots + \int\limits_{n\tau}^{(n+1)\tau} e^{-pt} f_1(t) dt + \ldots$$

$$= \int\limits_0^\tau e^{-pt} f_1(t) dt + e^{-p\tau} \int\limits_0^\tau e^{-pt} f_1(t) dt + \ldots + e^{-pn\tau} \int\limits_0^\tau e^{-pt} f_1(t) dt + \ldots$$

$$= \int\limits_0^\tau e^{-pt} f_1(t) dt \sum_{n=0}^\infty (e^{-p\tau})^n = \frac{\int\limits_0^\tau e^{-pt} f_1(t) dt}{1 - e^{-p\tau}} \,.$$

Eine ähnliche Formel erhält man für eine antiperiodische Funktion mit der Eigenschaft $f_2(t) = -f_2(t + \tau)$,

$$F_2(p) = \int\limits_0^\tau e^{-pt} f_2(t) dt \sum_{n=0}^\infty (-1)^n e^{-pn\tau} = \frac{\int\limits_0^\tau e^{-pt} f_2(t) dt}{1 + e^{-p\tau}} \,.$$

Für den Spezialfall $f_1(t) = |f_2(t)|$ und $|f_2(t)| = f_2(t)$ bei $t \leq \tau$ gilt dann:

$$F_1(p) = \frac{1 + e^{-p\tau}}{1 - e^{-p\tau}} F_2(p) \,.$$

Abb. 5.6 Die Integrationskontur aus der Aufgabe 1.9

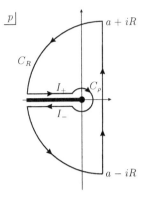

Geht man nun zum Fall $f_2(t) = \sin t$ und $f_1(t) = |\sin t|$ mit $\tau = \pi$ und $F_2(p) = 1/(p^2 + 1)$ über, so ergibt sich

$$F_1(p) = \frac{1 + e^{-p\pi}}{1 - e^{-p\pi}} \frac{1}{p^2 + 1} \ .$$

Daraus folgt

$$|\sin t| \quad \leftrightarrow \quad \frac{1}{p^2 + 1} \coth\left(\frac{p\pi}{2}\right) .$$

Aufgabe 1.9 Die gesuchte Funktion ist gegeben durch die Laplace-Rücktransformation:

$$f(t) = \frac{1}{2\pi i} \int\limits_{a-i\infty}^{a+i\infty} e^{pt} F(p) \, dp \ , \ a > 0 \ .$$

In beiden Fällen ist $F(p)$ eine mehrdeutige Funktion. Die analytische Fortsetzung von $F(p)$ aus dem Gebiet Re $p > 0$ zu Re $p < 0$ muss die Verzweigungspunkte $p = 0$ und $p = \infty$ berücksichtigen. Eine geeignete Integrationskontur ist auf Abb. 5.6 angegeben. Sie besteht aus einem Abschnitt $[a - iR, a + iR]$, der parallel zur Imaginärachse orientiert ist, der oberen bzw. unteren Schnittkanten I_+, I_- und zwei Bögen C_ρ, $|p| = \rho$, und C_R, $|p - x| = R$, die in den Grenzfällen $\rho \to 0$ bzw. $R \to \infty$ betrachtet werden müssen. Aufgrund des Lemmas von Jordan verschwindet das Integral über C_R bei $R \to \infty$. Auf der oberen Schnittkante setzen wir arg $p = \pi$, was zu $p = \xi e^{i\pi}$ führt, während auf der unteren arg $p = -\pi$ und somit $p = \xi e^{-i\pi}$ gilt. Wendet man nun den Cauchy'schen Integralsatz an, so ergibt sich:

$$f(t) = \frac{1}{2\pi i} \left\{ \lim_{\rho \to 0} \int\limits_{C_\rho} e^{pt} F(p) \, dp + \int\limits_{0}^{\infty} e^{-t\xi} \left[F\left(\xi e^{-i\pi}\right) - F\left(\xi e^{i\pi}\right) \right] d\xi \right\} .$$

(a) Hier setzen wir $p = \rho e^{i\varphi}$. Das C_ρ-Integral verschwindet im Grenzfall $\rho \to 0$:

$$\left| \frac{1}{2\pi i} \int\limits_{C_\rho} e^{pt} \frac{dp}{p^{\alpha+1}} \right| \leq \frac{1}{2\pi\rho^\alpha} \int\limits_{-\pi}^{\pi} e^{t\rho\cos\varphi} d\varphi \to 0, \quad \alpha < 0.$$

Deswegen erhalten wir

$$f(t) = \frac{1}{2\pi i} \int\limits_0^\infty e^{-t\xi} \xi^{-\alpha-1} \left(e^{i\pi(\alpha+1)} - e^{-i\pi(\alpha+1)} \right) d\xi$$

$$= t^\alpha \frac{\sin(-\pi\alpha)}{\pi} \int\limits_0^\infty e^{-s} s^{-\alpha-1} ds.$$

Das verbleibende Integral ist gleich der Gamma-Funktion $\Gamma(-\alpha)$, die dem Ergänzungssatz $\Gamma(-\alpha)\Gamma(1+\alpha) = \pi/\sin(-\pi\alpha)$ genügt. Setzt man ihn ein, so ergibt sich das gesuchte Resultat.

(b) Für das Integral entlang von C_ρ erhalten wir im Grenzfall $\rho \to 0$:

$$\frac{1}{2\pi i} \lim_{\rho\to 0} \int\limits_{C_\rho} \ldots dp = \frac{1}{2\pi} \lim_{\rho\to 0} \int\limits_{-\pi}^{\pi} e^{\rho t e^{i\varphi}} e^{-\alpha\sqrt{\rho} e^{i\varphi/2}} d\varphi = 1.$$

Daraus folgt:

$$f(t) = 1 - \frac{1}{\pi} \int\limits_0^\infty e^{-t\xi} \frac{\sin(\alpha\sqrt{\xi})}{\xi} d\xi = 1 - \frac{1}{\pi} \int\limits_0^\alpha d\beta \int\limits_{-\infty}^\infty e^{-ts^2} \cos(\beta s) ds.$$

Das Doppelintegral auf der rechten Seite ergibt sich auf die folgende Weise: Zunächst machen wir die Substitution $\xi = s^2$, dann benutzen wir die Identität $\sin(\alpha s)/s = \int\limits_0^\alpha \cos(\beta s) d\beta$ und anschließend vertauschen wir die Reihenfolge der Integrationen. Im nächsten Schritt schreiben wir den Kosinus wie $\cos(\beta s) = (e^{i\beta s} + e^{-i\beta s})/2$ aus und ersetzen $s = \eta - i\beta/2t$ im ersten Exponenten und $s = \eta + i\beta/2t$ im zweiten. Diese Manipulationen führen auf:

$$\int\limits_{-\infty}^\infty \ldots ds = e^{-\frac{\beta^2}{4t}} \int\limits_{-\infty}^\infty e^{-t\eta^2} d\eta = \sqrt{\frac{\pi}{t}} e^{-\frac{\beta^2}{4t}},$$

wobei wir die Identität $\int\limits_{-\infty}^{\infty} e^{-t\eta^2}\, d\eta = \sqrt{\pi/t}$ berücksichtigt haben, s. Aufgabe 1.4(b). Das Ergebnis ist also gegeben durch

$$f(t) = 1 - \frac{1}{\sqrt{t\pi}} \int\limits_{0}^{\alpha} e^{-\frac{\beta^2}{4t}}\, d\beta = 1 - \frac{2}{\sqrt{\pi}} \int\limits_{0}^{\alpha/(2\sqrt{t})} e^{-\gamma^2}\, d\gamma = 1 - \mathrm{erf}\left(\frac{\alpha}{2\sqrt{t}}\right),$$

wobei erf(x) die Error-Funktion ist, die in (2.64) definiert wurde.

5.2   Kapitel 2

Aufgabe 2.1 Aus der Relation (2.2) folgt $\Gamma(1 - z) = -z\Gamma(-z)$. Mithilfe von (2.6) erhalten wir dann: $\Gamma(z)\Gamma(-z) = -\pi/(z\sin\pi z)$. Setzt man hier $z = iy$ ein, so ergibt sich:

$$|\Gamma(iy)|^2 = \frac{\pi}{y\sinh\pi y} \,.$$

Also verhält sich die Gamma-Funktion bei $y \to +\infty$ wie

$$|\Gamma(iy)| = \sqrt{\frac{2\pi}{y}} e^{-\pi y/2}\, [1 + o(y)]$$

und ähnlich im Grenzfall $y \to -\infty$. Setzt man andererseits $z = iy$ in die Stirling-Formel ein, so erhält man $\Gamma(iy) = \sqrt{2\pi} e^{-\pi y/2 + iy\ln y - iy}[1 + o(y)]$, wobei wir den analytischen Zweig mit $\ln iy = \ln y + i\pi/2$ benutzt haben. Daraus erhalten wir für den Betrag der Gamma-Funktion das gleiche Ergebnis. Im Grenzfall $y \to 0^+$ folgt also das Resultat $|\Gamma(iy)| = 1/y + O(y^0)$. Dies ist natürlich konsistent mit der Tatsache, dass die Gamma-Funktion im Koordinatenursprung einen Pol hat.

Aufgabe 2.2 Wir sind am Produkt

$$P = \Gamma\left(\frac{1}{n}\right) \Gamma\left(\frac{2}{n}\right) \dots \Gamma\left(\frac{n-1}{n}\right)$$

interessiert. Schreibt man es in der umgekehrten Reihenfolge aus:

$$P = \Gamma\left(\frac{n-1}{n}\right) \Gamma\left(\frac{n-2}{n}\right) \dots \Gamma\left(\frac{1}{n}\right),$$

multipliziert beide Reihen miteinander und benutzt die Identität (2.6) für jedes Paar der Gamma-Funktionen, so erhält man:

$$P^2 = \frac{\pi}{\sin(\pi/n)} \frac{\pi}{\sin(2\pi/n)} \cdots \frac{\pi}{\sin((n-1)\pi/n)} = \frac{\pi^{n-1}}{\prod_{k=1}^{n-1}\sin(\pi k/n)} \,.$$

Um das Produkt der Sinus-Funktionen zu vereinfachen, benutzen wir die folgende Darstellung der Wurzeln n-ter Ordnung aus der Eins:

$$z^n - 1 = (z - 1) \prod_{k=1}^{n-1} (z - e^{2\pi i k/n}) \, ,$$

die zur Relation

$$\lim_{z \to 1} \frac{z^n - 1}{z - 1} = \frac{dz^n}{dz}|_{z=1} = n = \prod_{k=1}^{n-1} (1 - e^{2\pi i k/n})$$

führt. Die rechte Seite enthält Paare von zueinander komplex konjugierten Termen (und natürlich eine rein reelle Wurzel aus $z = -1$, je nachdem, ob n gerade oder ungerade ist), sodass das Berechnen des Betrags liefert:

$$n = 2^{n-1} \prod_{k=1}^{n-1} \sin(\pi k/n) \, .$$

Daraus folgt die gesuchte Formel:

$$\prod_{k=1}^{n-1} \Gamma\left(\frac{k}{n}\right) = \frac{1}{\sqrt{n}} (2\pi)^{(n-1)/2} \, .$$

Wir möchten anmerken, dass bei $n = 2$ das bereits bekannte Resultat $\Gamma(1/2) = \sqrt{\pi}$ natürlich wiedergegeben wird.

Aufgabe 2.3 Die Identität

$$I = \int_0^1 \ln \Gamma(1 - x) dx$$

folgt nach der Substitution $x \to 1 - x$. Dann erhalten wir

$$2I = \int_0^1 \ln \Gamma(x) dx + \int_0^1 \ln \Gamma(1 - x) dx = \int_0^1 \ln[\Gamma(x)\Gamma(1 - x)] dx$$

$$= \int_0^1 \ln \frac{\pi}{\sin(\pi x)} dx = \ln \pi - \frac{1}{\pi} I' \, ,$$

wobei

$$I' = \int_0^\pi \ln \sin x \, dx = 2 \int_0^{\pi/2} \ln \sin(2x) \, dx$$

$$= \pi \ln 2 + 2 \int_0^{\pi/2} \ln \sin x \, dx + 2 \int_0^{\pi/2} \ln \sin x \, dx = \pi \ln 2 + 2I' \, .$$

Damit ist $I' = -\pi \ln 2$ und deswegen gilt $I = \ln \sqrt{2\pi}$.

Aufgabe 2.4 Wir stellen zunächst fest, dass es folgende Relationen gibt: $I_{1,3}(x, \alpha) = -I_{1,3}(x, -\alpha)$ und $I_{2,4}(x, \alpha) = I_{2,4}(x, -\alpha)$. Alle solche Integrale können also zu einem einzigen zusammengefasst werden:

$$I(x, \alpha) = \int_0^\infty t^{x-1} e^{-t e^{-i\alpha}} \, dt = e^{i\alpha x} \, \Gamma(x) \, .$$

Wir erhalten also:

(a)

$$I_1 = \lambda^{-x} \, \text{Im} \, I(x, \alpha) = \lambda^{-x} \sin(\alpha x) \, \Gamma(x) \, ,$$

(b)

$$I_2 = \lambda^{-x} \, \text{Re} \, I(x, \alpha) = \lambda^{-x} \cos(\alpha x) \, \Gamma(x) \, ,$$

(c)

$$I_3 = \text{sgn}(\alpha) |\alpha|^{x-1} \, \text{Im} \, I(1-x, \frac{\pi}{2})$$

$$= \text{sgn}(\alpha) |\alpha|^{x-1} \Gamma(1-x) \overbrace{\sin\left(\frac{\pi}{2}(1-x)\right)}^{\cos(\pi x/2)} \, ,$$

(d)

$$I_4 = |\alpha|^{x-1} \, \text{Re} \, I(1-x, \frac{\pi}{2}) = |\alpha|^{x-1} \Gamma(1-x) \sin\left(\frac{\pi}{2}x\right) \, .$$

Weiterhin lassen sich die Ergebnisse für **(c)** und **(d)** mithilfe des Ergänzungssatzes $\Gamma(x)\Gamma(1-x) = \pi / \sin(\pi x)$ und der trigonometrischen Verdopplungsformel $\sin(2x) = 2 \sin x \cos x$ auf folgende Weise weitervereinfachen:

(c)

$$I_3 = \text{sgn}(\alpha) |\alpha|^{x-1} \cos\left(\frac{\pi}{2}x\right) \frac{\pi}{\Gamma(x) \sin(\pi x)} = \text{sgn}(\alpha) \frac{|\alpha|^{x-1} \pi}{2\Gamma(x) \sin(\frac{\pi}{2}x)} \, ,$$

(d)

$$I_4 = \frac{|\alpha|^{x-1} \pi}{2\Gamma(x) \cos(\frac{\pi}{2}x)} \, .$$

Aufgabe 2.5 Zunächst machen wir im Integranden von $I_{\mu\nu}$ eine Substitution $t = 1/(\cosh x)^2$. Dann gilt $x = 0 \rightarrow t = 1$, $x = \infty \rightarrow t = 0$ und

$$dx = -\frac{1}{2t}\frac{1}{\sqrt{1-t}}dt , \quad (\sinh x)^{\mu} = \frac{(1-t)^{\mu/2}}{t^{\mu/2}} , \quad (\cosh x)^{\nu} = \frac{1}{t^{\nu/2}} .$$

Mithilfe der Beta-Funktion (2.10) und ihrer Symmetrieeigenschaft ergibt sich dann:

$$I_{\mu\nu} = \frac{1}{2}\int_0^1 t^{-\frac{\mu}{2}-\frac{\nu}{2}-1}\underbrace{(1-t)^{\frac{\mu}{2}-\frac{1}{2}}}_{(1-t)^{\frac{\mu}{2}+\frac{1}{2}-1}}dt = \frac{1}{2}B\left(\frac{\mu+1}{2},\frac{-\nu-\mu}{2}\right) .$$

Aufgabe 2.6 Laut der Definition (2.35) der hypergeometrischen Funktion erhält man für den Zähler des Quotienten:

$$F(a+1,b;c;z) - F(a,b;c;z) = \sum_{n=0}^{\infty}\frac{z^n}{n!}\frac{(b)_n}{(c)_n}\left[(a+1)_n - (a)_n\right]$$

$$= \sum_{n=1}^{\infty}\frac{z^n}{(n-1)!}\frac{(b)_n}{(c)_n}\left[\underbrace{\frac{(a+1)_n}{a+n}}_{\Gamma(a+n)/\Gamma(a+1)}\right] .$$

Die Ersetzung $n - 1 \rightarrow n$ liefert dann

$$F(a+1,b;c;z) - F(a,b;c;z) = z\sum_{n=0}^{\infty}\frac{z^n}{n!}\frac{\overbrace{(b)_{n+1}}^{b(b+1)_n}}{\underbrace{(c)_{n+1}}_{c(c+1)_n}}\left[\underbrace{\frac{\Gamma(a+1+n)}{\Gamma(a+1)}}_{(a+1)_n}\right]$$

$$= z\,\frac{b}{c}\,F(a+1,b+1;c+1;z) .$$

Das endgültige Resultat lässt sich nun einfach ablesen.

Aufgabe 2.7

(a) Durch die Substitution $t = 1 - x$ in der Integraldarstellung (2.51) erhalten wir die erste Identität:

$$F(a,b;c;z)$$

$$= (1-z)^{-a}\frac{\Gamma(c)}{\Gamma(b)\Gamma(c-b)}\underbrace{\int_0^1 x^{c-b-1}(1-x)^{b-1}\left(1-x\frac{z}{z-1}\right)^{-a}dx}_{F\left(a,c-b;c;\frac{z}{z-1}\right)} .$$

Die zweite Identität folgt aus diesem Resultat aufgrund der Symmetrieeigenschaft $a \leftrightarrow b$ der hypergeometrischen Funktion,

$$F(a,b;c;z) = F(b,a;c;z) = (1-z)^{-b} F\left(b,\ c-a;\ c;\ \frac{z}{z-1}\right).$$

(b) Kombiniert man beide oben angegebenen Formeln, so erhält man:

$$F(a,b;c;z)$$
$$= (1-z)^{-a} F\left(c-b,a;c;\frac{z}{z-1}\right) = (1-z)^{c-b-a} F(c-b,c-a;c;z).$$

(c) Führt man die Substitution $2z \to (1-z)$ in der hypergeometrischen Gleichung (2.53) durch, erhält man

$$(1-z^2)F'' - 2zF' + \nu(\nu+1)F = 0.$$

Ihre Lösung ist die Funktion $F(-\nu, \nu+1; 1; \frac{1-z}{2}) \equiv F$. Wir möchten nun zeigen, dass die Funktionen $F(-\frac{\nu}{2}, \frac{\nu+1}{2}; \frac{1}{2}; z^2)$ und $zF(-\frac{\nu-1}{2}, \frac{\nu+2}{2}; \frac{3}{2}; z^2)$ auf der rechten Seite diese Gleichung ebenfalls erfüllen. Zu diesem Zweck betrachten wir die Reihe $F(a,b;c;z) = \sum_{n=0}^{\infty} A_n z^n$, deren Koeffizienten die folgende Rekursionsrelation erfüllen:

$$\frac{A_{n+1}}{A_n} = \frac{(a+n)(b+n)}{(c+n)(n+1)}.$$

Unser Ziel ist die Ermittlung der zugehörigen a, b, und c. Wir setzen F sowie ihre Ableitungen $F' = \sum_{n=0}^{\infty} n A_n z^{n-1}$ und $F'' = \sum_{n=0}^{\infty} n(n-1) A_n z^{n-2} = \sum_{n=0}^{\infty}(n+1)(n+2)A_{n+2}z^n$ in die oben angegebene Gleichung ein und erhalten

$$\sum_{n=0}^{\infty} z^n \left\{(n+1)(n+2)A_{n+2} - n(n-1)A_n - 2nA_n + \nu(\nu+1)A_n\right\} = 0.$$

Daraus folgt die Relation

$$\frac{A_{n+2}}{A_n} = \frac{(n-\nu)(n+1+\nu)}{(n+1)(n+2)}.$$

Wir betrachten nun die Fälle der geraden und ungeraden n getrennt.

- Für gerade $n = 2k$ setzen wir $A_{2k} = \overline{A}_k$, $A_{2k+2} = \overline{A}_{k+1}, \ldots,\ k = 0, 1, 2, \ldots$. Dann gilt $F(a,b;c;z) = \sum_{k=0}^{\infty} \overline{A}_k z^{2k}$ und $\overline{A}_k$ erfüllt die Bedingung

$$\frac{\overline{A}_{k+1}}{\overline{A}_k} = \frac{(2k-\nu)(2k+1+\nu)}{(2k+1)(2k+2)} = \frac{(k-\frac{\nu}{2})(k+\frac{\nu+1}{2})}{(k+\frac{1}{2})(k+1)}.$$

Daraus folgt für die Parameter $a = -\nu/2$, $b = (\nu+1)/2$, $c = 1/2$. Damit ist die Lösung gegeben durch $F_{\text{gerade}} = F(-\frac{\nu}{2}, \frac{\nu+1}{2}; \frac{1}{2}; z^2)$.

- Ungerade $n = 2k + 1$. Hier verfahren wir ähnlich und setzen $\overline{A}_{2k+1} = \overline{A}_k$, $\overline{A}_{2k+2} = \overline{A}_{k+1}, \ldots$ ($k = 0, 1, 2, \ldots$). Damit erhalten wir:

$$\frac{\overline{A}_{k+1}}{\overline{A}_k} = \frac{(2k+1-\nu)(2k+2+\nu)}{(2k+2)(2k+3)} = \frac{(k+\frac{1-\nu}{2})(k+\frac{\nu+2}{2})}{(k+\frac{3}{2})(k+1)}.$$

Deswegen gilt in diesem Fall $a = -(\nu-1)/2, b = (\nu+2)/2, c = 3/2$, und die Lösung ist $F_{\text{ungerade}} = zF(-\frac{\nu-1}{2}, \frac{\nu+2}{2}; \frac{3}{2}; z^2)$.

Die allgemeine Lösung hat also die folgende Form:

$$F\left(-\nu, \nu+1; 1; \frac{1-z}{2}\right)$$
$$= AF\left(-\frac{\nu}{2}, \frac{\nu+1}{2}; \frac{1}{2}; z^2\right) + BzF\left(-\frac{\nu-1}{2}, \frac{\nu+2}{2}; \frac{3}{2}; z^2\right),$$

wobei die Koeffizienten A und B noch zu bestimmen sind. Da $F(a,b;c;z)|_{z=0} = 1$ erfüllt werden muss, erhalten wir für den Koeffizienten A:

$$A = F\left(-\nu, \nu+1; 1; \frac{1-z}{2}\right)\Bigg|_{z=0} = F\left(-\nu, \nu+1; 1; \frac{1}{2}\right).$$

Um B auszurechnen, leiten wir beide Seiten der Relation oben nach z ab und berücksichtigen die Identität $F'(a,b;c;z) = (ab/c)\, F(a+1, b+1; c+1; z)$. Daraus ergibt sich

$$B = -\frac{1}{2}\, F'\left(-\nu, \nu+1; 1; \frac{1-z}{2}\right)\Bigg|_{z=0} = \frac{\nu(\nu+1)}{2}\, F\left(-\nu+1, \nu+2; 2; \frac{1}{2}\right).$$

Wir möchten anmerken, dass sich diese Koeffizienten auch durch die Gamma-Funktionen darstellen lassen:

$$A = \frac{\sqrt{\pi}}{\Gamma(\frac{1-\nu}{2})\Gamma(\frac{2+\nu}{2})}, \qquad B = \frac{\sqrt{\pi}\,\nu}{\Gamma(\frac{2-\nu}{2})\Gamma(\frac{\nu+1}{2})},$$

s. Aufgabe 2.8 (a) unten.

Aufgabe 2.8

(a) Wir machen die Substitution $t \to (1 - e^{-2x})$ in der Integraldarstellung (2.51) von $F(a, b; c; z)$ bei $z = 1/2$ und erhalten:

$$F\left(a, b; c; \frac{1}{2}\right) = \frac{\Gamma(c)\, 2^b}{\Gamma(b)\Gamma(c-b)} \int\limits_0^\infty e^{-(2c-b-a-1)x}\, (\sinh x)^{b-1} (\cosh x)^{-a}\, dx.$$

Im Einklang mit der Lösung der Aufgabe 2.5 führt das bei $2c = a + b + 1$ zu

$$F\left(a, b; \frac{a+b+1}{2}; \frac{1}{2}\right) = \frac{\Gamma(\frac{a+b+1}{2})}{\Gamma(b)\Gamma(\frac{a-b+1}{2})} \, 2^{b-1} \, B\left(\frac{b}{2}, \frac{a-b+1}{2}\right).$$

Benutzt man nun die Auflösung der Beta-Funktion (2.11), so erhält man das Endergebnis:

$$F\left(a, b; \frac{a+b+1}{2}; \frac{1}{2}\right) = \frac{\sqrt{\pi} \, \Gamma(\frac{a+b+1}{2})}{\Gamma(\frac{a+1}{2}) \, \Gamma(\frac{b+1}{2})}.$$

(b) Benutzt man die Transformationsformel aus der Aufgabe 2.7 (a), so ergibt sich:

$$F(a, b; a - b + 1; -1) = 2^{-a} F\left(a, \overbrace{a + 1 - 2b}^{\overline{b}}; \underbrace{a + 1 - b}_{(a+\overline{b}+1)/2}; \frac{1}{2}\right).$$

Mithilfe der in **(a)** hergeleiteten Identität erhalten wir dann das Endergebnis.

Aufgabe 2.9 Die Lösung dieser Aufgabe ist der der Aufgabe 2.6 sehr ähnlich. Wir führen eine Umformung der hypergeometrischen Reihe (2.35) durch, bei der die Relation $(a + n)(a)_n = a(a + 1)_n$ für die Pochhammer-Symbole zum Einsatz kommt, die mit der Identität $\Gamma(z + 1) = z\Gamma(z)$ verwandt ist.

(a) Hier versuchen wir die hypergeometrische Funktion auf der linken Seite der Relation durch die F-Funktion der rechten Seite auszudrücken,

$$F(a, b; c; z) = \sum_{n=0}^{\infty} \frac{(a)_n (b)_n}{(c)_n n!} z^n = \sum_{n=0}^{\infty} \frac{c + n}{c} \frac{(a)_n (b)_n}{(c+1)_n n!} z^n$$

$$= F(a, b; c + 1; z) + \frac{1}{c} A(z),$$

wobei

$$A(z) = \sum_{n=1}^{\infty} \frac{(a)_n (b)_n}{(c+1)_n (n-1)!} z^n.$$

Auf die gleiche Weise erhalten wir eine weitere Identität:

$$F(a + 1, b; c + 1; z) = F(a, b; c + 1; z) + \frac{1}{a} A(z).$$

Eliminiert man nun $A(z)$ aus den beiden Ausdrücken, so erhält man die gesuchte Identität.

(b) In dieser Teilaufgabe ist es praktisch, die folgende Differenz zu betrachten:

$$F(a, b - 1; c; z) - F(a - 1, b; c; z)$$

$$= \sum_{n=0}^{\infty} \frac{1}{(c)_n n!} z^n \left[(a)_n (b - 1)_n - (a - 1)_n (b)_n \right]$$

$$= \sum_{n=0}^{\infty} \frac{1}{(c)_n n!} z^n \frac{\Gamma(a - 1 + n)\Gamma(b - 1 + n)}{\Gamma(a)\Gamma(b)}$$

$$\times \overbrace{\left[(b - 1)(a + n - 1) - (a - 1)(b + n - 1) \right]}^{(b-a)\, n}$$

$$= (b - a) \sum_{n=1}^{\infty} \frac{1}{(c)_n (n - 1)!} \frac{\Gamma(a - 1 + n)\Gamma(b - 1 + n)}{\Gamma(a)\Gamma(b)} z^n .$$

Nimmt man nun eine Verschiebung $n - 1 \to n$ in der letzten Zeile vor, so erhält man das Endresultat:

$$F(a, b - 1; c; z) - F(a - 1, b; c; z) = \frac{b - a}{c} z \, F(a, b; c + 1; z) .$$

Aufgabe 2.10 Wir fangen mit der hypergeometrischen Gleichung

$$z(1 - z) f'' + [c - (a + b + 1)z] f' - abf = 0$$

an und führen die folgende Variablensubstitution durch:

$$z = \frac{4\xi}{(1 + \xi)^2} \quad \to \quad \frac{d}{dz} = \frac{(1 + \xi)^3}{4(1 - \xi)} \frac{d}{d\xi} .$$

Führt man außerdem eine neue unbekannte Funktion $g = (1 + \xi)^{2a} f$ ein, so stellt man fest, dass für sie die folgende Gleichung gilt:

$$\xi(1 - \xi^2)\frac{d^2 g}{d\xi^2} + [c - (4b - 2c)\xi + (c - 4a - 2)\xi^2]\frac{dg}{d\xi} - 2a[2b - c + (2a - c + 1)\xi]g = 0 .$$

(a) Hier setzen wir $b = a + 1/2$ ein. Die Gleichung nimmt dann die folgende Gestalt an:

$$\xi(1 - \xi)g'' + [c - (4a - c + 2)\xi]g' - 2a(2a + 1 - c)g = 0 .$$

Darin erkennen wir die konventionelle hypergeometrische Gleichung mit den Parametern $\overline{a} = 2a, \overline{b} = 2a + 1 - c, \overline{c} = c$ (man beachte, dass $\overline{a} + \overline{b} + 1 = 4a + 2 - c$ gilt). Daher erhalten wir

$$F(2a, 2a + 1 - c; c; z) = (1 + z)^{-2a} F\left(a, a + \frac{1}{2}; c; \frac{4z}{(1 + z)^2}\right) .$$

(b) Hier setzen wir $c = 2b$. Dann ändert sich die Originalgleichung zu:

$$\xi(1 - \xi^2)g'' + [2b + (2b - 4a - 2)\xi^2]g' - 2a(2a - c + 1)\xi g = 0 \,.$$

Ihre Lösung ist $F(a, a - b + \frac{1}{2}; b + \frac{1}{2}; z^2)$. Tatsächlich, setzt man $z = u^2$ ein, so erhält man die folgende Gleichung für die Funktion $f = F(a, b; c; u^2)$:

$$u(1 - u^2)f'' + [2c - 1 - (2a + 2b + 1)u^2]f' - 4abf = 0 \,.$$

Sie hat exakt die gleiche Gestalt wie die Gleichung für g, allerdings mit der Parameteridentifikation $\overline{c} = b + \frac{1}{2}, \overline{b} = a - b + \frac{1}{2}, \overline{a} = a$. Daraus folgt die Identität:

$$F\left(a, a - b + \frac{1}{2}; b + \frac{1}{2}; z^2\right) = (1 + z)^{-2a} F\left(a, b; 2b; \frac{4z}{(1 + z)^2}\right) \,.$$

Aufgabe 2.11

(a) Die Mellin-Transformation ist gegeben durch

$$F_M(s) = \int\limits_0^\infty \frac{t^{s-1}}{(1 + t)^a} \, dt \,.$$

Führt man die Variablensubstitution $t = x(1 - x)^{-1}$ durch, so gilt $(1 + t)^{-1} = 1 - x$, $dt = (1 - x)^{-2}dx$, und die Transformierte ist durch das Euler-Integral (2.10) mit $z = s$ und $w = a - s$ gegeben ($0 < \mathrm{Re}(s) < a$):

$$F_M(s) = \int\limits_0^1 x^{s-1}(1 - x)^{a-s-1}dx = B(s, a - s) = \frac{\Gamma(s)\Gamma(a - s)}{\Gamma(a)} \,.$$

(b) Hier nehmen wir eine partielle Integration vor und erhalten:

$$F_M(s) = \int\limits_0^\infty dt \, t^{s-1} \ln(1 + t) = \left.\frac{t^s}{s} \ln(1 + t)\right|_0^\infty - \frac{1}{s}\int\limits_0^\infty dt \, \frac{t^s}{1 + t}$$

$$= -\frac{1}{s}\Gamma(1 + s)\,\Gamma(-s) = \frac{\pi}{s \, \sin(\pi s)} \,,$$

wobei wir im letzten Schritt das Resultat aus **(a)** sowie die Identität (2.6) benutzt haben. Die entsprechenden Integrale sind konvergent, solange $-1 < \mathrm{Re}\, s < 0$ gilt.

(c) Das Resultat ergibt sich unmittelbar aus der folgenden sehr interessanten Identität:

$$I = \int\limits_0^\infty \frac{t^{s-1}}{1 - t} \, dt = \cos(\pi s) \int\limits_0^\infty \frac{t^{s-1}}{1 + t} \, dt \,. \tag{5.2}$$

Abb. 5.7 Die Integrationskontur aus der Aufgabe 2.11
(c)

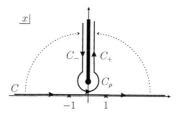

Diese möchten wir beweisen. Als Erstes nehmen wir in I die Substitution $t = x^2$ vor,

$$I = \int\limits_{-\infty}^{\infty} dx\, \frac{x^{2s-1}}{1-x^2}\,.$$

Im nächsten Schritt gehen wir in die komplexe Ebene und deformieren die Integrationskontur in $C_- \cup C_\rho \cup C_+$, wie auf Abb. 5.7 gezeigt. Das Integral entlang C_ρ verschwindet bei $\rho \to 0$. Die Integrationen entlang $C_\pm$ reparametrisieren wir durch die Substitution $x = i\xi$. Die Funktion x^{2s-1} ist mehrdeutig und erfordert einen Schnitt der komplexen Ebene, den wir entlang der positiven Imaginärachse durchführen. Die Werte dieser Funktion auf beiden Schnittkanten sind unterschiedlich, was zu

$$I = i \int\limits_{0}^{\infty} d\xi\, \frac{\xi^{2s-1}}{1+\xi^2} \left(e^{-i(\pi/2)(2s-1)} - e^{i(\pi/2)(2s-1)} \right)$$

$$= 2\cos(\pi s) \int\limits_{0}^{\infty} d\xi\, \frac{\xi^{2s-1}}{1+\xi^2}$$

führt. Durch eine erneute Substitution $t = \xi^2$ geben wir die Relation (5.2) wieder. Benutzt man sie, das Ergebnis aus (**a**) und den Ergänzungssatz für die Gamma-Funktion, so erhält man das gewünschte Resultat.

Aufgabe 2.12 Als Erstes schreiben wir die angegebene Funktion in eine Doppelreihe um:

$$f(x) = \sum_{m=0}^{\infty} (-1)^m \sum_{n=1}^{\infty} e^{-n(2m+1)x}\,.$$

Die Mellin-Transformation kann nun wie im Beispiel 2.1 des Abschn. 2.2 angewendet werden:

$$F_M(s) = \Gamma(s)\,\zeta(s)\,g(s)\,,$$

wobei $g(s) = \sum_{m=0}^{\infty} (-1)^m / (2m+1)^s$ ist. Der Fundamentalstreifen ist hier gegeben durch Re $s > 0$. Für die Rücktransformation ergibt sich

$$f(x) = \frac{1}{2\pi i} \int\limits_{3/2-i\infty}^{3/2+i\infty} ds\, x^{-s}\, \Gamma(s)\, \zeta(s)\, g(s)\,.$$

Nun verschieben wir die Integrationskontur in die 'verbotene' Region, dabei kreuzen wir die zwei Pole des Integranden, die sich bei $s = 0, 1$ befinden. Berücksichtigt man, dass $g(0) = 1/2$ und $g(1) = \pi/4$ gilt, so erhält man

$$f(x) = \frac{\pi}{4x} - \frac{1}{4} + \frac{1}{2\pi i} \int\limits_{-1/2-i\infty}^{-1/2+i\infty} ds\, x^{-s}\, \Gamma(s)\, \zeta(s)\, g(s)\,.$$

Dies kann mithilfe der Verdopplungsformel (2.12) weitertransformiert werden zu

$$f(x) = \frac{\pi}{4x} - \frac{1}{4} + \frac{2^{s-1}}{2\pi^{3/2}i} \int\limits_{-1/2-i\infty}^{-1/2+i\infty} ds\, x^{-s}\, \Gamma(s/2)\, \Gamma(s/2+1/2)\, \zeta(s)\, g(s)\,.$$

Im nächsten Schritt benutzen wir die Funktionalgleichung (2.27) sowie die Identität

$$\Gamma(1-s/2)\, g(1-s) = 2^{2s-1}\, \pi^{1/2-s}\, \Gamma(s/2+1/2)\, g(s)\,.$$

Führt man nun die Substitution $s \to 1-s$ durch, so erhält man:

$$f(x) = \frac{\pi}{4x} - \frac{1}{4} + \frac{1}{2\pi i} \int\limits_{3/2-i\infty}^{3/2+i\infty} ds\, \pi^{1-2s}\, x^{s-1}\, \Gamma(s)\, \zeta(s)\, g(s)\,,$$

was sofort auf die gesuchte Identität führt.

Aufgabe 2.13

(a) Da das Integral in (2.86) eine gerade Funktion von z ist, kann es nach der Substitution $t = \cos\varphi$ auf folgende Weise geschrieben werden:

$$\int\limits_{0}^{\pi} \cosh(z\cos\varphi)\sin^{2\nu}\varphi\, d\varphi \equiv \int\limits_{-1}^{1} e^{\pm zt}(1-t^2)^{\nu+\frac{1}{2}}\, dt\,.$$

Eine Entwicklung des Integranden in Potenzen von z und der Einsatz der Definition (2.10) für die Beta-Funktion liefert:

$$I_\nu(z) = \frac{z^\nu}{2^\nu \Gamma(\nu+\frac{1}{2})\Gamma(\frac{1}{2})} \sum_{k=0}^{\infty} \frac{z^{2k}}{(2k)!} B\left(k+\frac{1}{2}, \nu+\frac{1}{2}\right)\,.$$

Nun ersetzen wir die Beta-Funktion durch die Gamma-Funktionen, s. (2.11), und benutzen das Resultat $\Gamma(k + 1/2) = \sqrt{\pi}(2k)!/2^{2k}k!$ [das mithilfe der Verdopplungsformel (2.12) leicht zu zeigen ist]. Als Ergebnis erhalten wir die Reihe (2.68) für die modifizierte Bessel-Funktion.

(b) Hier kann man die Reihendarstellung (2.68) benutzen. Mithilfe der Verdopplungsformel (2.12) bei $\nu = 1/2$ erhalten wir dann

$$I_{\frac{1}{2}}(z) = \sqrt{\frac{z}{2}} \sum_{k=0}^{\infty} \frac{z^{2k}}{2^{2k}\,\Gamma(k+1)\,\Gamma(k+\frac{3}{2})} = \sqrt{\frac{2}{\pi z}} \sum_{k=0}^{\infty} \frac{z^{2k+1}}{(2k+1)!}$$

$$= \sqrt{\frac{2}{\pi z}}\,\sinh z \;,$$

s. auch (2.72) in Abschn. 2.6.3. Ähnlich gilt

$$I_{-\frac{1}{2}}(z) = \sqrt{\frac{2}{z}} \sum_{k=0}^{\infty} \frac{z^{2k}}{2^{2k}k!\,\Gamma(k+\frac{1}{2})} = \sqrt{\frac{2}{\pi z}} \sum_{k=0}^{\infty} \frac{z^{2k}}{(2k)!} = \sqrt{\frac{2}{\pi z}}\,\cosh z \;.$$

Laut der Definition der Macdonald-Funktion gilt

$$K_\nu(z) = \frac{\pi}{2\sin(\nu\pi)}\Big[I_{-\nu}(z) - I_\nu(z)\Big] \;.$$

Deswegen erhalten wir das gesuchte Resultat:

$$K_{\frac{1}{2}}(z) = K_{-\frac{1}{2}}(z) = \sqrt{\frac{\pi}{2z}}\,e^{-z} \;.$$

Aufgabe 2.14 Als Erstes leiten wir die DGL her, die die Funktion $\mathcal{I}_{i\alpha}(\xi)$ erfüllt. Die DGL für die Funktion $F(\nu + 1, -\nu; 1; \frac{1-t}{2}) \equiv P_\nu(t)$ lässt sich aus der Gleichung (2.53) herleiten und man erhält:[1]

$$\frac{d}{dt}\left[(1 - t^2)\frac{dP_\nu(t)}{dt}\right] + \nu(\nu + 1)P_\nu(t) = 0 \;.$$

Das angegebene Integral schreibt sich also wie folgt um:

$$\mathcal{I}_{i\alpha}(\xi) = \frac{4}{1 + 4\alpha^2} \int\limits_1^\infty \frac{d}{dt}\left[(1 - t^2)\frac{dP_{-\frac{1}{2}+i\alpha}(t)}{dt}\right]e^{-\xi t}\,dt \;.$$

Führt man hier eine partielle Integration durch, so findet man die Gleichung

$$\xi^2 \mathcal{I}_{i\alpha}''(\xi) + 2\xi \mathcal{I}_{i\alpha}'(\xi) + \left(\frac{1}{4} + \alpha^2 - \xi^2\right)\mathcal{I}_{i\alpha}(\xi) = 0 \;.$$

---

[1] Dies ist nichts anderes als die Legendre-Gleichung, s. (4.6).

Im nächsten Schritt setzen wir $\mathcal{I}_{i\alpha}(\xi) = \xi^{-1/2} F_{i\alpha}(\xi)$. Die entsprechenden Ableitungen sind dann gegeben durch

$$\mathcal{I}'_{i\alpha}(\xi) = \xi^{-1/2} \left(-\frac{1}{2\xi} F_{i\alpha}(\xi) + F'_{i\alpha}(\xi) \right) ,$$

$$\mathcal{I}''_{i\alpha}(\xi) = \xi^{-1/2} \left(\frac{3}{4\xi^2} F_{i\alpha}(\xi) - \frac{1}{\xi} F'_{i\alpha}(\xi) + F''_{i\alpha}(\xi) \right) .$$

Setzt man nun diese Funktionen in die obige Gleichung für $I_{i\alpha}(\xi)$ ein, so erhält man

$$F''_{i\alpha}(\xi) + \frac{1}{\xi} F'_{i\alpha}(\xi) + \left(\frac{\alpha^2}{\xi^2} - 1 \right) F_{i\alpha}(\xi) = 0 ,$$

sodass die Funktion $F_{i\alpha}(\xi)$ eine Lösung der modifizierten Bessel-Gleichung ist, s. Fußnote 14 in Kap. 2. Da das Integral $\mathcal{I}_{i\alpha}(\xi)$ für wachsende $\xi > 0$ abnimmt, müssen wir von den beiden Lösungen die Macdonald-Funktion $K_{i\alpha}(\xi)$ wählen, d. h. $F_{i\alpha}(\xi) = \xi^{1/2} \mathcal{I}_{i\alpha}(\xi) = C K_{i\alpha}(\xi)$. Um die Konstante C zu bestimmen, betrachten wir den Spezialfall $i\alpha = 1/2$. Dann gilt $\mathcal{I}_{\frac{1}{2}}(\xi) = e^{-\xi}/\xi$ (der Integrand vereinfacht sich zu einer Exponentialfunktion) und $K_{\frac{1}{2}}(\xi) = \sqrt{\frac{\pi}{2\xi}} e^{-\xi}$ [s. Aufgabe 2.13 (b)], sodass $C = \sqrt{2/\pi}$. Zusammenfassend erhalten wir also:

$$\mathcal{I}_{i\alpha}(\xi) = \sqrt{\frac{2}{\pi\xi}} K_{i\alpha}(\xi) .$$

Aufgabe 2.15 Setzt man die Integraldarstellung in das angegebene Integral ein, so erhält man:

$$g(v) = \frac{\sqrt{\pi}}{\Gamma(v + \frac{1}{2})} \int_0^\infty e^{-at} t^{\mu-1} \left(\frac{\beta t}{2} \right)^v \int_1^\infty e^{-\beta\xi t} (\xi^2 - 1)^{v-1/2} \, d\xi dt .$$

Nun vertauschen wir die Reihenfolge der Integrationen und nutzen aus, dass sich das Integral über t auf eine Gamma-Funktion reduziert,

$$g(v) = \frac{\sqrt{\pi}\beta^v}{2^v \Gamma(v + \frac{1}{2})} \Gamma(v + \mu) \int_1^\infty (a + \beta\xi)^{-v-\mu} (\xi^2 - 1)^{v-1/2} \, d\xi .$$

Im nächsten Schritt führen wir die Substitution $\xi = (1 + z)/(1 - z)$ durch und erhalten

$$g(v) = \frac{\sqrt{\pi}\beta^v \Gamma(v + \mu) 2^{2v}}{2^v \Gamma(v + \frac{1}{2})} (a+\beta)^{-v-\mu} \int_0^1 z^{v-\frac{1}{2}} (1-z)^{\mu-v-1} \left(1 - \frac{a-\beta}{a+\beta} z \right)^{-v-\mu} dz .$$

Auf der rechten Seite erkennen wir die hypergeometrische Funktion [s. die Darstellung (2.51)] und erhalten das Endergebnis:

$$\int\limits_0^1 \ldots dz = \frac{\Gamma(\nu + \frac{1}{2})\Gamma(\mu - \nu)}{\Gamma(\mu + \frac{1}{2})} \, F\left(\nu + \mu, \nu + \frac{1}{2}; \mu + \frac{1}{2}; \frac{a - \beta}{a + \beta}\right).$$

5.3 Kapitel 3

Aufgabe 3.1 Die angegebenen Integralgleichungen können mit verschiedenen Methoden gelöst werden.

Erster Lösungsweg: In beiden Fällen lässt sich der Kern faktorisieren: $k(x, t) = k_1(x) k_2(t)$. Zunächst betrachten wir die folgende Volterra-Integralgleichung:

$$g(x) = \lambda \int\limits_a^x k(t)\varphi(t)dt$$

mit einem x-unabhängigen Kern. Die Lösung dieser Gleichung ist gegeben durch

$$\varphi(x) = \frac{1}{\lambda k(x)} \frac{dg(x)}{dx} \, .$$

(a) In diesem Fall haben wir:

$$g(x) = \frac{x^2 - 1}{x} \quad \rightarrow \quad g'(x) = \frac{x^2 + 1}{x^2}$$

und $k(x) = x$. Deswegen ergibt sich für die Lösung:

$$\varphi(x) = \frac{1}{\lambda x^3}(x^2 + 1) \, .$$

(b) In diesem Fall gilt $\lambda = 1$,

$$g(x) = xe^{-x} \quad \rightarrow \quad g'(x) = e^{-x}(1 - x) \, ,$$

und $k(x) = e^{-x}$. Dies führt auf die Lösung: $\varphi(x) = 1 - x$.

Zweiter Lösungsweg: Die angegebenen Gleichungen können in folgender Form hingeschrieben werden:

$$g(x) = \lambda k_1(x) \int\limits_a^x k_2(t)\varphi(t)dt \, .$$

Sei

$$F(x) = \int\limits_a^x k_2(t)\varphi(t)dt = \frac{g(x)}{\lambda k_1(x)} \; .$$

Berechnet man die Ableitungen beider Seiten dieser Gleichung, so erhält man

$$g'(x) = \lambda k_1(x)k_2(x)\varphi(x) + \lambda k_1'(x)F(x) \; .$$

Dann ist die Lösung gegeben durch

$$\varphi(x) = \left[g'(x) - g(x)\frac{k_1'(x)}{k_1(x)} \right] \frac{1}{\lambda k_1(x)k_2(x)} \; .$$

(a) Hier haben wir $g(x) = x^2 - 1$ und $k_1(x) = k_2(x) = x$. Daraus folgt für die Lösung:

$$\varphi(x) = \left(2x - \frac{x^2 - 1}{x} \right)\frac{1}{\lambda x^2} = \frac{(x^2 + 1)}{\lambda x^3} \; .$$

(b) In diesem Fall gilt $g(x) = x, k_1(x) = e^x, k_2(x) = e^{-x}$ und $\lambda = 1$. Deswegen gilt $k_1(x)k_2(x) = 1, k_1'(x) = k_1(x)$, und die Lösung ist gegeben durch $\varphi(x) = 1 - x$.

Wir möchten anmerken, dass im Fall **(b)**, in dem der Kern durch eine Exponentialfunktion gegeben ist, die Laplace-Transformation angewendet werden kann. Für die transformierte Gleichung erhalten wir [die rechte Seite ist eine Faltung von e^t und $\varphi(t)$]:

$$\frac{\varphi_L(s)}{s - 1} = \frac{1}{s^2} \; .$$

Benutzt man nun die Vorschrift (1.67) für die Rücktransformation, so ergibt sich für die Lösung das folgende Integral:

$$\varphi(x) = \frac{1}{2\pi i} \int\limits_{\sigma - i\infty}^{\sigma + i\infty} \frac{s - 1}{s^2} e^{sx}ds \; .$$

Für $x > 0$ nehmen wir $\sigma > 0$ und schließen die Kontur in der linken Halbebene (dann gilt das Lemma von Jordan). Der Integrand hat einen Doppelpol bei $s = 0$ und das entsprechende Residuum ist gleich $1 - x$. Auf diesem Weg geben wir das bereits bekannte Resultat wieder.

Aufgabe 3.2

(a) In diesem Fall hier benutzen wir die Resolvente. Die Lösung ist dann gegeben durch [s.(3.2)]:

$$\varphi(x) = f(x) + \int\limits_0^x R(x - t)f(t)dt \; .$$

Führt man die Laplace-Transformation dieser Gleichung durch, so erhält man

$$\varphi_L(s) = f_L(s) + R_L(s) f_L(s) \ .$$

Andererseits folgt aus der Originalgleichung [man berücksichtige, dass ihre rechte Seite eine Faltung von t and $\varphi(t)$ enthält]:

$$\varphi_L(s) = f_L(s) + \frac{1}{s^2} \varphi_L(s) \ .$$

Kombiniert man die beiden letzten Gleichungen, so ergibt sich für die Resolvente $R_L(s) = 1/(s^2 - 1)$. Für die Rücktransformation gilt:

$$R(x) = \frac{1}{2\pi i} \int\limits_{\sigma-i\infty}^{\sigma+i\infty} \frac{e^{sx}}{s^2 - 1} \, ds \ .$$

Für $x > 0$ benutzen wir $\sigma > 1$ und schließen die Kontur in der linken Halbebene. Der Integrand hat zwei einfache Pole bei $s = \pm 1$, deren Residuen gleich $e^x/2$ und $-e^{-x}/2$ sind. Damit erhalten wir für die Resolvente:

$$R(x) = \frac{1}{2}(e^x - e^{-x}) \ ,$$

was sofort auf die angegebene Lösung führt.

(b) In dieser Situation benutzen wir eine beidseitige Laplace-Transformation, d. h.

$$\Phi_L(s) = \int\limits_{-\infty}^{\infty} e^{-sx} \varphi(x) dx \ .$$

Für die Funktionen auf der rechten Seite der Gleichung erhalten wir dann

$$e^{-|x|} \ \rightarrow \ F_L(s) = \int\limits_{-\infty}^{0} e^{(1-s)x} dx + \int\limits_{0}^{\infty} e^{-(1+s)x} dx = \frac{2}{1-s^2} \ ,$$

$$e^x \int\limits_{x}^{\infty} e^{-t} \varphi(t) dt \ \rightarrow \ \int\limits_{-\infty}^{0} e^{(1-s)y} \int\limits_{-\infty}^{\infty} e^{-s(x-y)} \varphi(x - y) dx \, dy = \frac{\Phi_L(s)}{1-s} \ .$$

Dies führt auf

$$\Phi_L(s) = F_L(s) + \frac{\lambda}{1-s} \Phi_L(s) \ .$$

Damit ergibt sich für die Lösung:

$$\varphi(x) = \frac{1}{\pi i} \int\limits_{\sigma-i\infty}^{\sigma+i\infty} \frac{e^{sx}}{(1+s)(1-\lambda-s)} \, ds \ .$$

Bei $\sigma = 0$ ist das Integral wohldefiniert und bei $\text{Re}(1 - \lambda) \neq 0$ hat es keine Pole auf der imaginären Achse. Zunächst nehmen wir $\text{Re}(1 - \lambda) > 0$ an. Dann kann die Kontur bei $x > 0$ in der linken Halbebene geschlossen werden, in der der Integrand einen Pol bei $s = -1$ hat. Für $x < 0$ schließen wir die Kontur in der rechten Halbebene. Dort liegt der Pol bei $s = 1 - \lambda$. Damit ergibt sich für das Integral das folgende Ergebnis:

$$\varphi(x) = \begin{cases} \frac{2}{2-\lambda}\, e^{-x}\,, & x > 0\,, \\ \frac{2}{2-\lambda}\, e^{(1-\lambda)x}\,, & x < 0\,. \end{cases}$$

Nun nehmen wir $\text{Re}(1 - \lambda) < 0$, jedoch $\lambda \neq 2$ an. Dann liegen beide Pole in der linken Halbebene, und das Ergebnis ist offensichtlich gegeben durch:

$$\varphi(x) = \begin{cases} \frac{2}{2-\lambda}\, [e^{-x} - e^{(1-\lambda)x}]\,, & x > 0\,, \\ 0\,, & x < 0\,. \end{cases}$$

Bei $\lambda = 2$ hat der Integrand einen Doppelpol bei $s = -1$, was

$$\varphi(x) = \begin{cases} -2xe^{-x}\,, & x > 0\,, \\ 0\,, & x < 0 \end{cases}$$

liefert.

Aufgabe 3.3 Die Funktion $R(s)$ hat einfache Pole bei $s = k\cos\theta$ und erfordert einen Schnitt, den wir so legen, dass er am Punkt $s = -k$ anfängt und sich nach $-k - i\infty$ in die untere Halbebene erstreckt. Laut der Definition (3.33) findet sich die ‚Plus'-Funktion aus dem Integral

$$R_+(s) = \frac{1}{2\pi i} \int\limits_{i\alpha-\infty}^{i\alpha+\infty} \frac{d\zeta}{(\zeta - s)(\zeta - k\cos\theta)(\zeta + k)^{\frac{1}{2}}}\,.$$

Wir ergänzen den Integrationsweg durch einen Halbkreisbogen in der oberen Halbebene, sodass die Pole bei $\zeta = k\cos\theta$ und $\zeta = s$ von ihm umschlossen werden, jedoch der Schnitt umrundet wird. Da die Integration entlang des Halbkreisbogens verschwindet, führt die Anwendung des Cauchy'schen Satzes zu

$$R_+(s) = \text{Res}[\ldots]\big|_{\zeta=s} + \text{Res}[\ldots]\big|_{\zeta=k\cos\theta}\,,$$

$$[\ldots] = \frac{1}{(\zeta - s)(\zeta - k\cos\theta)(\zeta + k)^{\frac{1}{2}}}\,,$$

wobei die Residuen gegeben sind durch:

$$\text{Res}[\ldots]\big|_{\zeta=s} = \frac{1}{(s - k\cos\theta)\sqrt{s + k}}\,,$$

$$\text{Res}[\ldots]\big|_{\zeta=k\cos\theta} = -\frac{1}{(s - k\cos\theta)\sqrt{k + k\cos\theta}}\,.$$

Es ist klar, dass die Funktion $R_+(s)$ für $s > k\cos\theta$, d. h. in der oberen Halbebene analytisch ist. Die ‚Minus'-Funktion ergibt sich aus $R_-(s) = R(s) - R_+(s)$ und ist laut Definition analytisch in der unteren Halbebene. Wir möchten anmerken, dass $R(s)$ bis auf die Pole bei $s = k\cos\theta$ fast eine ‚Plus'-Funktion ist. Wir können also die Ideen aus Beispiel 3.14 anwenden und die Pole einfach abziehen. Diese Prozedur liefert natürlich das gleiche Ergebnis:

$$R_+(s) = \frac{1}{(s - k\cos\theta)\sqrt{s + k}} - \frac{1}{(s - k\cos\theta)\sqrt{k + k\cos\theta}} \,.$$

Aufgabe 3.4 Laut der Vorschift aus Abschn. 3.3.2 lautet die entsprechende Wiener-Hopf-Gleichung:

$$[1 - \lambda k(u)]\, F_+(u) + G_-(u) = 0 \,,$$

wobei

$$k(u) = \int\limits_{-\infty}^{\infty} \frac{e^{iuz}}{\cosh(z/2)}\, dz$$

die Fourier-Transformierte des Kerns ist. Sie wurde in Aufgabe 1.7 berechnet und ist gegeben durch:

$$k(u) = \frac{2\pi}{\cosh(\pi u)} \,.$$

Folglich transformiert sich die Wiener-Hopf-Gleichung zu

$$\left[1 - \frac{2\pi\lambda}{\cosh(\pi u)}\right] F_+(u) + G_-(u) = 0 \ \text{ oder } \ K(u) F_+(u) + G_-(u) = 0 \,.$$

Nimmt man in $K(u)$ die Substitution $2\pi\lambda = \cosh(\pi\alpha)$ vor, so erhält man

$$\begin{aligned}
K(u) &= 1 - \frac{2\pi\lambda}{\cosh(\pi u)} = \frac{\cosh(\pi u) - \cosh(\pi\alpha)}{\cosh(\pi u)} \\
&= 2\,\frac{\sinh[\frac{\pi}{2}(u - \alpha)]\sinh[\frac{\pi}{2}(u + \alpha)]}{\cosh(\pi u)} = -2\,\frac{\sin[\frac{\pi i}{2}(u - \alpha)]\sin[\frac{\pi i}{2}(u + \alpha)]}{\cos(\pi i u)} \,.
\end{aligned}$$

Um $K(u)$ zu faktorisieren, benutzen wir die folgenden Darstellungen der trigonometrischen Funktionen durch die Produkte der Gamma-Funktionen:[2]

$$z\Gamma(z)\Gamma(1 - z) = \frac{\pi z}{\sin(\pi z)} = \Gamma(1 + z)\Gamma(1 - z) \,,$$

$$\Gamma\left(\frac{1}{2} - z\right)\Gamma\left(\frac{1}{2} + z\right) = \frac{\pi}{\cos(\pi z)} \,.$$

---

[2] Die erste Relation ist einfach der Ergänzungssatz (2.6). Der zweite Ausdruck folgt aus (2.6) nach der Substitution $z \to z - 1/2$.

Es ergibt sich dann:

$$K(u) = -2\pi \frac{\Gamma\left(\frac{1}{2} - iu\right) \Gamma\left(\frac{1}{2} + iu\right)}{\Gamma\left[\frac{i}{2}(u+\alpha)\right] \Gamma\left[1 - \frac{i}{2}(u+\alpha)\right] \Gamma\left[\frac{i}{2}(u-\alpha)\right] \Gamma\left[1 - \frac{i}{2}(u-\alpha)\right]}$$

$$= \frac{\pi}{2} \frac{\overbrace{(u^2 - \alpha^2)}^{\text{,Plus`}} \overbrace{\Gamma\left(\frac{1}{2} - iu\right)}^{\text{,Plus`}} \overbrace{\Gamma\left(\frac{1}{2} + iu\right)}^{\text{,Minus`}}}{\underbrace{\Gamma\left[1 + \frac{i}{2}(u+\alpha)\right]}_{\text{,Minus`}} \underbrace{\Gamma\left[1 - \frac{i}{2}(u+\alpha)\right]}_{\text{,Plus`}} \underbrace{\Gamma\left[1 + \frac{i}{2}(u-\alpha)\right]}_{\text{,Minus`}} \underbrace{\Gamma\left[1 - \frac{i}{2}(u-\alpha)\right]}_{\text{,Plus`}}} .$$

Damit ist der Kern faktorisiert $K(u) = K_+(u) K_-(u)$. Die Funktion $K_-(u)$ ist analytisch in der unteren Halbebene und hat:

- Pole bei $u = i(n + 1/2), n = 0, 1, 2, \ldots$, aufgrund des Faktors $\Gamma\left(\frac{1}{2} + iu\right)$,
- Nullstellen bei $u = \mp\alpha + 2i(1 + n), n = 0, 1, 2, \ldots$, wegen $\Gamma[1 + \frac{i}{2}(u \pm \alpha)]$.

Im Gegenteil ist die Funktion $K_+(u)$ analytisch in der oberen Halbebene und hat:

- Pole bei $u = -i(n + \frac{1}{2}), n = 0, 1, 2, \ldots$, aufgrund des Faktors $\Gamma\left(\frac{1}{2} - iu\right)$,
- Nullstellen bei $u = \mp\alpha - 2i(1 + n), n = 0, 1, 2, \ldots$, wegen des Faktors $\Gamma[1 - \frac{i}{2}(u \pm \alpha)]$.

Außerdem hat $K_+(u)$ Nullstellen bei $u = \pm\alpha$. Damit ist der Kern $K(u)$ analytisch im Streifen $|\text{Im}\, u| < 1/2$. Mithilfe der asymptotischen Formel für die Gamma-Funktion

$$\ln \Gamma(z) = z \ln z - z - \frac{1}{2} \ln z + O(1)$$

finden wir im Grenzfall $u \to \infty$ folgendes Verhalten:

$$K(u)\Big|_{u \to \infty} = 1 .$$

Dies kann man wie folgt untermauern,

$$\ln K(u) = 2 \ln u + \overbrace{\ln\left[\frac{\Gamma(\frac{1}{2} - iu)}{\Gamma\left[1 - \frac{i}{2}(u+\alpha)\right] \Gamma\left[1 - \frac{i}{2}(u-\alpha)\right]}\right]}^{\ln K_+(u)}$$

$$+ \underbrace{\ln\left[\frac{\Gamma(\frac{1}{2} + iu)}{\Gamma\left[1 + \frac{i}{2}(u-\alpha)\right] \Gamma\left[1 + \frac{i}{2}(u+\alpha)\right]}\right]}_{\ln K_-(u)} .$$

Damit gilt:

$$\ln K(u)|_{u\to\infty} \to \underbrace{\left[-iu\ln 2 + \ln u\right]}_{\ln K_+(u)|_{u\to\infty}} + \underbrace{\left[iu\ln 2 - \ln u\right]}_{\ln K_-(u)|_{u\to\infty}} = 0\ .$$

Die letzteren zwei Abschätzungen kann man sich klarmachen, wenn man die Funktionen $K_+(u)$ und $K_-(u)$ auf die folgende Weise umschreibt:

$$K_+(u) = \frac{2^{iu}(u^2 - \alpha^2)\,\Gamma(\frac{1}{2} - iu)}{\Gamma[1 - \frac{i}{2}(u + \alpha)]\Gamma[1 - \frac{i}{2}(u - \alpha)]}\ ,$$

$$K_-(u) = \frac{\pi}{2}\,\frac{2^{-iu}\,\Gamma(\frac{1}{2} + iu)}{\Gamma[1 + \frac{i}{2}(u + \alpha)]\Gamma[1 + \frac{i}{2}(u - \alpha)]}\ .$$

Kehren wir zur Wiener-Hopf-Gleichung zurück, so erhalten wir:

$$K_+(u)F_+(u) = -\frac{G_-(u)}{K_-(u)} = L\ ,$$

wobei L eine Konstante ist. Die Rücktransformationsformel liefert nun

$$f(x) = \frac{1}{2\pi}\int_P e^{-iux}F_+(u)\,du = \frac{L}{2\pi}\int_P e^{-iux}\,\frac{\Gamma[-\frac{i}{2}(u + \alpha)]\Gamma[-\frac{i}{2}(u - \alpha)]}{2^{iu}\Gamma(\frac{1}{2} - iu)}\,du\ ,$$

wobei die Kontur P oberhalb aller Singularitäten und Nullstellen von $K_+(u)$ liegt. Bei $x > 0$ verhält sich der Faktor im Integranden wie $|e^{-iux}| = e^{u_2 x}$ ($u_2 = \operatorname{Im} u$), sodass die Integrationskontur in der unteren Halbebene geschlossen werden muss.[3] Der Integrand hat dann Pole bei $u = u_n^{\pm} = -2in \mp \alpha$ ($n = 0, 1, 2, \ldots.$). Da für kleine ζ

$$\Gamma\left[-\frac{i}{2}(u_n^+ + \zeta + \alpha)\right] = \Gamma\left[-n - \frac{i\zeta}{2}\right]\Big|_{\zeta\to 0} = \frac{2i\,(-1)^n}{\zeta n!}$$

gilt und ähnlich für u_n^-, erhalten wir mithilfe des Residuensatzes das folgende Ergebnis:

$$f(x) \sim \sum_{n=0}^{\infty} \frac{(-1)^n}{n!} 2^{-2n} e^{-2nx}\left[\frac{2^{i\alpha}e^{i\alpha x}\Gamma(-n + i\alpha)}{\Gamma(\frac{1}{2} + i\alpha - 2n)} + \frac{2^{-i\alpha}e^{-i\alpha x}\Gamma(-n - i\alpha)}{\Gamma(\frac{1}{2} - i\alpha - 2n)}\right]\ .$$

Wir möchten anmerken, dass die Lösung nur bis auf eine multiplikative Konstante bestimmt werden kann, weil wir es hier mit einem homogenen Problem zu tun haben.

---

[3] Für $x < 0$ gilt $|e^{-iux}| = e^{u_2 x}$, und die Kontur muss in der oberen Halbebene geschlossen werden. Dies ist jedoch das Analytizitätsgebiet des Integranden, und wir erhalten $f(x)|_{x<0} = 0$, wie vorgeschrieben.

Nun werten wir die verbleibende Summe aus. Als Erstes benutzen wir den Ergänzungssatz (2.6), um die Argumente der Gamma-Funktionen zu spiegeln ($n \rightarrow -n$),

$$\frac{\Gamma(-n + i\alpha)}{\Gamma(\frac{1}{2} + i\alpha - 2n)} = -i \, (-1)^n \mathrm{ctg}(\pi\alpha) \frac{\Gamma(\frac{1}{2} - i\alpha + 2n)}{\Gamma(1 - i\alpha + n)} \, .$$

Im nächsten Schritt möchten wir die Argumente im Nenner der rechten Seite mithilfe der Verdopplungsformel (2.12) ‚halbieren‘,

$$\Gamma\left(\frac{1}{2} - i\alpha + 2n\right) = \frac{2^{2n - i\alpha - 1/2}}{\sqrt{\pi}} \, \Gamma\left(n + \frac{1}{4} - \frac{i\alpha}{2}\right) \Gamma\left(n + \frac{3}{4} - \frac{i\alpha}{2}\right) \, .$$

Sammelt man alle Terme, so erhält man:

$$f(x) \sim e^{i\alpha x} \sum_{n=0}^{\infty} \frac{\Gamma(n + \frac{1}{4} - \frac{i\alpha}{2}) \, \Gamma(n + \frac{3}{4} - \frac{i\alpha}{2})}{\Gamma(1 - i\alpha + n) \, n!} \left(e^{-2x}\right)^n - \left(\alpha \rightarrow -\alpha\right) \, .$$

In dieser Summe erkennen wir nun die konventionelle hypergeometrische Funktion (2.35), sodass das endgültige Ergebnis gegeben ist durch:

$$f(x) = C \left[e^{i\alpha x} \frac{\Gamma(\frac{1}{4} - \frac{i\alpha}{2}) \, \Gamma(\frac{3}{4} - \frac{i\alpha}{2})}{\Gamma(1 - i\alpha)} F\left(\frac{1}{4} - \frac{i\alpha}{2}, \frac{3}{4} - \frac{i\alpha}{2}; 1 - i\alpha; e^{-2x}\right) \right.$$

$$\left. - e^{-i\alpha x} \frac{\Gamma(\frac{1}{4} + \frac{i\alpha}{2}) \, \Gamma(\frac{3}{4} + \frac{i\alpha}{2})}{\Gamma(1 + i\alpha)} F\left(\frac{1}{4} + \frac{i\alpha}{2}, \frac{3}{4} + \frac{i\alpha}{2}; 1 + i\alpha; e^{-2x}\right) \right] \, ,$$

wobei C eine frei wählbare Konstante bezeichnet.

Aufgabe 3.5

(a) Zunächst setzen wir den Kern in die Gleichung ein und verschieben sowohl t als auch t' um τ:

$$D(t + \tau, t' + \tau) = D_0(t - t') - \Gamma e^{-i\Delta(t + \tau)} \int_0^t dt_1 \, e^{i\Delta t_1} \, D(t_1, t' + \tau) \, .$$

Im nächsten Schritt ersetzen wir t_1 durch $t_1 + \tau$ und erhalten eine Gleichung für die Größe $D(t + \tau, t' + \tau)$, die mit der Gleichung für $D(t, t')$ vollständig identisch ist. Aus dieser Translationsinvarianz schließen wir sofort, dass $D(t, t') = D(t - t')$ gilt.

(b) Wir suchen nun die Lösung in der folgenden Form:

$$D(t - t') = -i\Theta(t - t') e^{-i\Delta(t - t')} f(t - t') \, ,$$

wobei $\Theta(t-t')$ die Heaviside-Stufenfunktion und $f(t-t')$ die neue unbekannte Funktion ist. Nach dieser Substitution ändert sich die Gleichung zu:

$$f(t - t') = 1 - \Gamma \int_{t'}^{t} dt_1\, f(t_1 - t')\,. \tag{5.3}$$

Eine iterative Lösung resultiert dann in

$$f(t - t') = e^{-\Gamma(t-t')}\,.$$

(c) Andererseits können wir die Gleichung (5.3) zu

$$f(t) = 1 - \Gamma \int_{0}^{t} dt_1\, f(t_1)$$

weitervereinfachen. Das Integral auf der rechten Seite ist nichts anderes als eine Faltung von Funktionen 1 und $f(t_1)$. Nach der Laplace-Transformation wird sie zum Produkt der Transformierten von 1, die durch $1/p$ gegeben ist, und von $F(p)$ [s. (1.63)] . Damit erhalten wir eine algebraische Gleichung:

$$F(p) = 1/p - \Gamma\, F(p)/p \qquad \text{mit der Lösung} \qquad F(p) = 1/(p + \Gamma)\,.$$

Die Rücktransformation führt dann auf das bereits bekannte Ergebnis $f(t) = e^{-\Gamma t}$.

Aufgabe 3.6 Nach der Fourier-Transformation lautet die Gleichung:

$$K(s)F_+(s) + G_-(s) = P(s)\,,$$

wobei

$$K(s) = \frac{s^2 + 9}{s^2 + 1}\,, \qquad P(s) = \frac{1}{1 - is} \equiv P_+(s)\,.$$

Der Analytizitätsstreifen ist gegeben durch $-1 < \operatorname{Im} s < 1$. Eine naheliegende Faktorisierung wäre z. B. die folgende:

$$K_+(s) = \frac{s + 3i}{s + i}\,, \quad K_-(s) = \frac{s - 3i}{s - i}\,,$$

was auf die Aufspaltung:

$$\frac{P_+(s)}{K_-(s)} = \frac{s - i}{(1 - is)(s - 3i)} = \underbrace{\frac{1}{2(1 - is)}}_{\text{,Plus'-Funktion}} + \underbrace{\frac{i}{2(s - 3i)}}_{\text{,Minus'-Funktion}}$$

führt. Dann erhalten wir

$$K_+(s)F_+(s) - \frac{1}{2(1-is)} = -\frac{G_-(s)}{K_-(s)} + \frac{i}{2(s-3i)} = E(s)$$

und folglich:

$$F_+(s) = \frac{(s+i)E(s)}{s+3i} + \frac{i}{2(s+3i)} \ , \ G_-(s) = -\frac{(s-3i)E(s)}{s-i} + \frac{i}{2(s-i)} \ .$$

$F_+(s)$ ist beschränkt für $s \neq -3i$ und verschwindet im Unendlichen. Da

$$E(s) = \frac{s+3i}{s+i}F_+(s) - \frac{1}{2(1-is)}$$

gilt, schließen wir daraus, dass $E(s)$ ebenfalls beschränkt ist und für $s \to \infty$ gegen null strebt. Aus dem Satz von Liouville folgt dann $E(s) = 0$. Wendet man nun die Rücktransformationsformel an, so erhält man die Lösung der Gleichung:

$$f(x) = \frac{1}{2}e^{-3x} \ .$$

Aufgabe 3.7 Um die Lösung dieser Gleichung zu finden, benutzen wir die Formel (3.72) mit $g(t) = 1 - t^2$. Dann müssen wir das folgende Integral ausrechnen:

$$I(x) = \mathrm{P}\int_{-1}^{1} \frac{(1-t^2)^{3/2}}{t-x} dt \ .$$

Wie im Haupttext beschrieben, definieren wir zunächst für $|z| > 1$ eine Hilfsfunktion $G(z)$:

$$G(z) = \frac{1}{2\pi i} \int_{-1}^{1} dt \, \frac{(1-t^2)^{3/2}}{t-z} \ .$$

Mithilfe einer trigonometrischen Substitution $t = \cos\theta$ erhalten wir dann

$$G(z) = \frac{1}{2\pi i} \int_{0}^{\pi} \frac{\sin^4\theta}{\cos\theta - z} d\theta \ .$$

Dieses Integral ist dem in (3.75) aufgeführten sehr ähnlich. Unter Verwendung der im Wesentlichen gleichen Rechnung erhalten wir dann

$$I(z) = \frac{1}{2i} \left[(z^3 - 3z/2) - (z^2-1)^{3/2} \right] \ .$$

Führt man nun eine analytische Fortsetzung durch, so erhält man für den Hauptwert

$$I(x) = \pi \left(x^3 - 3x/2 \right) \ .$$

Mithilfe der Formel (3.72) erhalten wir dann das Endergebnis:

$$f(x) = \frac{3x/2 - x^3 + A}{\sqrt{1 - x^2}} \; .$$

Aufgabe 3.8 Die Funktion $f(x)$ schreiben wir als Summe um: $f(x) = f_+(x) + f_-(x)$, wobei $f_-(x) = 0$ für $x > 0$ und $f_+(x) = 0$ für $x < 0$ gilt. Die Ausgangsgleichung sieht dann folgendermaßen aus:

$$\int_{-\infty}^{\infty} k_1(x - t) f_+(t) dt + \int_{-\infty}^{\infty} k_2(x - t) f_-(t) dt = k_1(x) \; .$$

Im nächsten Schritt führen wir eine Fourier-Transformation durch und erhalten

$$K_1(s) F_+(s) + K_2(s) F_-(s) = K_1(s) \; ,$$

wobei

$$K_1(s) = \frac{1}{(s - 2i)(s - 3i)} \; , \quad K_2(s) = \frac{1}{s + 2i} \; .$$

Man stellt fest, dass $K_1(s)$ analytisch in der unteren Halbebene $\text{Im}\, s < 2$, $K_1(s) = K_-(s)$ ist, während $K_2(s)$ in der oberen Halbebene bei $\text{Im}\, s > -2$, $K_2(s) = K_+(s)$ analytisch ist. Damit erhalten wir

$$\frac{F_+(s)}{K_+(s)} = -\frac{F_-(s)}{K_-(s)} + \frac{1}{K_+(s)} \; .$$

Beschränkt man sich auf solche Funktionen, die im Unendlichen verschwinden, so ergibt sich für die Lösung:

$$F_+(s) = \frac{C}{s + 2i} \; , \quad F_-(s) = -\frac{C - 2i - s}{(s - 2i)(s - 3i)} \; ,$$

wobei C eine frei wählbare Konstante ist. Die Lösung $f(x)$ ist also gegeben durch:

$$f_\pm(x) = \frac{1}{2\pi} \int_{-\infty}^{\infty} F_\pm(s) e^{-isx} ds \; .$$

Schließt man nun die Kontur für $x > 0$ in der unteren und für $x < 0$ in der oberen Halbebene durch einen Halbkreisbogen C_R, so liefert der Residuensatz die angegebene Lösung (in den beiden Fällen verschwindet das Integral entlang C_R im Grenzfall $R \to \infty$).

Aufgabe 3.9 Die entsprechende Wiener-Hopf-Gleichung

$$F_+(s) + k(s) F_+(s) + G_-(s) = P_+(s)$$

schreiben wir wie folgt um:

$$K(s) F_+(s) - P_+(s) = -G_-(s) \, ,$$

wobei $K(s) = 1 + k(s)$. Für die Fourier-Transformierte des Kerns gilt:

$$k(s) = \frac{2a}{s^2 + 1} - \frac{2b(s^2 - 1)}{(s^2 + 1)^2} \quad \rightarrow \quad K(s) = \frac{M(s)}{(s^2 + 1)^2} \, ,$$

wobei der Zähler von $K(s)$ ein Polynom ist:

$$M(s) = s^4 + 2(a - b + 1)s^2 + (2a + 2b + 1) \, .$$

Um den eventuellen Nullstellen von $K(s)$ auf der reellen Achse vorzubeugen, möchten wir die Konstanten a und b entsprechenden Einschränkungen unterwerfen. Wenn $s_1 = \alpha + i\beta$ mit $\alpha > 0$ und $\beta > 0$ eine Lösung der biquadratischen Gleichung $M(s) = 0$ ist, sind die anderen drei Lösungen gegeben durch: $s_2 = -\alpha - i\beta$, $s_3 = \overline{s_1} = \alpha - i\beta$ und $s_4 = \overline{s_2} = -\alpha + i\beta$, wobei $\overline{s_i}$ zu s_i komplex konjugiert ist. Deswegen ergibt sich für die Faktorisierung $K(s) = K_+(s)\, K_-(s)$:

$$K_+(s) = \frac{(s - s_2)(s - \overline{s_1})}{(s + i)^2} \, , \quad K_-(s) = \frac{(s - s_1)(s - \overline{s_2})}{(s - i)^2} \, .$$

Später werden wir die Asymptotik $K_\pm(s) \to 1$ für $|s| \to \infty$ brauchen. Die Wiener-Hopf-Gleichung liest sich nun:

$$F_+(s) K_+(s) - \frac{P_+(s)}{K_-(s)} = -\frac{G_-(s)}{K_-(s)} \, .$$

Wegen des Theorems über analytische Fortsetzung stellen wir fest, dass beide Seiten dieser Gleichung gegeben sind durch:

$$\frac{C_1}{s - s_1} + \frac{C_2}{s - \overline{s_2}} \, ,$$

wobei $C_{1,2}$ noch unbekannt sind. Wir erhalten also

$$F_+(s) = \frac{1}{K_+(s)} \left(\frac{(s - i)^2 P_+(s)}{(s - s_1)(s - \overline{s_2})} + \frac{C_1}{s - s_1} + \frac{C_2}{s - \overline{s_2}} \right) \, .$$

Die Pole s_1 und $\overline{s_2}$ der Funktion $F_+(s)$ in der oberen Halbebene können durch eine spezielle Wahl der Parameter $C_{1,2}$ beseitigt werden, man setze also:

$$C_1 = -\frac{(s_1 - i)^2 P_+(s_1)}{2\alpha}, \quad C_2 = \frac{(\overline{s_2} - i)^2 P_+(\overline{s_2})}{2\alpha} \, .$$

Um die weitere Analyse zu vereinfachen, spalten wir die Funktion $F_+(s)$ weiter wie folgt auf:

$$F_1(s) = \frac{1}{K_+(s)} \frac{(s-i)^2 P_+(s)}{(s-s_1)(s-\overline{s_2})} , \quad F_2(s) = \frac{1}{K_+(s)} \left(\frac{C_1}{s-s_1} + \frac{C_2}{s-\overline{s_2}} \right) .$$

Schreibt man nun den ersten Term in der folgenden Form aus:

$$F_1(s) = P_+(s) + R(s)P_+(s) ,$$

ist seine Rücktransformation gegeben durch

$$f_1(x) = p(x) + \int\limits_0^\infty R(x-t)p(t)dt .$$

Offensichtlich spielt die Funktion $R(s)$ die Rolle der Resolvente der entsprechenden Integralgleichung, die jedoch auf der ganzen reellen Achse definiert ist. Für $R(s)$ selbst erhalten wir den Ausdruck:

$$R(s) = \frac{\gamma}{s^2 - s_1^2} + \frac{\overline{\gamma}}{s^2 - \overline{s_1}^2} , \quad \gamma = i\frac{s_1^2(a-b) + a + b}{2\alpha\beta} .$$

Ihre Rücktransformation kann mithilfe des Residuensatzes berechnet werden (wir möchten daran erinnern, dass $x > 0$, deswegen tragen nur die Pole $s = -s_1$ und $s = +\overline{s_1}$ aus der unteren Halbebene zum Integral bei) und es ergibt sich:

$$R(x) = \frac{\gamma e^{-(\beta - i\alpha)|x|}}{2(\beta - i\alpha)} + \frac{\overline{\gamma} e^{-(\beta + i\alpha)|x|}}{2(\beta + i\alpha)} = \frac{\rho}{2} e^{-\beta|x|} \cos(\theta + \alpha|x|) ,$$

wobei $\rho e^{i\theta} = \gamma/(\beta - i\alpha)$. Folglich gilt

$$f_1(x) = p(x) + \rho \int\limits_0^\infty e^{-\beta|x-t|} \cos(\theta + \alpha|x-t|)p(t)dt .$$

Der zweite Teil von $F_+(s)$ ist gegeben durch

$$F_2(s) = C_1\left[\frac{(s+i)^2}{(s-s_2)(s-\overline{s_1})(s-s_1)} \right] + C_2\left[\frac{(s+i)^2}{(s-s_2)(s-\overline{s_1})(s-\overline{s_2})} \right].$$

Seine Rücktransformation kann ebenfalls mithilfe des Residuensatzes berechnet werden. Beide Terme von $F_2(s)$ haben die gleichen Pole bei $s = s_2$ und $s = \overline{s_1}$.

Nach einer etwas länglichen, aber elementaren Rechnung erhält man für $x > 0$

$$f_2(x) \doteq \frac{e^{-\beta x}}{2} \left[A\Big(P_+(s_1)e^{-i\alpha x} + P_+(\overline{s_2})e^{i\alpha x}\Big) \right.$$
$$\left. + B\Big(P_+(s_1)e^{i\alpha x}e^{i\psi} + P_+(\overline{s_2})e^{-i\alpha x}e^{-i\psi}\Big) \right],$$

wobei

$$A = \frac{[\alpha^2 + (\beta - 1)^2]^2}{4\alpha^2\beta}, \quad B = \frac{R}{4\alpha^2} \quad \text{und} \quad Re^{i\psi} = \frac{[\alpha + i(\beta - 1)]^4}{\alpha + i\beta}.$$

Weiterhin können wir schreiben:

$$P_+(s_1) = \int\limits_0^\infty e^{i(\alpha + i\beta)t} p(t)dt,$$

ein ähnlicher Ausdruck gilt auch für $P_+(\overline{s_2})$. Damit ergibt sich jetzt für die Rücktransformation:

$$f_2(x) = \int\limits_0^\infty e^{-\beta(x+t)} \Big[A\cos[\alpha(x-t)] + B\cos[\psi + \alpha(x+t)]\Big] p(t)dt.$$

Die gesuchte Lösung $f(x)$ ist nun eine Summe von $f_1(x)$ und $f_2(x)$.

Aufgabe 3.10 Als Erstes führen wir die Laplace-Transformation von beiden Seiten der Gleichung

$$g(x) = \int\limits_0^x \frac{f(t)}{(x-t)^\mu}\, dt \equiv \int\limits_0^x f(t)v(x-t)\, dt$$

durch, wobei $v(\tau) = \tau^{-\mu}$. Da die rechte Seite eine Faltung von $f(t)$ und $v(t)$ ist, erhalten wir nach der Transformation:[4]

$$g_L(s) = f_L(s)v_L(s) = f_L(s)\frac{\Gamma(1-\mu)}{s^{1-\mu}}.$$

---

[4] Für die Potenzfunktion t^ν ist die Laplace-Transformation gegeben durch:

$$\int\limits_0^\infty e^{-st}t^\nu dt = \frac{\Gamma(\nu + 1)}{s^{\nu+1}}, \qquad \nu > -1.$$

Dieses Ergebnis folgt aus der Definition der Gamma-Funktion.

Dieses Ergebnis gilt, solange $\mu < 1$. Folglich erhalten wir

$$f_L(s) = \frac{s^{1-\mu}}{\Gamma(1-\mu)} g_L(s)$$

oder ($\mu > 0$ muss natürlich ebenfalls gelten)

$$f_L(s) = \frac{s}{\pi}\left[\frac{\pi}{\Gamma(1-\mu)\Gamma(\mu)}\frac{\Gamma(\mu)}{s^\mu} g_L(s)\right] = \frac{\sin(\pi\mu)}{\pi} s\left[\frac{\Gamma(\mu)}{s^\mu} g_L(s)\right].$$

Bei der Vereinfachung haben wir den Ergänzungssatz (2.6) benutzt. Der letzte Term in den eckigen Klammern ist die Laplace-Transformierte der Funktion [s. die Eigenschaft (1.66) der Laplace-Transformation]

$$h(x) = \int\limits_0^x g(t)(x-t)^{\mu-1}\, dt \quad \leftrightarrow \quad h_L(s) = g_L(s)\frac{\Gamma(\mu)}{s^\mu}.$$

Da $s h_L(s) = h'_L(s)$ ist [dies folgt aus der Eigenschaft (1.58), außerdem gilt $h(0) = 0$], erhalten wir:

$$f_L(s) = \frac{\sin(\mu\pi)}{\pi} h'_L(s).$$

Wendet man nun die Rücktransformation auf die beiden Seiten dieses Ausdrucks an, so ergibt sich:

$$f(x) = \frac{\sin(\mu\pi)}{\pi}\frac{d}{dx}\int\limits_0^x \frac{g(t)\, dt}{(x-t)^{1-\mu}}.$$

Im Spezialfall $g(t) = t^\nu$ gilt dann

$$f(x) = \frac{\sin(\mu\pi)}{\pi}\frac{d}{dx}\int\limits_0^x \frac{t^\nu}{(x-t)^{1-\mu}}\, dt.$$

Durch die Substitution $t = xy$ lässt sich das Integral auf der rechten Seite auf die Beta-Funktion (2.10) zurückführen:

$$\int\limits_0^x \frac{t^\nu}{(x-t)^{1-\mu}}\, dt = \frac{x^{\nu+1}}{x^{1-\mu}}\int\limits_0^1 y^\nu(1-y)^{\mu-1}\, dy \equiv x^{\nu+\mu}B(\nu+1,\mu).$$

Leitet man diesen Ausdruck nach x ab, erhält man das angegebene Resultat.

5.4 Kapitel 4

Aufgabe 4.1 Zunächst bringen wir die Gleichung auf die Form (4.1) und identifizieren die Koeffizienten: $p_0 = 6$, $p_1 = 0$, $p_2 = -6$, $q_0 = -5$, $q_1 = 1$. Mithilfe von (4.3) erhalten wir die Eigenwerte $\lambda_n = n(6n + 5)$. Aus (4.4) folgt dann die Rekursionsrelation

$$a_{n-1} = a_n \frac{5n}{12n - 1},$$

während (4.2) den Zusammenhang

$$a_r = \frac{5a_{r+1}(r + 1) - 6a_{r+2}(r + 2)(r + 1)}{n(6n + 5) - r(6r + 5)}$$

liefert. Damit erhalten wir für das Polynom niedrigster Ordnung mit $n = 0$ das Ergebnis $y_0(x) = y_0 = 1$. Für $n = 1$ folgt dann $a_0 = 5a_1/11$, sodass

$$y_1(x) = a_0 + a_1 x = \frac{a_1}{11}(5 + 11x)$$

gilt. Durch die Wahl $a_1 = 11$ erhalten wir also das angegebene Polynom $y_1(x) = 11x + 5$. Für $n = 2$ und $\lambda_2 = 34$ erhalten wir

$$a_1 = \frac{10}{23} a_2 \quad \text{und} \quad a_0 = -\frac{113}{391} a_2,$$

sodass
$$y(x) = a_0 + a_1 x + a_2 x^2 = \frac{a_2}{391}(-113 + 170x + 391x^2)$$

gilt. Durch eine geeignete Wahl der Koeffizienten ergibt sich dann also $y_2(x) = 391x^2 + 170x - 113$.

Um die Rodrigues-Formel herzuleiten, benötigen wir zunächst die Gewichtsfunktion. Da

$$\frac{q(x)}{p(x)} = \frac{5 - x}{6(x^2 - 1)}$$

gilt, ist die Gewichtsfunktion durch

$$w(x) = \exp\left(\int \frac{q(x)}{p(x)} \, dx\right) = (1 - x)^{1/3} (x + 1)^{-1/2}$$

gegeben. Berücksichtigt man die Relation $p(x) = 6(1 - x^2)$, so ergibt sich die folgende Rodrigues-Formel:

$$y_n(x) = \frac{1}{w(x)} \frac{d^n}{dx^n}(wp^n)$$
$$= \frac{6^n}{(1 - x)^{1/3}(x + 1)^{-1/2}} \frac{d^n}{dx^n}\left[(1 - x)^{n+1/3}(x + 1)^{n-1/2}\right].$$

Für diese Wahl der Normierung erhalten wir für die ersten drei Polynome die folgenden Ergebnisse:

$$y_0(x) = 1 ,$$

$$y_1(x) = -\frac{6}{(x-1)^{1/3}(x+1)^{-1/2}} \frac{d}{dx}\left[(x-1)^{4/3}(x+1)^{1/2}\right]$$

$$= -(11x + 5) ,$$

$$y_2(x) = \frac{36}{(x-1)^{1/3}(x+1)^{-1/2}} \frac{d^2}{dx^2}\left[(x-1)^{7/3}(x+1)^{3/2}\right]$$

$$= 36\left[\frac{7}{3}\frac{4}{3}(x+1)^2 + 2\frac{7}{3}\frac{3}{2}(x^2-1) + \frac{3}{2}\frac{1}{2}(x-1)^2\right]$$

$$= 391x^2 + 170x - 113 .$$

Aufgabe 4.2 Aufgrund der Rodrigues-Formel (4.24) ist das Jacobi-Polynom n-ter Ordnung durch die n-te Ableitung der Funktion $(1-x)^{\alpha+n}(1+x)^{\beta+n}$: $y_n(x) = (1-x)^{-\alpha}(1+x)^{-\beta}\frac{d^n}{dx^n}[(1-x)^{\alpha+n}(1+x)^{\beta+n}]$ gegeben. Eine etwas bekanntere Variante derselben Formel ist:

$$P_n^{(\alpha,\beta)}(x) = \frac{(-1)^n}{2^n n!}(1-x)^{-\alpha}(1+x)^{-\beta}\frac{d^n}{dx^n}[(1-x)^{n+\alpha}(1+x)^{n+\beta}] .$$

Sie unterscheidet sich von der ersteren durch einen leicht abgewandelten Vorfaktor $(-1)^n/2^n n!$, aufgrund einer anderen Normierung mit $1/K_n = (-1)^n/2^n n!$. Das ist den Legendre-Polynomen $P_n(x)$, die bekannterweise auch Jacobi-Polynome $P_n^{(\alpha,\beta)}(x)$ mit $\alpha = \beta = 0$ sind, sehr ähnlich.

Um die erzeugende Funktion $\Psi(x,t) = \sum_{n=0}^{\infty} P_n^{(\alpha,\beta)}(x)\,t^n$ herzuleiten, verfahren wir wie in Beispiel 4.10. Dann erhalten wir:[5]

$$\Psi(x,t) = \frac{w(z)}{w(x)}\frac{\partial z}{\partial x} = \frac{1}{R}\frac{(1-z_1)^\alpha(1+z_1)^\beta}{(1-x)^\alpha(1+x)^\beta} , \qquad z_1 = \frac{1-R}{t} ,$$

wobei $R = \sqrt{1-2xt+t^2}$. Mithilfe der Gleichung $z = x + tp(z) \rightarrow z = x + \frac{t}{2}(z^2-1)$ lässt es sich leicht zeigen, dass

$$(1-z_1) = 2\frac{1-x}{1-t+R} \qquad \text{und} \qquad (1+z_1) = 2\frac{1+x}{1+t+R}$$

gelten, sodass die erzeugende Funktion durch

$$2^{\alpha+\beta}R^{-1}(1-t+R)^{-\alpha}(1+t+R)^{-\beta} = \sum_{n=0}^{\infty} P_n^{(\alpha,\beta)}(x)\,t^n$$

---

[5] Wir möchten daran erinnern, dass der Vorfaktor $(-1)^n/2^n$ durch die Substitution $p(x) = (1-x^2) \rightarrow (x^2-1)/2$ entsteht.

gegeben ist. Wie erwartet, erhalten wir bei $\alpha = \beta = 0$ die erzeugende Funktion der (korrekt) normierten Legendre-Polynomen.

Um die Polynomwerte bei $x = 1$ zu ermitteln, entwickeln wir die erzeugende Funktion in der Umgebung von $t = 0$ und erhalten

$$\Psi(1,t) = \sum_{n=0}^{\infty} P_n^{(\alpha,\beta)}(1)\, t^n = \frac{1}{(1-t)^{1+\alpha}} = \sum_{n=0}^{\infty} \frac{\Gamma(n+1+\alpha)}{n!\,\Gamma(1+\alpha)}\, t^n \,.$$

Durch einen Koeffizientenvergleich bei den Termen $\sim t^n$ erhalten wir dann das gesuchte Ergebnis:

$$P_n^{(\alpha,\beta)}(1) = \frac{\Gamma(n+1+\alpha)}{n!\,\Gamma(1+\alpha)} \,.$$

Laut Rodrigues-Formel gilt die folgende Relation:

$$P_n^{(\alpha,\beta)}(x) = (-1)^n\, P_n^{(\beta,\alpha)}(-x) \,.$$

Damit erhalten wir bei $x = -1$ das gesuchte Ergebnis:

$$P_n^{(\alpha,\beta)}(-1) = (-1)^n\, P_n^{(\beta,\alpha)}(1) = (-1)^n\, \frac{\Gamma(n+1+\beta)}{n!\,\Gamma(1+\beta)} \,.$$

Aufgabe 4.3

(a) Zunächst stellen wir fest, dass für die Polynome $C_n^\lambda(x) \sim P_n^{(\lambda-\frac{1}{2},\lambda-\frac{1}{2})}(x)$ die folgende Rodrigues-Formel gilt für $\lambda > -\frac{1}{2}$ (s. Aufgabe 4.2):

$$C_n^\lambda(x) = \frac{(-1)^n}{2^n}\, \frac{\Gamma(\lambda+\frac{1}{2})\Gamma(n+2\lambda)}{\Gamma(2\lambda)\Gamma(n+\lambda+\frac{1}{2})}\, \frac{(1-x^2)^{\frac{1}{2}-\lambda}}{n!}\, \frac{d^n}{dx^n}\big[(1-x^2)^{\lambda+n-\frac{1}{2}}\big] \,.$$

Damit lässt sich der Normierungskoeffizient auf folgende Weise schreiben:

$$N_n = \int_{-1}^{1} [C_n^\lambda(x)]^2 (1-x^2)^{\lambda-\frac{1}{2}} dx = A(n,\lambda) \int_{-1}^{1} C_n^\lambda(x) \frac{d^n}{dx^n}\big[(1-x^2)^{\lambda+n-\frac{1}{2}}\big] dx \,,$$

wobei

$$A(n,\lambda) = \frac{(-1)^n}{2^n n!}\, \frac{\Gamma(\lambda+\frac{1}{2})\Gamma(n+2\lambda)}{\Gamma(2\lambda)\Gamma(n+\lambda+\frac{1}{2})} \,.$$

Führt man nun eine partielle Integration durch (die Randterme verschwinden),
so erhält man

$$N_n = A(n,\lambda)(-1)^n \int_{-1}^{1} (1-x^2)^{\lambda+n-\frac{1}{2}} \frac{d^n}{dx^n} C_n^\lambda(x)\,dx$$

$$= c_n A(n,\lambda)(-1)^n n! \int_{-1}^{1} (1-x^2)^{\lambda+n-\frac{1}{2}}\,dx$$

$$= c_n A(n,\lambda)(-1)^n n! \, B\!\left(\lambda+n+\frac{1}{2},\frac{1}{2}\right),$$

wobei B wie üblich die Beta-Funktion und

$$c_n = \frac{2^n \Gamma(n+\lambda)}{n!\,\Gamma(\lambda)}$$

den Koeffizienten vor dem Term $\sim x^n$ der Reihendarstellung für $C_n^\lambda(x)$ bezeichnet. Daraus folgt für die Normierung das folgende Ergebnis:

$$N_n = \frac{\sqrt{\pi}}{n!}\,\frac{\Gamma(n+2\lambda)}{(\lambda+n)\Gamma(\lambda)}\,\frac{\Gamma(\lambda+\frac{1}{2})}{\Gamma(2\lambda)} = \frac{2^{1-2\lambda}\pi\Gamma(n+2\lambda)}{(\lambda+n)[\Gamma(\lambda)]^2}.$$

(b) Um die dreigliedrige Rekursionsrelation (4.41)

$$y_{n+1}(x) = \alpha_n x y_n(x) + a_{n,n} y_n(x) + a_{n,n-1} y_{n-1}(x)$$

für die Polynome $y_n(x) = C_n^\lambda(x)$ herzuleiten, brauchen wir die entsprechenden Koeffizienten:

$$\alpha_n = \frac{1}{b_{n,n+1}}\,,\, a_{n,r} = -\frac{b_{n,r}}{b_{n,n+1}}\,,\, b_{n,r} = \frac{1}{N_r}\int_{-1}^{1} x\, C_n^\lambda(x) C_r^\lambda(x)(1-x^2)^{\lambda-\frac{1}{2}}\,dx\,.$$

Diese Integrale lassen sich wie in **(a)** ausrechnen. Zunächst stellen wir fest, dass
der Integrand bei $r=n$ eine ungerade Funktion von x ist,[6] weswegen $b_{n,n}=0$
gilt. Für $r = n \pm 1$ erhalten wir hingegen:

$$b_{n,n+1} = \frac{\sqrt{\pi}}{2N_{n+1}}\,\frac{\Gamma(2\lambda+n+1)}{n!(\lambda+n)(\lambda+n+1)}\,\frac{\Gamma(\lambda+\frac{1}{2})}{\Gamma(\lambda)\Gamma(2\lambda)} = \frac{n+1}{2(\lambda+n)}\,,$$

$$b_{n,n-1} = \frac{\sqrt{\pi}}{2N_{n-1}}\,\frac{\Gamma(2\lambda+n)}{(n-1)!(\lambda+n-1)(\lambda+n)}\,\frac{\Gamma(\lambda+\frac{1}{2})}{\Gamma(\lambda)\Gamma(2\lambda)} = \frac{2\lambda+n-1}{2(\lambda+n)}\,.$$

---

[6] Wir möchten darauf hinweisen, dass die Relation $C_n^\lambda(x) = (-1)^n C_n^\lambda(-x)$ für alle n gilt.

Daraus finden wir die Koeffizienten:

$$\alpha_n = \frac{2(\lambda + n)}{n+1} \ , \quad a_{n,n} = 0 \ , \quad a_{n,n-1} = -\frac{2\lambda + n - 1}{n+1} \ .$$

Mithilfe dieser Ergebnisse können wir nun die Rekursionsrelation für C_n^λ in folgender Form hinschreiben (wir nahmen hier auch die Substitution $n+1 \to n$ vor):

$$nC_n^\lambda(x) - 2(n-1+\lambda)xC_{n-1}^\lambda(x) + (n+2\lambda - 2)C_{n-2}^\lambda(x) = 0 \ .$$

(c) Wir führen die folgende Notation ein:

$$\sum_{n=0}^{\infty} C_n^\lambda(x)t^n = h(t) \ .$$

Dann ist die Ableitung der erzeugenden Funktion gegeben durch:

$$h'(t) = \sum_{n=0}^{\infty} n\, C_n^\lambda(x)\, t^{n-1} \equiv \sum_{n=1}^{\infty} n\, C_n^\lambda(x)\, t^{n-1} \ .$$

Benutzt man für $C_n^\lambda(x)$ die oben angegebene Rekursionsrelation, so lässt es sich zeigen, dass die Funktion $h(t)$ die folgende DGL erfüllt:

$$h'(t)(1 - 2xt + t^2) = h(t)2\lambda(x - t) \ .$$

Aufgrund ihrer Definition gilt für $h(0)$ die Relation $h(0) = C_0^\lambda(x) = 1$. Löst man nun die DGL mit dieser Anfangsbedingung, so ist die Lösung gegeben durch:

$$h(t) = \frac{1}{(1 - 2xt + t^2)^\lambda} \ .$$

Aufgabe 4.4 Aus der angegebenen Rodrigues-Formel lassen sich die Parameter dieses Polynomsystems leicht ablesen:

$$w(x) = e^{-x}x^\alpha \quad \text{und} \quad p(x) = x \ .$$

Um die erzeugende Funktion zu ermitteln, benutzen wir die Formel (4.31):

$$z = x + y\, p(z) \ \to z = \frac{x}{1-y} \ .$$

Mithilfe von (4.32) erhalten wir dann:

$$G^\alpha(x, y) = \frac{w(z)}{w(x)}\frac{dz}{dx} = \frac{e^{-x/(1-y)}\, x^\alpha}{e^{-x}x^\alpha(1-y)^\alpha}\frac{1}{1-y} = (1-y)^{-\alpha - 1}e^{-xy/(1-y)} \ .$$

Um die einzelnen Polynome zu erhalten, entwickeln wir beide Seiten von

$$G^{\alpha}(x, y) = \sum_{n=0}^{\infty} \frac{L_n^{\alpha}(x)}{n!} y^n$$

für kleine y und erhalten:

$$L_0^{\alpha}(x) = 1 \, ,$$
$$L_1^{\alpha}(x) = (1 + \alpha - x) \, ,$$
$$\frac{L_2^{\alpha}(x)}{2} = \frac{1}{2}[(1 + \alpha)(2 + \alpha) - 2(2 + \alpha)x + x^2] \, ,$$
$$\frac{L_3^{\alpha}(x)}{6} = \frac{1}{6}[(1 + \alpha)(2 + \alpha)(3 + \alpha) - 3(2 + \alpha)(3 + \alpha)x + 3(3 + \alpha)x^2 - x^3] \, .$$

Die DGL für $G^{\alpha}(x, y)$ kann mithilfe der ersten Ableitung:

$$\frac{\partial G^{\alpha}(x, y)}{\partial y} = \frac{\alpha + 1}{(1 - y)^{\alpha+2}} e^{-xy/(1-y)} - \frac{x}{(1 - y)^{\alpha+3}} e^{-xy/(1-y)}$$
$$= \frac{\alpha + 1}{(1 - y)} G^{\alpha}(x, y) - \frac{x}{(1 - y)^2} G^{\alpha}(x, y)$$

direkt verifiziert werden.

Um die Rekursionsrelation herzuleiten, setzen wir die Entwicklung

$$G^{\alpha}(x, y) = \sum_{n=0}^{\infty} L_n^{\alpha}(x) y^n / n!$$

in die DGL ein. Diese Prozedur liefert die Relation:

$$(1 - 2y + y^2) \sum_{n=1}^{\infty} \frac{n L_n^{\alpha}(x)}{n!} y^{n-1} = [\alpha + 1 - x - (\alpha + 1)y] \sum_{n=0}^{\infty} \frac{L_n^{\alpha}(x)}{n!} y^n \, .$$

Durch den Koeffizientenvergleich bei den gleichen Potenzen von y erhalten wir dann die Rekursionsrelation:

$$L_{n+1}^{\alpha}(x) + (x - \alpha - 1 - 2n) \, L_n^{\alpha}(x) + n \, (n + \alpha) \, L_{n-1}^{\alpha}(x) = 0 \, .$$

Wir möchten darauf hinweisen, dass man auf die gleiche Weise die Rekursionsrelationen für Polynome mit anderer Normierung herleiten kann. Z. B. ergibt sich dann für $\overline{L_n^{\alpha}}(x) = L_n^{\alpha}(x)/n!$ die folgende Relation:

$$(n + 1) \, \overline{L_{n+1}^{\alpha}}(x) + (x - \alpha - 1 - 2n) \, \overline{L_n^{\alpha}}(x) + (n + \alpha) \, \overline{L_{n-1}^{\alpha}}(x) = 0 \, .$$

Offensichtlich unterscheidet sich dann auch die Rodrigues-Formel für $\overline{L_n^\alpha(x)}$ von der für $L_n^\alpha(x)$ durch einen Vorfaktor $n!$:

$$\overline{L_n^\alpha(x)} = \frac{1}{n!} e^x x^{-\alpha} \frac{d^n}{dx^n} \left(e^{-x} x^{n+\alpha} \right) .$$

Die erzeugende Funktion ist dann gegeben durch:

$$\frac{e^{-xy/(1-y)}}{(1-y)^{\alpha+1}} = \sum_{n=0}^\infty \overline{L_n^\alpha(x)} y^n .$$

Aufgabe 4.5

(a) Wir entwickeln die erzeugende Funktion zunächst nach Potenzen von $(2xt - t^2)$ und anschließend nach Potenzen von t. Dies liefert die folgende Reihe:

$$\Psi(x,t) = \frac{1}{\sqrt{1-2xt+t^2}} = \sum_{s=0}^\infty \frac{(2s)!}{2^{2s}(s!)^2} (2xt - t^2)^s$$

$$= \sum_{s=0}^\infty \frac{(2s)!}{2^{2s}(s!)^2} t^s \sum_{r=0}^s (-1)^r \frac{s!}{r!(s-r)!} (2x)^{s-r} t^r .$$

Im nächsten Schritt führen wir $n = s + r$ ein und halten es fest, d. h. $s = n - r$. Wir berücksichtigen, dass $1/(n-2r)! \equiv 0$, solange $r > [n/2]$ ist ($[n/2] = n/2$ für gerade n und $[n/2] = (n-1)/2$ für ungerade n). Damit erhalten wir

$$\Psi(x,t) = \sum_{n=0}^\infty \sum_{r=0}^{[\frac{n}{2}]} \frac{(2n-2r)!}{2^n r!(n-r)!(n-2r)!} (-1)^r x^{n-2r} t^n .$$

Nun lässt sich die explizite Darstellung der Legendre-Polynome sofort ablesen:

$$P_n(x) = x^n \sum_{r=0}^{[\frac{n}{2}]} \frac{(2n-2r)!}{2^n r!(n-r)!(n-2r)!} (-1)^r x^{-2r} .$$

Unter anderem folgt aus diesem Ausdruck die Eigenschaft $P_n(-x) = (-1)^n P_n(x)$.

(b) Wir leiten die erzeugende Funktion nach t ab und machen anschließend die Entwicklung:

$$\frac{\partial \Psi}{\partial t} = \sum_{n=0}^\infty n P_n(x) t^{n-1} = \frac{x-t}{1-2xt-t^2} \Psi(x,t) .$$

Setzt man nun in diesen Ausdruck die Definition der erzeugenden Funktion $\Psi(x, t)$ ein, so erhält man nach einer Reihe von einfachen Umformungen drei getrennte Summen:

$$\sum_{n=0}^{\infty} n P_n(x) t^{n-1} - \sum_{n=0}^{\infty} (2n + 1) x P_n(x) t^n + \sum_{n=0}^{\infty} (n + 1) P_n(x) t^{n+1} = 0 .$$

Mithilfe einer Indexverschiebung der Art:

$$\sum_{n=0}^{\infty} n P_n(x) t^{n-1} = \sum_{n=1}^{\infty} n P_n(x) t^{n-1} = \sum_{k=0}^{\infty} (k + 1) P_{k+1}(x) t^k ,$$

$$\sum_{n=0}^{\infty} (n + 1) P_n(x) t^{n+1} = \sum_{k=1}^{\infty} k P_{k-1}(x) t^k = \sum_{k=0}^{\infty} k P_{k-1}(x) t^k$$

lassen sich die drei oben angegebenen Summen zu einer einzigen zusammenfassen:

$$\sum_{k=0}^{\infty} [(k + 1) P_{k+1}(x) - (2k + 1) x P_k(x) + k P_{k-1}(x)] t^k = 0 .$$

Diese Relation gilt für alle t, daher müssen alle Koeffizienten dieser Reihe verschwinden. Daraus folgt die dreigliedrige Rekursionsrelation:

$$(k + 1) P_{k+1}(x) - (2k + 1) x P_k(x) + k P_{k-1}(x) = 0 .$$

(c) Quadriert man die erzeugende Funktion, so erhält man:

$$\frac{1}{1 - 2xt + t^2} = \left[\sum_{n=0}^{\infty} P_n(x) t^n \right]^2 = \sum_{n=0}^{\infty} \sum_{m=0}^{\infty} P_n(x) P_m(x) t^{n+m} .$$

Nun integrieren wir über x im Intervall $[-1, 1]$ und nutzen die Orthogonalität der Legendre-Polynome aus, dies führt auf

$$\int_{-1}^{1} \frac{dx}{1 - 2xt + t^2} = \sum_{n=0}^{\infty} t^{2n} \int_{-1}^{1} P_n^2(x) \, dx .$$

Die Berechnung des Integrals auf der linken Seite liefert:

$$\int_{-1}^{1} \frac{dx}{1 - 2xt + t^2} = -\frac{1}{2t} \int_{(1+t)^2}^{(1-t)^2} \frac{dy}{y} = -\frac{1}{2t} \ln \left[\frac{(1 - t)^2}{(1 + t)^2} \right] = \frac{1}{t} \ln \left(\frac{1 + t}{1 - t} \right) .$$

Die Entwicklung dieses Resultats für kleine t hat die folgende Reihe zum Ergebnis

$$\frac{1}{t} \ln \left(\frac{1+t}{1-t} \right) = \sum_{n=0}^{\infty} \frac{2}{2n+1} t^{2n} = \sum_{n=0}^{\infty} t^{2n} \int_{-1}^{1} P_n^2(x)\, dx \ .$$

Die Normierungskonstante lässt sich nun an diesem Ausdruck leicht ablesen und ist gegeben durch:

$$N_n = \int_{-1}^{1} P_n^2(x)\, dx = \frac{2}{2n+1} \ .$$

Aufgabe 4.6 Hier existieren mindestens zwei verschiedene Lösungswege.
Erste Methode: Das Polynom $K(x)$ lässt sich darstellen wie $K(x) = (1 - x)M(x) + K(1)$, wobei $M(x)$ ein Polynom ist, dessen Ordnung definitiv kleiner als n ist. Damit gilt:

$$\int_{-1}^{1} S_n(x) K(x)\, dx = \int_{-1}^{1} S_n(x) \Big[(1-x)M(x) + K(1) \Big] dx \ .$$

Nun möchten wir sowohl $S_n(x)$ als auch $M(x)$ in Legendre-Polynome entwickeln:

$$S_n(x) = \sum_{r=0}^{n} a_r P_r(x) \ , \quad M(x) = \sum_{m=0}^{n-1} b_m P_m(x) \ .$$

Die Aussage, die wir beweisen sollen, formuliert sich nun wie folgt um:

$$\int_{-1}^{1} \sum_{r=0}^{n} a_r P_r(x) \Big[(1-x) \sum_{m=0}^{n-1} b_m P_m(x) + K(1) \Big] dx = K(1) \ .$$

Dieser Ausdruck kann weiter vereinfacht werden, da der x-unabhängige Term aufgrund der Orthogonalitätseigenschaft der Polynome verschwindet, während die x-abhängigen Terme sich mithilfe der Rekursionsrelation

$$x P_r(x) = \frac{(r+1) P_{r+1}(x) + r P_{r-1}(x)}{2r+1}$$

eliminieren lassen. Nach diesen Manipulationen erhalten wir die Relation:

$$\sum_{r=0}^{n-1} b_r a_r \frac{2}{2r+1} - \sum_{r=0}^{n-1} b_r a_{r+1} \frac{2(r+1)}{(2r+1)(2r+3)}$$

$$- \sum_{r=0}^{n-1} b_r a_{r-1} \frac{2r}{(2r+1)(2r-1)} + 2a_0 K(1) = K(1) \ ,$$

die für alle b_r gelten muss. Daraus folgt $a_0 = 1/2$. Dadurch, dass der Koeffizient vor b_r verschwinden muss, erhalten wir

$$a_r = \frac{r}{2r-1}\, a_{r-1} + \frac{r+1}{2r+3}\, a_{r+1} \quad \text{für } r = 1, \dots, n-1 \text{ und } a_0 = a_1/3 \,.$$

Diese Rekursionsrelation hat die folgende Lösung:

$$a_r = \frac{2r+1}{2}\,,$$

was durch einfaches Einsetzen verifiziert werden kann. Daraus folgt, dass $S_n(x)$ tatsächlich ein Polynom ist.

Zweite Methode: Hier entwickeln wir $K(x)$ in eine Summe von Legendre-Polynomen:

$$K(x) = \sum_{r=0}^{n} k_r P_r(x) \quad \text{mit } K(1) = \sum_{r=0}^{n} k_r\,, \quad P_n(1) = 1 \,.$$

$S_n(x)$ wird dagegen auf die gleiche Weise wie oben dargestellt:

$$S_n(x) = \sum_{m=0}^{n} a_m P_m(x) \,.$$

Damit gilt

$$\int_{-1}^{1} S_n(x) K(x)\,dx = \sum_{r=0}^{n} \sum_{m=0}^{n} k_r a_m \int_{-1}^{1} P_r(x) P_m(x)\,dx$$

$$= \sum_{r=0}^{n} k_r a_r \underbrace{\frac{2}{2r+1}}_{=1} = \sum_{r=0}^{n} k_r = K(1) \,.$$

Wir stellen also wieder fest, dass $a_r = (2r+1)/2$ gilt. Der Rest des Beweises verläuft ähnlich.

Aufgabe 4.7

(a) Wie im Haupttext diskutiert, ist das Gewicht der Hermite-Polynome durch $w(x) = e^{-x^2}$ gegeben. Um das Gram-Schmidt'sche-Verfahren anzuwenden, brauchen wir die folgenden Integrale:

$$\int_{-\infty}^{\infty} dx\, e^{-x^2} x^k = \begin{cases} 0, & k = 2n+1 \\ \Gamma(n+\tfrac{1}{2}), & k = 2n \,, \end{cases}$$

wobei für die Gamma-Funktion $\Gamma(n+1/2) = \sqrt{\pi}(2n)!/2^{2n}n!$ gilt. Als Erstes wählen wir $H_0 = 1$ und $H_1(x) = x + a$. Die Konstante a findet man aus der Relation:

$$\int_{-\infty}^{\infty} dx e^{-x^2} H_0 H_1(x) = \int_{-\infty}^{\infty} dx e^{-x^2} (x + a) = 0 \,.$$

Daraus folgt $a = 0$, und deswegen erhält man $H_1(x) = x$. Für das quadratische Polynom schlagen wir $H_2(x) = x^2 + ax + b$ vor. Für die Koeffizienten gelten dann die Gleichungen:

$$\int_{-\infty}^{\infty} dx e^{-x^2} \underbrace{(x^2 + ax + b)}_{H_0 H_2} = 0 \,, \quad \int_{-\infty}^{\infty} dx e^{-x^2} \underbrace{x(x^2 + ax + b)}_{H_1 H_2} = 0 \,.$$

Aus der ersten Bedingung erhalten wir $b = -1/2$, während aus der zweiten $a = 0$ folgt. Damit gilt $H_2(x) = x^2 - 1/2$. Für das 3. Polynom setzen wir $H_3(x) = x^3 + ax^2 + bx + c$ ein. Die Koeffizienten ergeben sich dann aus den Relationen:

$$\int_{-\infty}^{\infty} dx e^{-x^2} \overbrace{(x^3 + ax^2 + bx + c)}^{H_0 H_3} = 0 \,,$$

$$\int_{-\infty}^{\infty} dx e^{-x^2} \overbrace{x(x^3 + ax^2 + bx + c)}^{H_1 H_3} = 0 \,,$$

$$\int_{-\infty}^{\infty} dx e^{-x^2} \underbrace{\left(x^2 - \frac{1}{2}\right)(x^3 + ax^2 + bx + c)}_{H_2 H_3} = 0 \,.$$

Die Lösungen dieser Gleichungen lauten $a = c = 0$ und $b = -3/2$. Die auf diese Weise gewonnenen Polynome sind alle monisch.

(b) Mithilfe der Rodrigues-Formel (4.29) erhält man für die Konturintegraldarstellung der Hermite-Polynome die folgende Relation:

$$H_n(x) = (-1)^n e^{x^2} \frac{n!}{2\pi i} \int_C \frac{e^{-z^2}}{(z - x)^{n+1}} dz \,,$$

wobei die Kontur C den Punkt $z = x$ umschließt. Setzt man nun $t = x - z$ ein, so erhält man das Schläfli-Integral in der Form:

$$H_n(x) = \frac{n!}{2\pi i} \int_\gamma \frac{e^{2xt - t^2}}{t^{n+1}} dt \,,$$

wobei γ den Punkt $t = 0$ in seinem Inneren hat. Eine Entwicklung des Zählers für kleine x und t liefert dann

$$H_n(x) = \frac{n!}{2\pi i} \sum_{k=0}^{\infty} \frac{(2x)^k}{k!} \sum_{l=0}^{\infty} \frac{(-1)^l}{l!} \int_{\gamma} t^{2l+k-n-1} \, dt \; .$$

Wir möchten anmerken, dass das Konturintegral auf der rechten Seite verschwindet, es sei denn $2l + k - n = 0$, wenn es gleich $2\pi i$ ist. Dann erhält man

$$H_n(x) = n! \sum_{k=0}^{\infty} (-1)^{\frac{n-k}{2}} \frac{(2x)^k}{k!(\frac{n-k}{2})!} \; ,$$

wobei $k - n$ eine gerade Zahl sein muss. Setzt man nun $l = (n-k)/2$, so ergibt sich das gesuchte Resultat:

$$H_n(x) = n! \sum_{l=0}^{[\frac{n}{2}]} (-1)^l \frac{(2x)^{n-2l}}{l!(n-2l)!} \; .$$

(c) Um die Integraldarstellung auf der reellen Achse zu beweisen, können wir die Binomialreihe im Integranden entwickeln. Dabei kommen wir zur Reihendarstellung von $H_n(x)$ zurück:

$$H_n(x) = \frac{2^n}{\sqrt{\pi}} \int_{-\infty}^{\infty} dt \, e^{-t^2} (x + it)^n = \frac{2^n}{\sqrt{\pi}} \sum_{k=0}^{n} \frac{n! \, i^{n-k}}{k!(n-k)!} x^k \int_{-\infty}^{\infty} dt \, e^{-t^2} t^{n-k}$$

$$= \frac{2^n n!}{\sqrt{\pi}} \sum_{l=0}^{[\frac{n}{2}]} \frac{(-1)^l x^{n-2l}}{(2l)!(n-2l)!} \Gamma\left(l + \frac{1}{2}\right) = n! \sum_{l=0}^{[\frac{n}{2}]} (-1)^l \frac{(2x)^{n-2l}}{l!(n-2l)!} \; .$$

Aufgabe 4.8 Als Erstes machen wir eine Variablensubstitution $z = w^{-1}$ (was $\frac{d}{dz} = -w^2 \frac{d}{dw}$ nach sich zieht) und schreiben die Legendre-Gleichung in folgender Form um:

$$\frac{d}{dw}\left[(1 - w^2)\frac{du}{dw}\right] - \frac{\nu(\nu+1)}{w^2} u = 0 \; .$$

Im nächsten Schritt führen wir $u(w) = w^{\alpha} v(w)$ ein, wobei der Exponent α zunächst frei wählbar ist. Die ensprechenden Ableitungen sind gegeben durch:

$$u' = w^{\alpha}\left(v' + \frac{\alpha}{w} v\right) \; , \; u'' = w^{\alpha}\left[v'' + \frac{2\alpha}{w}v' + \frac{\alpha(\alpha-1)}{w^2}v\right] \; .$$

Es folgt daraus, dass die neue Funktion $v(w)$ der Gleichung

$$(1-w^2)\frac{d^2 v}{dw^2} + \left[\frac{2\alpha}{w} - 2(\alpha+1)w\right]\frac{dv}{dw} + \left[\frac{\alpha(\alpha-1) - \nu(\nu+1)}{w^2} - \alpha(\alpha+1)\right]v = 0$$

genügt. Nun nehmen wir an, dass der Parameter α der Einschränkung $\alpha(\alpha - 1) = \nu(\nu + 1)$ unterliegt, sodass entweder $\alpha = -\nu$ oder $\alpha = \nu + 1$ gilt. Die obige Gleichung reduziert sich dann auf

$$(1 - w^2)\frac{d^2v}{dw^2} + \left[\frac{2\alpha}{w} - 2(\alpha + 1)w\right]\frac{dv}{dw} - \alpha(\alpha + 1)v = 0 \,.$$

Des Weiteren nehmen wir an, dass die Lösung dieser Gleichung durch eine hypergeometrische Funktion mit dem Argumenten w^2 und noch unbekannten Parametern a, b, und c gegeben ist:

$$v(w) = \sum_{n=0}^{\infty} A_n w^{2n} \,, \qquad \frac{A_{n+1}}{A_n} = \frac{(a + n)(b + n)}{(n + 1)(c + n)} \,.$$

Setzt man die Ableitungen

$$v' = \sum_{n=0}^{\infty} 2n A_n w^{2n-1} = \sum_{n=0}^{\infty} (2n + 2)A_{n+1} w^{2n+1} \,,$$

$$v'' = \sum_{n=0}^{\infty} 2n(2n - 1)A_n w^{2n-2} = \sum_{n=0}^{\infty} (2n + 2)(2n + 1)A_{n+1} w^{2n}$$

in die oben angegebene Gleichung ein, so erhält man die folgende Rekursionsrelation für die Koeffizienten A_n:

$$(2n + 2)\Big(2n + 2\alpha + 1\Big)A_{n+1} - \Big[2n(2n - 1 + 2\alpha + 2) + \alpha(\alpha + 1)\Big]A_n = 0 \,.$$

Die Annahmen $\alpha = -\nu$ oder $\alpha = \nu + 1$ gelten nach wie vor, und wir betrachten die beiden Fälle getrennt.

- Für $\alpha = -\nu$ ergibt sich:

$$\frac{A_{n+1}}{A_n} = \frac{(n - \frac{\nu}{2})(n - \frac{\nu}{2} + \frac{1}{2})}{(n + 1)(n + \frac{1}{2} - \nu)} \,.$$

Deswegen erhalten wir $a = -\nu/2$, $b = (1 - \nu)/2$, $c = 1/2 - \nu$, und bis auf eine multiplikative Konstante ist die Lösung gegeben durch:

$$u_1(z) = z^\nu F\left(-\frac{\nu}{2}, \frac{1 - \nu}{2}; \frac{1}{2} - \nu; \frac{1}{z^2}\right) \,.$$

- Ähnlich für $\alpha = \nu + 1$ erhalten wir

$$\frac{A_{n+1}}{A_n} = \frac{(n + \frac{\nu+1}{2})(n + \frac{\nu+2}{2})}{(n + 1)(n + \nu + \frac{3}{2})} \,,$$

sodass dann $a = (\nu + 1)/2$, $b = (\nu + 2)/2$, $c = \nu + 3/2$ gelten und die Lösung bis auf eine multiplikative Konstante gegeben ist durch

$$u_2(z) = z^{-\nu-1} F\left(\frac{\nu+1}{2}, \frac{\nu+2}{2}; \nu + \frac{3}{2}; \frac{1}{z^2}\right).$$

Die Lösung der Originalgleichung ist eine Linearkombination von $u_{1,2}(z)$.

Wenn $\nu = n = 0, 1, \ldots$ ist die polynomielle Lösung der Legendre-Gleichung eindeutig und analytisch bei $z = 0$. Deswegen überlebt hier nur die erste Lösung u_1 und wir erhalten:

$$P_n(x) = A_n \, x^n F\left(-\frac{n}{2}, \frac{1-n}{2}; \frac{1}{2} - n; \frac{1}{x^2}\right), \quad n = 0, 1, 2, \ldots. \qquad (5.4)$$

Um A_n zu bestimmen, entwickeln wir beide Seiten der Gleichung für kleine x. Für die rechte Seite erhalten wir

$$F\left(-\frac{n}{2}, \frac{1-n}{2}; \frac{1}{2} - n; \frac{1}{x^2}\right) = \sum_{k=0}^{[\frac{n}{2}]} \frac{(-\frac{n}{2})_k (\frac{1-n}{2})_k}{k! \, (\frac{1}{2} - n)_k} x^{-2k},$$

wobei $[\frac{n}{2}] = \frac{n}{2}$ für gerade n und $[\frac{n}{2}] = \frac{1}{2}(n-1)$ für ungerade n (dies folgt aus dem ersten bzw. zweiten Pochhammer-Symbol). Aufgrund seiner Definition ist das Pochhammer-Symbol gegeben durch $(a)_k = a(a+1)\ldots(a+k-1)$, sodass der Zähler gleich

$$\left(-\frac{n}{2}\right)_k \left(\frac{1-n}{2}\right)_k = 2^{-2k} \frac{n!}{(n-2k)!}$$

ist. Das Pochhammer-Symbol des Nenners können wir durch Gamma-Funktionen ausdrücken, $(a)_k = \Gamma(a+k)/\Gamma(a)$. Mithilfe der Verdopplungsformel für die Gamma-Funktion erhalten wir dann:

$$\frac{1}{(\frac{1}{2} - n)_k} = \frac{(-1)^k 2^{2k} n! (2n - 2k)!}{(2n)! (n-k)!}.$$

Für die rechte Seite von (5.4) ergibt sich deswegen

$$A_n \, x^n F\left(-\frac{n}{2}, \frac{1-n}{2}; \frac{1}{2} - n; \frac{1}{x^2}\right)$$

$$= A_n x^n \frac{(n!)^2}{(2n)!} \sum_{k=0}^{[\frac{n}{2}]} (-1)^k \frac{(2n-2k)!}{k!(n-k)!(n-2k)!} x^{-2k}.$$

Für die linke Seite von (5.4) könnten wir z. B. die Reihendarstellung der Fordrigues-Formel für die Legendre-Polynome benutzen:

$$P_n(x) = \frac{1}{2^n n!} \frac{d^n}{dx^n} (x^2 - 1)^n = \frac{1}{2^n n!} \frac{d^n}{dx^n} \sum_{k=0}^{n} \frac{(-1)^k n!}{k!(n-k)!} x^{2(n-k)}.$$

Führt man die Ableitungen aus, so ergibt sich [s. auch Aufgabe 4.5(a)]

$$P_n(x) = \frac{x^n}{2^n} \sum_{k=0}^{[\frac{n}{2}]} (-1)^k \frac{(2n-2k)!}{k!(n-k)!(n-2k)!} x^{-2k} \ .$$

Aus dem Vergleich der Koeffizienten schließen wir nun auf die folgende Relation für A_n:

$$A_n = \frac{(2n)!}{2^n (n!)^2} \ .$$

Aufgabe 4.9 Wir fangen mit der konfluenten hypergeometrischen Gleichung (2.59) an und machen die Substitution $z \to \xi^2$, dann erhalten wir

$$F'' - \left(\frac{1}{\xi} - \frac{2c}{\xi} + 2\xi \right) F' - 4a F = 0 \ .$$

Bei $c = 1/2$ und $a = -m/2$ reduziert sich diese Gleichung auf die Hermite-Gleichung (4.18). Daraus folgt die allgemeine Relation:

$$H_m(x) = A_m F\left(-\frac{m}{2}, \frac{1}{2}; x^2\right) + B_m x F\left(-\frac{m}{2} + \frac{1}{2}, \frac{3}{2}; x^2\right) \ .$$

[Wir möchten den Leser daran erinnern, dass $F(a, c; z)$ und $z^{1-c} F(a - c + 1, 2 - c; z)$ zwei linear unabhängige Lösungen von (2.59) sind.] Um nun A_m und B_m zu bestimmen, betrachten wir die Fälle der geraden und ungeraden m getrennt.

- Bei $m = 2n$ überlebt der zweite Term aufgrund der Symmetrieeigenschaft $H_{2n}(x) = H_{2n}(-x)$ nicht, d. h. $B_{2n} = 0$ und wir erhalten

$$H_{2n}(x) = H_{2n}(0) F\left(-n, \frac{1}{2}; x^2\right) \ .$$

Die Hermite-Polynome können bei $x = 0$ mithilfe der erzeugenden Funktion

$$G(x, -t) = e^{-2xt + t^2} = \sum_{k=0}^{\infty} H_k(x) \frac{t^k}{k!}$$

ausgewertet werden, s. Beispiel 4.11. Entwickelt man $G(0, -t)$ in Potenzen von t, folgt dann sofort die Identität

$$H_{2n}(0) = (-1)^n \frac{(2n)!}{n!} \ .$$

- Bei $m = 2n + 1$ dagegen überlebt nur der zweite Term, da hier $H_{2n+1}(x) = -H_{2n+1}(-x)$ gilt, d. h. $A_{2n+1} = 0$, und deswegen erhält man

$$H_{2n+1}(x) = B_{2n+1} x F\left(-n, \frac{3}{2}; x^2\right) \ .$$

Der Koeffizient B_{2n+1} kann auf folgende Weise bestimmt werden. Wir fangen mit der Rekursionsrelation (2.62) für die Kummer'sche Reihe an,

$$2(2n+1)F\left(-n,\frac{3}{2};x^2\right) - 2F\left(-n,\frac{1}{2};x^2\right) - 4nF\left(-n+1,\frac{3}{2};x^2\right) = 0,$$

und vergleichen sie mit der Relation

$$B_{2n+1}F\left(-n,\frac{3}{2};x^2\right) - 2H_{2n}(0)F\left(-n,\frac{1}{2};x^2\right) + 4nB_{2n-1}F\left(-n+1,\frac{3}{2};x^2\right) = 0,$$

die wiederum aus der Identität $H_{2n+1}(x) - 2xH_{2n}(x) + 4nH_{2n-1}(x) = 0$ folgt [s. Rekursionsrelation (4.45)]. Dann erhalten wir

$$B_{2n+1} = 2(2n+1)(-1)^n\frac{(2n)!}{n!}.$$

Des Weiteren erhalten wir auch $B_{2n-1} = -H_{2n}(0)$ und deswegen gilt:

$$H_{2n-1}(x) = -xH_{2n}(0)F\left(-n+1,\frac{3}{2};x^2\right).$$

Dieses Ergebnis ist jedoch nicht unabhängig und folgt aus der Identität $H_{2n}(x) = H_{2n}(0)F(-n,\frac{1}{2};x^2)$: $H'_{2n}(x) = 4nH_{2n-1}(x) = H_{2n}(0)F'(-n,\frac{1}{2};x^2) = H_{2n}(0)(-4nx)F(-n+1,\frac{3}{2};x^2)$.

Wir sehen also, dass bei $a = -n$ und $c = \alpha + 1$ die Gleichung (2.59) in (4.15) übergeht, d. h. $L_n^\alpha(x) = CF(-n,\alpha+1;x)$, wobei offensichtlich $C = L_n^\alpha(0)$ gilt. Die Laguerre-Polynome können am Ursprung $x = 0$ mithilfe der Rodrigues-Formel ausgewertet werden (siehe Übungsaufgabe 4.4):

$$L_n^\alpha(x) = \frac{x^{-\alpha}e^x}{n!}\frac{d^n}{dx^n}\left(e^{-x}x^{n+\alpha}\right).$$

Aufgrund der Leibniz-Regel erhalten wir im Grenzfall $x \to 0$

$$\frac{d^n}{dx^n}\left(e^{-x}x^{n+\alpha}\right) = \sum_{k=0}^{n}\frac{n!}{k!(n-k)!}\frac{d^k}{dx^k}x^{n+\alpha}\frac{d^{n-k}}{dx^{n-k}}e^{-x} \to x^\alpha e^{-x}\frac{(n+\alpha)!}{\alpha!},$$

sodass

$$L_n^\alpha(0) = \frac{(n+\alpha)!}{n!\alpha!}$$

gilt. Unter Benutzung der oben angegebenen Ergebnisse für die Hermite-Polynome lassen sich die Relationen zwischen $H_{2n}(x)$ und $L_n^{-\frac{1}{2}}(x^2)$ sowie zwischen $H_{2n+1}(x)$ und $L_n^{\frac{1}{2}}(x^2)$ sofort herleiten. Dabei erweisen sich die Spezialfälle der Gamma-Funktion $\Gamma(n+1/2) = \sqrt{\pi}(2n)!/4^n n!$ als sehr hilfreich.

Aufgabe 4.10

(a) Mithilfe der Substitution $x = \cos t$ lässt sich die Chebyshev-Gleichung auf die folgende relativ einfache Form bringen:

$$\frac{d^2 y}{dt^2} + n^2 y = 0 \,.$$

Die allgemeine Lösung dieser Gleichung ist

$$y(t) = C \cos(nt + \alpha) \,,$$

wobei C und α frei wählbare Konstanten sind. Die Bedingung $y(x)|_{x \to 1} = C \cos(n \arccos x + \alpha)|_{x \to 1} = 1$ ist für $\alpha = 0$ und $C = 1$ erfüllt, sodass

$$T_n(x) = \cos(n \arccos x)$$

gilt. Setzt man nun wieder $x = \cos t$ ein, so erhält man

$$T_n = \cos(n \arccos(\cos t)) = \cos(nt) = \operatorname{Re} e^{int} \,.$$

Andererseits gilt aufgrund des de Moivre-Theorems die Relation

$$e^{\pm int} = (\cos t \pm i \sin t)^n = (x \pm i \sqrt{1 - x^2})^n \,,$$

was sofort auf den Ausdruck

$$T_n(x) = \frac{1}{2} \left[(x + i\sqrt{1 - x^2})^n + (x - i\sqrt{1 - x^2})^n \right]$$

führt. Daraus folgt die Normierung $T_n(1) = 1$.

(b) Die dreigliedrige Rekursionsrelation für $T_n = \cos(nt)$ ($\cos t = x$), $T_{n-1} = \cos[(n-1)t]$ und $T_{n+1} = \cos[(n+1)t]$ folgt direkt aus der Summationsformel:

$$\cos[(n-1)t] + \cos[(n+1)t] = 2\cos(nt)\cos t \,.$$

(c) Die erzeugenden Funktionen (4.30) und (4.35) lassen sich sehr einfach anhand der trigonometrischen Darstellung von T_n herleiten. Es gilt

$$\Psi(x, s) = \sum_{n=0}^{\infty} T_n s^n = \frac{1}{2} \left(\sum_{n=0}^{\infty} e^{int} s^n + \sum_{n=0}^{\infty} e^{-int} s^n \right)$$

$$= \frac{1}{2} \left(\frac{1}{1 - se^{it}} + \frac{1}{1 - se^{-it}} \right)$$

$$= \frac{1}{2} \frac{2 - s(e^{it} + e^{-it})}{1 - s\underbrace{(e^{it} + e^{-it})}_{2x} + s^2} = \frac{1 - xs}{1 - 2xs + s^2} \,.$$

Ähnlich lässt sich auch die andere erzeugende Funktion bestimmen:

$$G(x,s) = \sum_{n=0}^{\infty} \frac{T_n}{n!} s^n = \frac{1}{2}\left(\sum_{n=0}^{\infty} \frac{e^{int}}{n!} s^n + \sum_{n=0}^{\infty} \frac{e^{-int}}{n!} s^n\right) = \frac{1}{2}\left(e^{se^{it}} + e^{se^{-it}}\right)$$

$$= \frac{1}{2}\left[e^{s(x-\sqrt{x^2-1})} + e^{s(x+\sqrt{x^2-1})}\right].$$

Aufgabe 4.11 Betrachten wir eine allgemeinere Gleichung

$$\int_{-1}^{1} \frac{y(t)dt}{\sqrt{1+x^2-2xt}} = f(x)$$

mit dem gleichen Kern, jedoch einem beliebigen Polynom $f(x)$ auf der rechten Seite. Der Kern ist gleich der erzeugenden Funktion der Legendre-Polynome:

$$\frac{1}{\sqrt{1+x^2-2xt}} = \sum_{m=0}^{\infty} P_m(t)\, x^m .$$

Deswegen suchen wir nach einer Lösung der Form:

$$y(x) = \sum_{n=0}^{\infty} A_n P_n(x) .$$

Berücksichtigt man die Orthogonalitätsrelationen (s. auch Aufgabe 4.5)

$$\int_{-1}^{1} P_n^2(x)dx = \frac{2}{2n+1} , \quad \int_{-1}^{1} P_n(x) P_m(x)(x)dx = 0 \ \ (n \neq m)$$

und entwickelt die Funktion $f(x)$ in eine Maclaurin-Reihe, so findet man für die Koeffizienten A_n die folgenden Relationen

$$A_n = \frac{2n+1}{2n!} \frac{d^n}{dx^n} f(x)\Big|_{x=0} .$$

Die allgemeine Lösung der obigen Gleichung ist also gegeben durch

$$y(x) = \frac{1}{2} \sum_{n=0}^{\infty} \frac{2n+1}{n!} f^{(n)}(0) P_n(x) .$$

Für den Spezialfall $f(x) = x^m$ verschwindet die n-te Ableitung für $n \neq m$. Bei $n = m$ ist sie jedoch gegeben durch $n!$. Dies führt auf das angegebene Resultat.

Literatur

1. Abrikosov, A., Gorkov, L., Dzyaloshinskii, I.: Quantum Field Theoretical Methods In Statistical Physics. Dover Publications, New York (1975)

2. Bateman, H., Erdélyi, A.: Tables Of Integral Transforms. McGraw-Hill, New York (1954)

3. Bateman, H., Erdélyi, A.: Higher Transcendental Functions Bd. 1. McGraw-Hill, New York (1955)

4. Courant, R., Hilbert, D.: Methods Of Mathematical Physics. Wiley Classics Library, Bd. 1. Wiley, New York (1989)

5. Davison, B.: Neutron Transport Theory. International Series Of Monographs On Physics. Clarendon, Oxford (1958)

6. Freitag, E., Busam, R.: Funktionentheorie 1. Springer, Heidelberg (2006)

7. Gelfand, I., Shilov, G.: Verallgemeinerte Funktionen (Distributionen): Verallgemeinerte Funktionen und das Rechnen mit ihnen. Deutscher Verlag der Wissenschaften, Berlin (1967)

8. Glauert, H.: The Elements Of Aerofoil And Airscrew Theory. Cambridge Science Classics. Cambridge University Press, Cambridge (1983)

9. Gogolin, A.O., Mora, C., Egger, R.: Analytical solution of the bosonic three-body problem. Phys. Rev. Lett. **100**, 140404 (2008)

10. Hardy, G.H.: Divergent Series. Oxford University Press, Oxford (1963)

11. Hewson, A.C.: The Kondo Problem To Heavy Fermions. Cambridge Studies in Magnetism. Cambridge University Press, Cambridge (1997)

12. Hopf, E.: Mathematical Problems Of Radiative Equilibrium. Cambridge University Press, Cambridge (1934)

13. Jackson, J.: Klassische Elektrodynamik. De Gruyter, Berlin (2002)

14. Jänich, K.: Funktionentheorie: Eine Einführung. Springer, Heidelberg (1993)

15. Landau, L., Lifshits, E.: Lehrbuch der theoretischen Physik: Quantenmechanik Bd. III. Akademie Verlag, Berlin (1979)

16. Langreth, D.C., Nordlander, P.: Derivation of a master equation for charge-transfer processes in atom-surface collisions. Phys. Rev. B **43**, 2541 (1991)

17. Marsden, J., Hoffman, M.: Basic Complex Analysis. Freeman, New York (1998)

18. Morse, P., Feshbach, H.: Methods of Theoretical Physics. McGraw-Hill, New York (1953)

19. Muskhelishvili, N.: Singular Integral Equations. P. Noordhoff, Groningen (1953)

A.O. Gogolin, *Komplexe Integration*, DOI 10.1007/978-3-642-41747-4,
© Springer-Verlag Berlin Heidelberg 2014

20. Noble, B.: Methods Based On The Wiener-Hopf Technique For The Solution Of Partial Differential Equations. Chelsea Publishing Company, New York (1988)

21. Schmidt, T.L., Werner, P., Mühlbacher, L., Komnik, A.: Transient dynamics of the Anderson impurity model out of equilibrium. Phys. Rev. B **78**, 235110 (2008)

22. Smirnov, V.I.: Integral equations and partial differential equationsquations, *A Course of Higher Mathematics* Bd. 4. Pergamon, Oxford (1964)

23. Spitzer, F.: The Wiener-Hopf equation whose kernel is a probability density. Duke Math. J. **24**(3), 327 (1957)

24. Stalker, J.: Complex Analysis: Fundamentals of the Classical Theory of Functions. Birkhäuser, Basel (1998)

25. Titchmarsh, E.C.: Eigenfunction Expansions Associated With Second-Order Differential Equations. Clarendon Press, Oxford (1946)

26. Titchmarsh, E.C.: Introduction to the Theory of Fourier Integrals. Clarendon, Oxford (1948)

27. Watson, G.: A Treatise On The Theory Of Bessel Functions. Cambridge University Press, Cambridge (1995)

28. Whittaker, E.T., Watson, G.N.: A Course of Modern Analysis. Cambridge University Press, Cambridge (1927)

29. Widom, H.: Equations of Wiener-Hopf Type. Illinois J. Math. **2**(2), 261–270 (1958)

Sachverzeichnis